高质效交付

软件集成、测试与发布精进之道

董越 牛晓玲 茹炳晟 施景丰 石雪峰 王晓翔◎著

電子工業出版社
Publishing House of Electronics Industry
北京 · BEIJING

内容简介

这是一本介绍软件交付过程的“科普小册子”。

软件交付过程是指修改了一行源代码之后的一系列工作，直到包含这个改动的软件新版本发布上线。这需要多久？可能需要几秒，也可能需要数个星期甚至更长的时间。本书介绍在保证一定发布质量的前提下，如何加速这个过程，让它尽量快一点儿，同时让我们投入的精力尽量少一点儿。也就是说，本书介绍如何让软件交付变得更高效。

软件工程、敏捷、精益、持续集成、持续交付、DevOps、云原生、研发效能、平台工程等，都对这个话题有所贡献。本书并不囿于上述某个特定的“门派”，而是介绍它们的关键要点，介绍如何综合运用它们，并且根据实践有所发展。

图书在版编目（CIP）数据

高质效交付 ： 软件集成、测试与发布精进之道 / 董越等著. -- 北京 ： 电子工业出版社, 2024. 10.

ISBN 978-7-121-48919-8

Ⅰ. TP311.52

中国国家版本馆 CIP 数据核字第 2024TA3765 号

责任编辑：张春雨
印　　刷：天津千鹤文化传播有限公司
装　　订：天津千鹤文化传播有限公司
出版发行：电子工业出版社
　　　　　北京市海淀区万寿路 173 信箱　　　邮编：100036
开　　本：720×1000　1/16　印张：21.5　字数：386 千字
版　　次：2024 年 10 月第 1 版
印　　次：2024 年 10 月第 1 次印刷
定　　价：100.00 元

凡所购买电子工业出版社图书有缺损问题，请向购买书店调换。若书店售缺，请与本社发行部联系，联系及邮购电话：（010）88254888，88258888。

质量投诉请发邮件至 zlts@phei.com.cn，盗版侵权举报请发邮件至 dbqq@phei.com.cn。

本书咨询联系方式：faq@phei.com.cn。

作者简介

董越，独立 DevOps 咨询师、《软件交付通识》等书作者、《DevOps 实践指南》（第 2 版）等书译者。曾任阿里巴巴集团研发效能事业部架构师、高级产品专家等职，从事 Aone/云效 DevOps 产品设计、阿里云专有云集成与发布解决方案设计等工作。在加入阿里巴巴之前，还曾就职于西门子、摩托罗拉、雅虎、索尼、去哪儿网等大型企业，一直从事软件配置管理、持续集成/持续交付、DevOps、软件研发交付效能相关的工作。当前主要从事企业级 DevOps 体系建设的咨询和培训工作，帮助华为、中国工商银行、交通银行、招商银行、中信银行、中国移动、中国联通、中国电信、华泰证券、泰康人寿等众多企业提升软件研发交付效能。

牛晓玲，中国信息通信研究院云计算与大数据研究所审计与治理部副主任，DevOps 标准工作组组长，DevOps 国际标准编辑人。长期从事开发运维方面的研究工作，包括云服务的运维管理系统审查等相关工作。参与编制《云计算服务协议参考框架》、《对象存储》、《云数据库》、《研发运营一体化（DevOps）能力成熟度模型》系列标准和《云计算运维智能化通用评估方法》等标准 20 余项。参与多本白皮书、多份调查报告等的编写工作，包括《企业 IT 运维发展白皮书》、《中国 DevOps 现状调查报告（2019）》、《中国 DevOps 现状调查报告（2020）》和《中国 DevOps 现状调查报告（2021）》等。参与 DevOps 能力成熟度评估超过 50 个项目，具有丰富的标准编制及评估测试经验。

茹炳晟，腾讯 Tech Lead，腾讯研究院特约研究员，中国计算机学会（CCF）TF 研发效能 SIG 主席，《软件研发效能度量规范》标准核心编写专家，中国商业联合会互联网应用技术委员会智库专家，中国通信标准化协会 TC608 云计算标准和开源推进委员会云上软件工程工作组副组长，多本技术畅销书作者。著作有《测试工程师全栈技术进阶与实践》、《现代软件测试技术之美》、《软件研发效能提升之美》、《软件研发效能提升实践》、

《软件研发效能权威指南》和《多模态大模型：技术原理与实战》等，译作有《持续架构实践》、《DevOps 实践指南》（第 2 版）、《精益 DevOps》、和《现代软件工程》等。QCon、SECon、QECon、Archsummit 等技术峰会的联席主席、出品人和 Keynote 演讲嘉宾。微信公众号“茹炳晟聊软件研发”主理人。

施景丰，北京华佑科技有限公司技术合伙人，高效运维社区首席咨询师，复旦大学软件学院本科生客座导师，2023 服贸会“企业数字化转型论坛”卓越专家，GOPS 大会金牌讲师，CI/CD Meetup Online 明星讲师，Certified DevOps Enterprise Coach。曾先后就职于用友软件、中体彩、魅族、美云智数等知名企业并担任技术总监、工程效率专家，主导工程效率体系与平台建设。专注于数字化转型/工程效率/DevOps 领域，帮助企业全面提升软件研发效能和数字化能力。

石雪峰，京东零售研发效能专家，主导企业级研发效能体系和研发数字化体系建设，开放原子开源基金会 TOC 成员，知识星球“研发效能”主理人，极客时间专栏《DevOps 实战笔记》主笔，《软件研发效能权威指南》、《Jenkins 2 权威指南》和《高效能团队模式》等书的译著者。

王晓翔，独立 DevOps 咨询师，《DevOps 实践指南》（第 2 版）译者。去哪儿网工程效率部前高级总监，曾任奇安信内聘顾问，GOPS 深圳大会金牌讲师，2019 运维行业年度优秀技术专家，《研发运营一体化（DevOps）能力成熟度模型》系列标准咨询师。在软件配置管理、过程管理和工程效率方面有十几年的工作经验。曾在中国海关数据中心、索尼移动通信产品（中国）有限公司等多家公司工作。在去哪儿网任职期间，逐步构建起持续集成、持续交付流水线，形成以应用为中心的全生命周期管理体系，并且通过平台化不断为研发团队赋能，构建去哪儿网企业内部的 DevOps 生态圈，同时带领团队完成了从传统配置管理到工程效率团队的转型。

推荐序

互联网行业盛行的急速交付，其实不一定是广大“传统”企业的第一刚需，这从“集成于流水线并被强制频繁执行的质量门禁”成为金融名企的最爱之一，便可见一斑。高质效的交付才是“王道”，即在“肉眼可见”的提升软件质量（如生产缺陷数的显著下降）之余，较大程度地缩短交付周期，较明显地提高人均产能，才最值得称道，简称为“提质增效降本”。是的，行之有效的 DevOps 实践，是可以实现这“不可能三角”的。

当我翻看这本书的书稿时，不禁想起多年前的一个阳光明媚的下午，包括本书几位作者在内的若干业界“老专家”一起热烈讨论的情景（我们对于突破“不可能三角”情有独钟）。那时候，我们希望能够在权威机构的指导下，汇聚业内在软件开发与交付方面的各种优秀实践，特别是互联网大厂的优秀实践，将这些实践传播到更多的企业及行业。考虑到各行各业的基础及目标要求不同，我们打算采用的方式是形成能力成熟度模型（信通院《研发运营一体化（DevOps）能力成熟度模型》，也被简称为 DevOps 标准），以此来调研和评估某个企业或某个团队做得怎么样，有哪些地方需要提升，并为此提供帮助和指导。

多年来，这套方法论在中华大地落地生根绽放，得到非常多的反馈，收获了很多新思路、新方法。我们也借此了解到各种实践在不同场景下落地所带来的实际效果。

本书的几位作者亲身参与其中，并且将他们多年来在软件交付领域的丰富经验汇聚于本书，试图回答这样两个问题：第一，持续集成、持续交付、敏捷、精益等优秀理念和相关实践，具体应该如何相互配合，综合运用，在软件交付领域落地；第二，应该怎样结合具体业务具体场景，选用合适的方法、制定合适的策略，以便高质效地完成软件交付。

与作者的上一本书《软件交付通识》相比，本书不仅大幅调整了章节结构和讲述方式，增加了各种图示，以求易读好懂，而且在内容上有较多更新迭代之处。例如，本书把软件交付对质量和效率的追求拆解为需求吞吐量、需求响应时长、问题出现量、问题修复时长四个方面，这构成了四个象限，每个象限都对应着若干改进思路和优秀实践；本书介绍了在软件交付过程中运用精益思想的若干可落地方法，并且介绍了突破 Scrum 的若干约束可能给软件交付过程带来的好处。

本书还开创性地把各类分支分为四个层级：特性级、集成级、生产级、版本序列级。把运行环境管理分为三个层次：如何把每个节点的本地运行环境管理好、如何让一个微服务在整体环境中运行起来、如何管理整套环境。在介绍软件交付相关的组织结构和人员职责时，本书提出了一个核心观点——组织结构设计的核心秘密是保持专注和减少依赖，并且据此从不同角度展开介绍。

正如只有自己嚼过甘蔗才知道哪节甘蔗好吃，好书之好，还需您自己细细品尝，方知其中美妙。希望这本书正是您在寻找的那一本。

萧田国　DAOPS 基金会中国区董事　高效运维社区发起人

推荐语

Do the right thing 和 Do the thing right 始终是软件系统研发领域关注的焦点。对于当前流行的 DevOps 理论和实践，不同专家、企业通过深入研究和探索，提供了丰富的经验。《高质效交付：软件集成、测试与发布精进之道》为我们提供了一种全新的可能。多位专家共同努力，以软件交付的视角，将他们丰富的经验和深刻的理解进行了提炼和贯通，将软件交付涉及的众多活动的难点、关键点和各种实践方法，以简洁明了的语言展现在读者面前。

本书是一本深度解析软件交付过程的力作，它不仅是一本技术指南，更是提升软件开发团队开发效率和质量的实战宝典。无论是关注开发效率提升的开发人员，还是寻求解决实际问题策略的技术管理人员，本书都是不可多得的宝贵资源。

邢统坤　中航信研发副总经理

“交付”是软件工程中的重要实践领域。本书的作者在这一领域不断探索、精进和输出，这背后是对该领域的热爱、执着和付出，对读者来说则是莫大的幸运。本书是继《软件交付通识》之后的又一力作，它既系统介绍了软件交付的整体流程，又详细解析了软件交付各类活动的具体实践。

何勉　《精益产品开发：原则、方法与实施》作者

《高质效交付：软件集成、测试与发布精进之道》以其精进之道，为软件交付领域再添一部力作。作者凭借其丰富的实践经验和深邃的行业洞察，为读者揭开了软件从源代码修改到发布上线的高效之旅；以其流畅的叙述和务实的案例，为我们呈现了从版本控制、构建、CI/CD、测试到部署、发布的精进之道，引导读

者深入理解软件交付、平台工程的精髓。无论是敏捷开发的追求者，还是 DevOps 的践行者，都能从中汲取宝贵的经验和灵感。

朱少民　《敏捷测试：以持续测试促进持续交付》作者

面对数字化转型的发展趋势，以及降本增效的前提要求，实现高质效交付软件产品，支持企业高质量发展，日益成为人们关注的焦点。对于如何高质效交付软件产品，既能支持业务快速迭代，又能有效提高研发效率，本书作者结合过去十几年在软件集成、测试、发布等方面的实践经验，系统地进行了回答，讲解了软件高质效交付的各个关键因素，有理论，有方法，有实践案例，也有经验感悟，更提出了不少宝贵的建议和看法，具有很高的参考价值。相信从事软件研发、技术管理的人员都能从本书中得到启发。

林辉　申万宏源信息技术开发总部副总经理

《高质效交付：软件集成、测试与发布精进之道》是一本为软件开发者、测试工程师和运维团队精心准备的指南。本书深入浅出地讲解了软件交付的全过程，从源代码的一次微小改动到新版本的成功上线。本书不仅涵盖了持续集成、持续交付、DevOps 等现代软件工程的核心技术，还提供了丰富的策略和最佳实践，旨在帮助团队提高交付效率、缩短发布周期，同时确保软件质量。

本书作者凭借丰富的行业经验，综合运用敏捷、精益等思想，引导读者在保证质量的前提下，加速软件交付流程。本书详细介绍了版本控制、分支策略、构建、部署、测试等关键环节，并且通过案例分析，让读者能够快速理解和应用这些概念。此外，本书还讨论了组织结构和人员职责的优化，以及如何构建和维护高效的工具平台。

无论你是软件开发的新手还是资深专家，本书都将为你提供参考，帮助你在快节奏的软件开发领域保持竞争力。

单致豪　腾讯开源联盟主席

前　言

想象一下，你在维护一个简单的个人网站。我们姑且把这称作编程，毕竟网站的实现包括一些使用 JavaScript 编写的脚本。你先登录服务器，修改了一处源代码，按下 Ctrl+S 组合键或其他快捷键，再使用浏览器访问你的网站，看到改动生效了。从软件开发的视角来看，你在完成了对源代码的修改之后，只需要“按个按钮”，瞬间就完成了软件发布。

这么看来，从修改完源代码到发布上线的过程是如此简单和快速，简直不值一提！呵呵，才不是这样的。在绝大多数严肃的软件开发场景中，从完成开发到发布上线需要的时间是以周为单位来计算的。

为什么这个过程会如此费时？因为大家分头完成的对源代码的修改需要先汇聚到一起，再一起发布；因为要把源代码编译打包，随后还要把安装包部署到服务器上并运行；因为我们要做各种测试以保证质量；因为要等到上线窗口才能发布；因为领导要审批……当我们分析某个团队的具体情况时，必然能看到由于各种各样的原因，最终会使得从修改完源代码到发布上线的这个过程需要一定的时间。

当我们说出这些原因的时候，内心充满自信和正义感：没错，就是因为这些原因，这很合理！然而，以本书作者过去十几年在软件集成、测试、发布方面的工作经验来看，特别是以近五年来向数十家企业的众多软件开发团队提供 DevOps 咨询所积累的经验来看，从修改完源代码到发布上线的这个过程所需要的时间往往可以基于团队现状显著地缩短，这个过程所需要的人力投入也可以显著地减少。换句话说，软件交付过程的效率还可以大幅度地提升。

如何能做到这一点呢？是的，我们确实需要把大家对源代码的修改汇聚到一起；我们确实需要通过构建和部署，把源代码形态的软件转化为运行中的软件；我们确实需要提升软件的质量直到可以交付给用户。这些都是我们必须完成的事情。然而如何高效率地完成这些事情却大有奥妙，其间往往有一处又一处可改进的空间。而改进的方法主要来自软件工程、敏捷、精益、持续集成、持续交付、DevOps、云原生、研发效能、平台工程等，它们都或多或少地涉及软件交付过程，告诉你软件交付过程该怎么做。

本书作者在向各企业、各开发团队提供咨询服务时，并不囿于上述某个“门派”：不会要求客户比照云原生十二因素逐项整改；不会因为“原教旨主义”的持续集成提倡把代码改动直接提交到集成分支，而将客户使用特性分支的方案视为旁门左道。同样地，本书的作者在书中也不会这样做。本书综合应用各家核心思想，讲解在今时今日具体该怎么做，才能取得最好的效果。我们本着务实的精神，不管白猫黑猫，只要能提高集成、测试、发布的效率，就是好猫。

市面上有不少好书，专精于特定的活动，如构建、单元测试，或者专精于特定的工具，如 Git、Kubernetes。本书不是这样的书。对软件交付过程中各个具体活动、具体工具的详细讲解不是本书的重点，本书只会讲解其中的要点。否则，本书将厚达几千页，恐怕永远也无法交稿。本书关注的重点是各项活动应该在何时何处发生，应该如何统筹协调、合理安排，各个工具应该在何时何处使用以实现最大的效益。

本书分为 6 部分。第 1 部分带大家进入软件交付情境，将介绍软件交付过程的范围和内容，以及软件交付过程的追求目标。

第 2 部分是对软件交付总体过程的介绍和讨论。这部分将不仅讲解持续集成、持续交付这两个经典方法，讲解敏捷、精益等思想的应用，也将讲解在实践中涌现出的对经典方法和思想的调整、完善和发展。总之，我们将在这部分搭起软件交付总体过程的框架。

第 3 部分到第 5 部分将介绍软件交付过程中诸多具体活动的要点。第 3 部分将讲解版本控制、使用版本控制工具、分支策略、使用制品管理工具等内容。第 4 部分将讨论构建、构建环境、部署、运行环境、SQL 变更、应用配置参数等内容。第 5 部分将首先介绍各类测试，然后介绍测试通用要点和测试通用策略，最后介绍缺陷修复。

第 6 部分补充了一些全局性内容，如组织结构与人员职责，这有利于高效交付的组织结构的设计。作为本书最后一部分，第 6 部分还总结了全书。

还有一些更“杂”的内容放在了附录中。例如，如果你对软件工程、敏捷、精益、DevOps 之类的词汇感到陌生，那么可以先跳到附录 A 了解一下。

下面，让我们一起踏上软件交付之旅吧。

目　录

第 1 部分　推开软件交付之门

第 2 部分 软件交付总体过程

第 3 部分 程序改动的累积和汇聚

第 4 部分 程序形态的转化

第 5 部分 程序质量的提升

第 6 部分 杂谈

第 1 部分

推开软件交付之门

第 1 章
软件交付过程的范围

本书研究**软件交付过程**，它是指修改了一行源代码之后的一系列工作，直到包含这个改动的软件新版本发布上线。本书研究在保证一定质量的前提下如何提高这个过程的效率。

下面详细分析一下软件交付过程到底包括什么内容。作为读者，你也可以据此判断它和你的工作是否相关，需不需要阅读本书。

1.1 修改了源代码之后

本书的研究范围是修改了一行源代码之后发生的事。如何修改源代码是另外一个巨大的话题，本书实在无法兼顾。

这是否意味着，从时间上看，在修改源代码过程中发生的事，就不在本书研究范围内了呢？也不是。是否在本书研究范围内，取决于具体在做什么。本书不关心开发人员如何设计程序结构，也不关心开发人员编写代码的过程。本书关心的是开发人员是否适时在集成开发环境（Integrated Development Environment，IDE）中做构建和代码扫描，尽管这可能发生在开发人员为一个新功能编写代码的过程中，此时其还没有完成一个用户故事的开发，甚至没有提交代码改动。所以我们并不是把项目按时间划分成一个一个阶段，例如，这两周算作开发阶段，接下来两周算作交付阶段，只关心交付阶段这两周里的事情。尽管对于代码的一处细微改动，我们确实是先编写代码，再构建它、测试它、发布它，但是从项目时间安排的角度，以及某个新功能从开发到发布的时间安排的角度，我们都不能在简单地按阶段划分后，把软件交付过程和其中的某个阶段对应。软件编写和软件交付在时间上是重叠的，如图 1-1 所示。

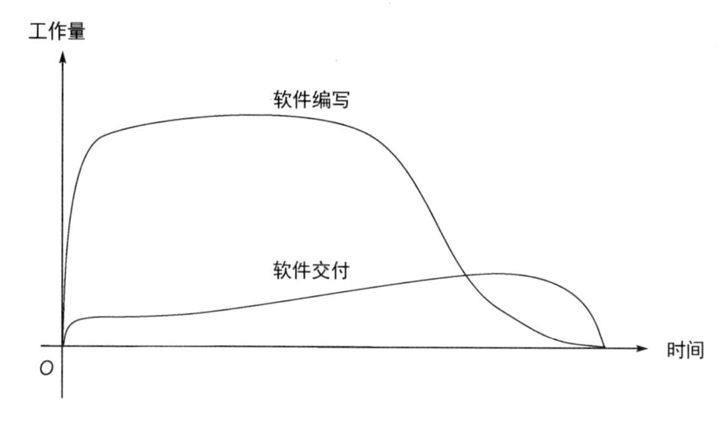

图 1-1　软件编写和软件交付

以上说的是，我们不是从时间阶段的角度划分哪些事情属于软件交付过程，哪些事情不属于软件交付过程。类似地，我们也不是从人员角色的角度划分的。我们不能把开发人员做的所有工作都算作编写代码。开发人员在个人开发环境中进行构建、自测，这些工作也属于软件交付过程。

那我们到底是从什么角度来划分软件交付过程的呢？我们是从工作内容、工作性质的角度来划分的。我们不关心如何编写代码这类事情，我们关心的是，修改了源代码之后，要想把这个改动发布上线，需要做哪些事情。我们把这些事情都划分到软件交付这个“篮子”里，在本书中逐一进行讲解。

1.2 直到改动发布上线

本书研究修改了一行源代码之后的一系列工作，直到包含这个改动的软件新版本发布上线。下面我们来介绍“直到包含这个改动的软件新版本发布上线”这个表述的具体含义。

如今，发布常常意味着上线——让用户可以通过浏览器访问特定网页，或者通过移动 App 使用特定服务。而在二十年前，发布常常意味着制作出光盘，摆在专柜或报刊亭里售卖。这些都是发布的具体形式。不论使用什么形式，我们都要从修改了源代码一直研究到发布。

软件交付过程的范围甚至不仅包括发布这个操作。我们关心如果在发布过程中遇到了问题该怎么处理，我们也关心如果发布带来的问题在发布后的某个时间暴露出来了该怎么处理。如何回滚，如何紧急修复，这些话题本书也都将讨论到。

1.3 在软件开发全过程中的位置

软件开发[①]全过程包括与软件开发相关的所有活动。下面分析软件交付过程在其中的位置。

软件开发全过程的所有事情大体可以分成两部分，以便分别讨论。**一部分是确定需求**：确定软件应该长成什么样子。产品经理（Product Manager）、产品负责人（Product Owner）、业务分析师（Business Analyst），甚至在某种程度上，公司老板都在做这方面的事情，他们是“定方向”的。

另一部分是实现需求[②]：真正实现软件产品，使软件产品能运行，让用户能使用。开发人员、测试人员、运维人员都在做这方面的事情，他们是“干活”的。

实现需求可以再细分一下。它大致包括了两类事情：**一类事情是软件编写**，包括从架构设计到写出一行行源代码的全部工作；**另一类事情是软件交付**，开发人员编写出来的源代码最终变成了线上稳定运行的程序，这是本书要讨论的内容。软件交付在软件开发全过程中的位置如图 1-2 所示。

事实上，这是一张极其简化的图。从事界面设计工作的读者看了可能会困惑：我的工作到底属于哪部分？确定需求还是实现需求？从事运维工作的读者看了可能会有些不满：运维工作那么重要，居然没有单独拿出来作为一个环节。而从事业务运营工作的读者看了甚至可能怒火中烧：业务运营根本就没有画进去……这

---

① “软件开发”这个词在不同的场景中有不同的含义。有的时候它是指从确定软件需求到编程实现需求，进而集成、测试、发布，并且持续维护的全过程，包括了软件的整个生命周期。有的时候它只是单纯地指根据已经确定的需求把软件编写出来。在本书中，在可能引起混淆时，我们使用“软件开发全过程”来表达前一个含义，使用“软件编写”来表达后一个含义。注意：在本书中，软件编写只包括软件架构设计和具体的代码编写工作。我们已经把在编写软件时随时进行的构建、自测等活动划分到软件交付过程中去了。

② 《启示录：打造用户喜爱的产品》作者 Marty Cagan 所说的产品探索（Product Discovery）大体对应本书所说的确定需求，而他所说的产品交付（Product Delivery）则大体对应本书所说的实现需求。在何勉的《精益产品开发：原则、方法与实施》一书中提到的问题域大体对应本书所说的确定需求，而实现域则大体对应本书所说的实现需求。

张图确实不是一张严谨的包罗万象的图，它只是表达大概意思，帮助读者理解软件交付过程的范围，在这一点上它还算够用。

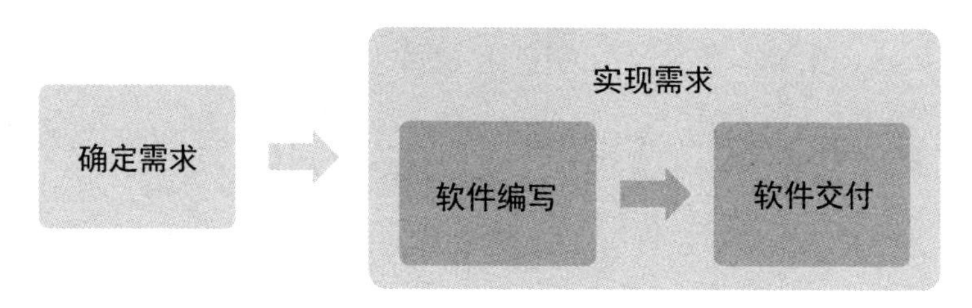

图 1-2　软件交付在软件开发全过程中的位置

1.4 为什么要这么划分软件交付过程

至此，我们已经了解了本书的内容范围：本书研究修改了一行源代码之后的一系列工作，直到包含这个改动的软件新版本发布上线，也就是软件交付过程，研究在保证一定质量的前提下如何提高这个过程的效率。

软件交付过程并不是按项目的时间阶段界定的。软件交付工作和软件编写工作水乳交融，“同时”发生。它们不是两个时间阶段，而是性质不同的两类事情。为什么本书要这么划分呢？为什么本书不是取项目的一个时间阶段来研究，而是取一类事情来研究呢？因为我们要研究要讨论的内容之一，就是某项活动应该在何时发生，以什么样的频率发生。为此，先把这项活动纳入软件交付过程这个考查范围，再说它应该在什么时机进行，怎么进行。

软件交付过程的界定对事不对人。以测试工作为例，不论是测试人员做的测试，还是开发人员做的测试，都属于软件交付的范围，都是本书关心的内容。为什么要这么划分呢？因为我们要研究的就是这样一些事情，这些事情不论哪个角色做，它们都在那里。而具体由什么角色做，具体怎么做，正是我们要讨论的内容。既然要讨论，那就先把这些活动纳入软件交付过程这个考查范围，这样讨论起来才方便。

第2章 软件交付过程的内容

上一章介绍了软件交付过程的范围：在修改了一行源代码之后的一系列工作，直到包含这个改动的软件新版本发布上线。

在这个过程中具体发生了哪些事情呢？它包括让程序改动不断累积和汇聚的一系列工作、让程序形态发生转化的一系列工作、让程序质量得到提升的一系列工作。下面我们逐一介绍这三类事情，它们是梳理软件交付过程的三条脉络。

2.1 程序改动的累积和汇聚

我们先来研究软件交付过程的第一条脉络：程序改动的累积和汇聚。

软件的不断演进是源代码的改动带来的。但并不是开发人员在个人开发环境中编写或修改了一行源代码后，这一点点改动就对外发布了。开发人员至少得在完成了一个用户故事，或者修复了一个线上缺陷之后，再对外发布软件的新版本。代码的改动要累积到一定程度才会对外发布。

事实上，通常一次发布不是只包含一个用户故事的实现或一个线上缺陷的修复，而是包含了若干个用户故事的实现。若干个用户故事对应的代码改动都要累积到一起。

软件通常不是仅由一名开发人员编写的：由开发人员先编写完一个用户故事的代码，再编写下一个用户故事的代码。软件开发通常是不同的开发人员在不同的用户故事上并行工作，之后陆陆续续把相应的代码改动提交上来。由此看来，在软件交付过程中，一方面是一名开发人员所做的代码改动不断累积，另一方面是不同开发人员所做的代码改动不断汇聚，如图 2-1 所示。

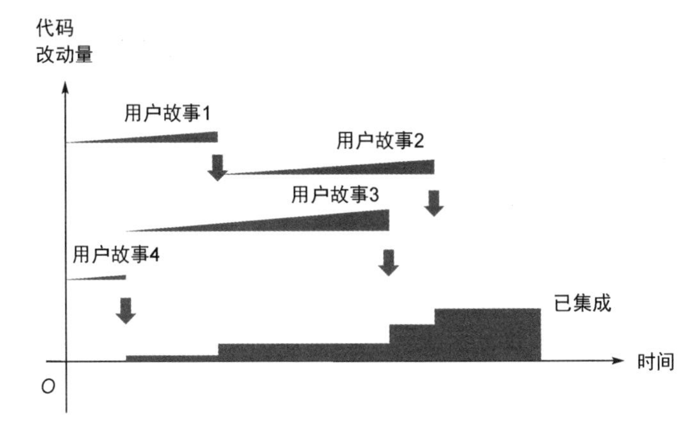

图 2-1　代码改动的累积和汇聚

Git 之类的**版本控制工具支持这样的累积和汇聚。**例如，在一个代码库中，同一名开发人员的一条一条的代码改动提交记录，就是在记录代码改动的累积。当各位开发人员纷纷把自己的特性分支（Feature Branch）向集成分支（Integration Branch）合并时，就是在把各开发人员的代码改动汇聚到一起。为了支持代码改动的累积和汇聚，我们需要制定合适的分支策略（Branch Strategy），并且据此执行。本书后面的章节将详细讲解如何制定合适的分支策略。

代码改动的累积和汇聚也体现为制品版本的变化。测试人员测试的是一个安装包的特定版本或一个 Docker 镜像的特定版本，总之是一个制品的特定版本。最终我们发布上线的内容也是一个制品的特定版本。开发人员的贡献累积和汇聚在一起，体现为制品的新版本与旧版本之间的差异。制品及其版本的管理，本书同样关心。

不仅一个代码库中的代码改动在不断累积和汇聚，而且多个代码库中的代码改动也在不断累积和汇聚。在这个微服务的时代，这通常体现为多个微服务的版本都发生了变化。一次发布常常是若干个微服务上的改动一起发布，这体现为若干个微服务的新版本代替了其旧版本。

程序改动的累积和汇聚会以各种形式体现出来，而不论以什么形式体现出来，版本控制都是其背后的支撑。版本控制这个话题①的范围可不只是版本控制工具。

① 这种广义的版本控制也被称为软件配置管理（Software Configuration Management）。软件配置管理这个词容易引起歧义，跟应用配置参数管理之类的概念混到一起，所以本书使用版本控制这个词来表达。

2.2 程序形态的转化

软件交付过程的第二条脉络是程序形态的转化。

思考一个“哲学”问题：什么是程序？以下三句话都说到了程序，说的是一件事吗？

（1）我回头把那段程序改改，写得太绕了。

（2）我已经把那个程序放到共享文件夹中了，你随时能下载和安装。

（3）那个程序刚跑一会儿又崩了。

这三句话说的是一件事，它们说的都是软件，都是程序。这三句话说的又不完全是一件事，它们说的是不同形态的程序。

第一句话里的程序说的是**源代码形态的程序**。开发人员直接改动的是源代码形态的程序。

第二句话里的程序说的是**制品形态的程序**，是可运行程序（如 Windows 中的.exe 文件）、安装包（如从安卓应用市场下载的移动应用的安装包）、容器镜像（如 Docker 镜像）这类东西。这类东西通常是二进制的，它们有些可以立即启动运行，有些需要经过安装后启动运行，它们常被称为制品。

第三句话里的程序说的是**运行态的程序**。只有运行中的程序才会崩溃，静静地存储在文件夹中的程序不会崩溃。

开发人员编写了源代码，但这些源代码对用户也就是程序的使用者来说是“没有用”的。只有当这些源代码编译、构建、打包成制品，进而制品被部署到生产环境中并运行的时候，用户才能使用这个程序。类似地，把制品部署到测试环境中并运行的时候，测试人员才能测试这个程序。在软件交付过程中需要做这件事情：把开发人员编写的源代码转化为正在运行的程序。

这个加工转化通常包括两步：构建和部署，如图 2-2 所示。构建是把源代码形态的程序转化为制品形态的程序。制品存储在本地的文件夹中，或者上传到制品仓库中。而部署是把制品形态的程序转化为运行态的程序。下面是一个简化的部署过程：部署工具或脚本把制品仓库中新版本的程序下载到服务器上，关闭监控，停止服务器上正在运行的旧版本的程序，启动新版本的程序，启动监控。

图 2-2　程序形态的转化

构建所需要的环境被称为**构建环境**，构建环境中有构建工具和构建所需要的一些基础材料，例如，Java 语言的构建需要在操作系统上安装好 Maven 和 JDK。虽然在开发人员本地的个人开发环境中也可以进行构建，但是当我们说到构建环境的时候，往往心里想的是服务器端的构建环境，也就是流水线上构建、代码扫描、单元测试这些步骤所使用的环境。读到这里，如果你对流水线之类的词感到陌生，没关系，本书后面的章节会详细介绍。

程序运行所需要的环境被称为**运行环境**，简称**环境**。没错，当说到环境的时候，通常是指运行环境而不是构建环境。当程序在开发人员的个人计算机上运行，这里的个人开发环境就是一个运行环境。但当我们说到运行环境的时候，往往是指服务器端的运行环境。这既包括我们在各个流程阶段中进行各类测试时用到的各个测试环境，也包括向用户提供服务的生产环境。

对运行环境的管理要比对构建环境的管理复杂得多。运行环境包含不同层次的内容，例如：

- 程序所在节点的本地环境。这既包括各类软件——操作系统及其他需要预先安装和配置的基础软件，也包括软件运行所在的硬件——这台服务器本身。本地环境既可以是物理机、虚拟机，也可以是容器。
- 程序运行所依赖的中间件和服务，如消息中间件、数据库服务等。这些中间件和服务必须被正确安装和配置。
- 程序运行所依赖的其他微服务。多个微服务在一起运行，相互配合构成整个系统。其中的各个微服务都需要部署正确的版本，正常地运行。

此外，在运行环境中还有一些需要使用特定方法管理的内容。例如，当程序升级的时候，数据库中的数据表结构有时候也需要进行相应的变更，如增加新的数据表，或者在已有的数据表中增加新的字段。怎样稳妥地配合程序升级进行这样的变更呢？这需要使用一些特定的方法，这是一个专门的话题。再如，对应用配置参数的管理也需要使用一些特定的方法，这也是一个专门的话题。这些内容本书都将会讨论。

2.3 程序质量的提升

至此我们已经讨论了软件交付过程三条脉络中的两条：一条脉络是程序改动的累积和汇聚，一条脉络是程序形态的转化。下面介绍第三条脉络：程序质量的提升。

如果你有编写程序的经验，哪怕只是在编程课程中做练习的经验，你大概都会认同：人们在编写程序时会犯大量的错误，刚编写完的代码是相当不可信的。在软件交付过程中，我们必须想办法把这些错误挑出来并改正，让程序达到一定的质量才可以发布，否则用户会有很大意见。

有什么办法能把这些错误挑出来呢？通过进行各种测试。说到测试，你脑海中浮现的情景大概是某个人在程序的图形界面上用鼠标点一点，看程序的反应是否正确。这是测试的一种方法：人工完成端到端的功能测试。但是测试的方法不止这一种。

测试分层次。端到端的测试是让整个程序都运行起来，看它最外层的表现。这就好像把整枚火箭都组装好之后，看它能不能顺利飞上天。如果只进行这一种测试，那么代价有点大。应该更早地开展测试：先对火箭的每个部件进行测试。软件测试也是类似的道理：除了端到端的测试，还可以对局部进行测试，如进行单元测试和接口测试。单元测试通过调用一个微服务内部的某个函数或方法来进行测试。接口测试通过调用不同微服务相互协作时所用的 API 来进行测试。

测试分人工执行和自动执行。测试既可以是人工执行的，也可以是自动执行的。以接口自动化测试为例，由脚本自动完成接口参数准备、接口调用、分析接口返回值等一系列操作。测试自动化的好处是每次执行测试的成本很低，而代价是编写和维护测试脚本比较耗费人力。

测试分静态和动态。狭义的测试是指动态测试，也就是对运行中的程序进行测试。广义的测试除了包括动态测试，还包括静态测试。进行静态测试不需要程序运行起来，程序（源代码形态或制品形态）静静地待在文件夹中就可以。代码评审是人工的静态测试，而结对编程是代码评审的一种特殊形式。代码扫描和软件成分分析是自动化的静态测试：前者自动分析源代码，后者自动分析安装包之类的制品。按人工/自动化和静态/动态对各类测试进行划分，如图 2-3 所示。

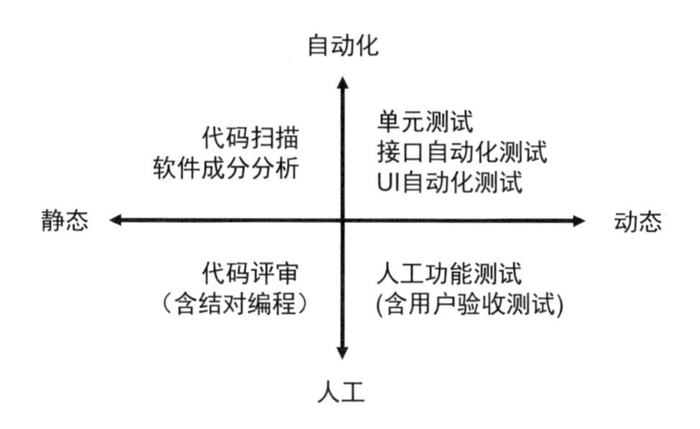

图 2-3　按人工/自动化和静态/动态划分各类测试

测试分功能测试和非功能测试。功能测试的目的是测试软件的某个具体功能是否正确。而非功能测试的目的是测试软件的非功能性，如软件的性能、容量、稳定性、安全性、兼容性等。非功能测试也有人工测试和自动化测试之分，有时是两者相结合的。

测试还包括生产环境测试。我们通常在测试环境中（甚至不需要测试环境）进行测试。而在生产环境中其实也值得进行测试，此时的测试属于生产环境测试。本书也将简单介绍生产环境测试。按生产环境/非生产环境和功能/非功能对各类测试进行划分，如图 2-4 所示。

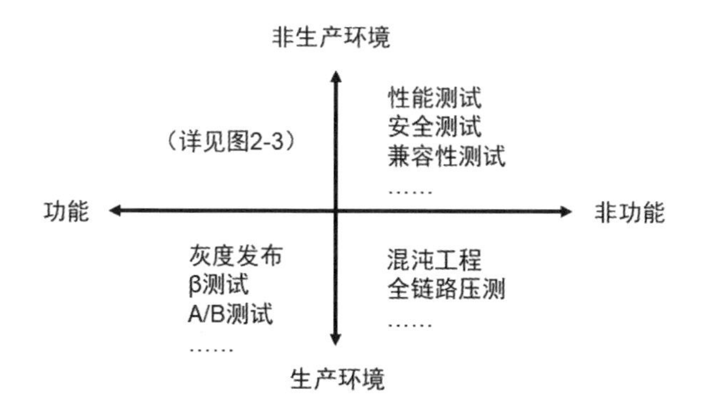

图 2-4　按生产环境/非生产环境和功能/非功能划分各类测试

总之，我们在软件交付过程中要进行各种各样的测试，以找出代码中的缺陷，随后修复它们。测试工作及相应的缺陷修复工作是软件交付过程中需要投入精力最多的工作。

测试不存在“一招鲜，吃遍天”的情况。在实际场景中，我们通常需要联合使用多种测试方法。这里面就有学问了：在具体场景中应该使用哪些测试方法？分别投入多少精力？分别在软件交付过程中的哪个环节、哪个时间点进行？本书将详细介绍这些方面的内容。我们的目标是，在具体项目中根据实际情况完美搭配多种测试方法，进行总体来看最高效的测试。

第3章 软件交付过程的追求目标

本书研究修改了一行源代码之后的一系列工作，直到包含这个改动的软件新版本发布上线，也就是软件交付过程，研究在保证一定质量的前提下如何提高它的效率。这里的效率是指什么？怎么衡量？怎样算高效率的软件交付过程？保证一定质量又是什么意思？具体多高的质量？软件交付过程优化的目标是什么？本章将回答这些问题。

把这些问题想清楚实在太重要了。任何改进都要服务于我们追求的目标。当我们想到一个改进的主意时，我们要能够正确判断这个改进值不值得做，甚至是，这到底是不是一个改进。当我们想向各开发团队“推销”我们的改进方案时，能不能把道理讲明白，影响到我们能不能“推销”成功。当我们完成了一项改进，汇报我们的工作成果时，能不能把它的价值说清楚，又关系到我们的工作能不能得到认可。

3.1 整体目标：为了业务的成功

软件交付过程追求的目标要服务于企业整体目标。让我们从一个企业的整体目标开始，逐层分解，直到软件交付过程的目标。

一般来说，一个企业从事某项业务，是要满足用户的某种需要，并且因此而获得回报。这个业务可能体现为一个软件产品，如卖给用户一张安装光盘；这个业务可能是售卖装了软件的硬件设备或整体解决方案；这个业务也可能是个线上软件服务，如多人联网游戏；这个业务还可能不只包括软件服务，如京东所做的业务连接买家和商家，并且提供仓储和物流，而手机上的京东商城 App 只是买家这个角色与整个业务系统交互的界面。

具体是什么样的业务，以什么样的形式开展，各行各业有着非常大的差别。具体要追求哪些指标——如用户数、销售额、利润率或其他指标——不同业务之间差别也很大，甚至在同一个业务的不同时期也会不同。这些都不能一概而论。

而能够一概而论的是，企业关心这个业务是否满足用户的某种需要，企业是否能够因此而获得回报。做到了这些，开展这个业务就获得了成功。相应地，为这个业务所做的软件开发，要实现一定的软件功能，这些软件功能可以支持业务以满足用户的需要并因此获得回报。

“实现一定的软件功能”涉及两个问题：实现什么功能？如何实现？这就分别对应软件开发全过程的确定需求和实现需求这两部分。下面分别分析它们的追求目标。

3.2 确定需求：有效率地找到有效需求

本节先研究确定需求这部分。

我们得把需求弄清楚，也就是找到有效需求。什么是有效需求呢？一般来说，如果一个需求对用户有价值，用户爱使用它，于是它给企业带来流量、收入等，那么它就是一个有效需求。其中，软件为实现这个有效需求而需要具备的功能，就是有效的软件需求。反之，用户不感兴趣的业务、用户不在乎的功能、用户喜欢但不符合业务目标的功能，都不是有效的软件需求。

我们要找到有效的软件需求。更全面准确的表达是，我们要有效率地找到有效的软件需求。作为反面教材，如果几百人埋头苦干好几年，结果产品发布上线后没有人爱用，那么这种试错代价就太大了，这么找需求是很没效率的。

先完成并发布**最小可行性产品**（Minimum Viable Product，MVP），这个方法就好得多。最小可行性产品是指恰好满足目标用户核心需求的最简形式的产品。当我们有一个新想法的时候，先编写一点儿代码（甚至不编写），把最小可行性产品做出来并把它发布上线，看看用户的反应：有多少用户喜欢，有多喜欢。这么做可以用比较小的代价多尝试、多探索。再根据市场反馈采取进一步的行动——是放弃这个方向，还是调整这个方向，抑或是沿着这个方向继续前进。这么做投入少、反馈快。在不同方向多尝试，就好像多打了几枪，说不定就打着了，也就是说，我们能够有效率地找到有效的软件需求。

3.3 从确定需求到实现需求：小步快跑

负责确定需求的人期待负责实现需求的人尽快把最小可行性产品做出来，交给用户试用，小步快跑，越快越好。为什么呢？

小步快跑的**第一个原因是，我们在单位时间内能尝试的事情越多，先找到正确方向的可能性就越大**。假如有两个相互竞争的初创企业，它们在确定需求方面的“枪法”水平都差不多，但是在实现需求方面的能力有差异，其中一个企业能在半年内尝试三种业务打法，另一个企业只能尝试一种业务打法，那么前者抢先摸到门道的可能性就大得多，于是会吃掉大部分市场份额。试错的成本越低，效率越高，总体来看，成功的概率就越大。因此我们应该小步快跑：负责确定需求的人确定方向，负责实现需求的人沿着这个方向快跑，跑出这一小步，以便看效果。

小步快跑的**第二个原因是，我们要快速响应市场需求**。市场环境可能瞬息万变，昨天觉得还不需要做的需求，今天可能就着急上线了。例如，竞争对手推出了一个新的市场推广活动，很受用户欢迎，那我们也需要赶快推出一个相似的活动。为此开发团队得赶快配合进行制作，最好今晚就把新功能发布上线。

小步快跑的**第三个原因是，我们先交付一部分功能，用户就能先享受一部分功能**。假定需求都调查清楚了，包括 10 个子功能，它们基本上相互独立，每个子功能的上线都能给用户带来一定的好处。负责确定需求的人期待着负责实现需求的人赶快把它们制作出来。假定每个子功能都需要 1 个星期才能做出来，做出 10 个子功能需要 10 个星期。此时我们是把这 10 个子功能都做出来以后一起发布，还是把每个子功能做出来后就先把它发布？当然要尽量选择后者。既然每个子功能的上线都能给用户带来一定的好处，那么让用户早点享受多好，哪怕当时还不能享受所有的好处，如图 3-1 所示。

基于以上三个原因，负责确定需求的人应该不断地给出小的需求，交给负责实现需求的人，而负责实现需求的人应该尽快实现这些小的需求，让用户用起来。这就是小步快跑。

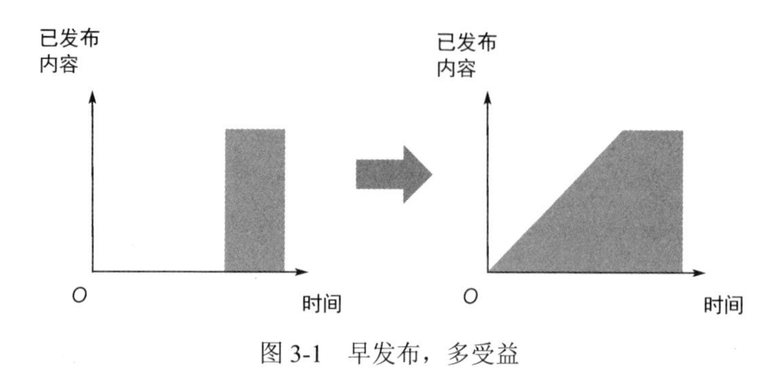

图 3-1　早发布，多受益

3.4 实现需求：效率与质量

前面讨论了确定需求这一侧要追求什么，要有效率地找到有效的软件需求，为此要小步试探。又讨论了确定需求的人和实现需求的人之间的协作，负责确定需求的人期待负责实现需求的人尽快把最小可行性产品做出来，要快跑。下面我们来分析实现需求时要追求什么。等我们把这件事分析好的时候，离确定软件交付过程的追求目标就只有一步之遥了。因为软件交付工作是实现需求这个工作的一部分。

负责实现需求的人包括开发、测试、运维等角色，他们共同把软件真正做出来，并且让软件在生产环境中运行起来，让用户可以使用。实现需求的过程既要有效率也要有质量。这句话听起来永远正确，实际却暗藏玄机，下面我们来仔细分析一下。

3.4.1 体现效率：需求吞吐量

在投入的人力物力一定的情况下，我们想让一段时间内开发上线的功能更多，我们期待团队要“出活”，要有较高的**需求吞吐量**。

一般而言，吞吐量是指系统在单位时间内的生产量或处理量。这里所说的需求吞吐量，是指在单位时间内能够实现的软件需求的量，也就是不同大小的需求的累积总量。

追求更高的需求吞吐量、降低需求实现成本（降本）、提高资源利用效率（增效），这三个说法其实是一回事。在投入的人力物力一定的情况下，更高的需求吞吐量就意味着更高的资源利用效率，特别是人力资源的利用效率。而在实现需求数量一定的情况下，更高的资源利用效率也就意味着更低的需求实现成本。

我们为什么要追求更高的需求吞吐量呢？

举个例子，假定你和你的竞争对手在确定需求方面的“枪法”水平都差不多，在实现需求方面都是靠一个 10 人的开发团队。你的团队一年能上线 100 个用户故事，竞争对手的团队一年能上线 200 个用户故事。此时谁更有可能赢得市场？

再举个例子，假定你和你的竞争对手都想赢得一份软件开发合同，需求是已经确定的，项目完成时间也是已经确定下来不能改变的。你投入 10 个人就能完成，竞争对手则需要投入 20 个人才能完成。假定所有人的能力都差不多，工资也基本相同，那么谁更有可能赢得合同？谁更有可能获得收益？

如何提高需求吞吐量呢？我们容易想到的是要让每个人的能力都充分发挥出来，要把每个环节的效率都提高上去。我们确实要关注这些事情，但是只关注这些还不够，还要关注如何协调安排好整体过程：总体流程是什么样，不同角色如何相互配合等。**我们要追求整体的资源利用效率，而不是局部最优。**打个比方，拔河的时候，双方都很努力，输出的力量都很大，但是“总体效率”却很低，只是让一根绳子缓慢移动，这是因为力气基本上互相抵消了。

如何衡量需求吞吐量？如何衡量资源利用效率？坦率地说，**总的资源利用效率是不太好衡量的**，在不同的人、不同的团队之间横向比较尤其困难，因为缺乏一把统一的尺子。小张平均每天写 50 行代码，小王平均每天写 100 行代码，如果你据此得出结论，小王的效率是小张的两倍，那么开发人员会鄙视你的。类似地，A 团队每年发布 100 个用户故事，B 团队每年发布 200 个用户故事，这也不一定意味着 B 团队的资源利用效率比 A 团队的高，说不定 A 团队完成用户故事数量少是因为 A 团队的用户故事的颗粒度比较大，或者实现难度比较大。

然而对于软件交付过程中的某个具体的改进，其带来的资源利用效率的变化则是相对来说容易衡量的。例如，把部署方式从先登录每台服务器再人工输入一行行命令，改进为一键完成的全自动部署，节约人力资源的效果立竿见影，也容易估算。

3.4.2　体现效率：需求响应时长

软件开发“自古以来”就追求更高的需求吞吐量。哪怕追溯到当年的瀑布模型，它也追求更高的需求吞吐量。现在我们同样要追求更高的需求吞吐量。那么，如今的软件开发与当年的软件开发相比，追求的目标有什么不同呢？最明显的变化是，如今在追求更高的需求吞吐量的同时，我们越来越重视另外一个目标：更快的实现速度，也就是更短的**需求响应时长**。它是指负责确定需求的人把一个需求交给负责实现需求的人之后，这个需求从开发到发布上线所需要的总时长。

如前面介绍的，软件开发要小步快跑：负责确定需求的人定义小步，负责实现需求的人快跑。当负责确定需求的人把一个用户故事交给负责实现需求的人，说"拜托你赶快做出来"之后，负责实现需求的人要真的可以把它很快做出来并发布上线。也就是说，需求响应时长要短。

需求响应时长体现了实现需求的流程（更酷的叫法是**价值流**）的流转速度。还有一些表达类似含义的词，如**前置时间**（Lead Time）、**周期时间**（Cycle Time）等，它们有的覆盖的流程多一点儿，有的覆盖的流程少一点儿，但都体现了流程的流转速度。

需求吞吐量和需求响应时长是两个完全不同的概念。需求吞吐量类似于网络带宽，而需求响应时长类似于网络延迟时间。网络带宽很重要，网络延迟时间也很重要。即便网络带宽相同，不同的网络延迟时间也会给用户带来不同的体验。

同样的道理，假定你和你的竞争对手的需求吞吐量相同，一年都能上线 100 个用户故事。区别是，在你这边，每个用户故事在完成后一两天就能上线，而在竞争对手那边，每个用户故事在完成之后要拖拖拉拉几个星期才能上线。于是你就能更快地收到需求的反馈，更快地根据反馈调整产品设计，而且用户也能更早地使用新功能，于是你就更有可能抢得市场先机。快鱼吃慢鱼，快者通吃。

在这个 **VUCA**（Volatility、Uncertainty、Complexity、Ambiguity，即易变、不确定、复杂、模糊）时代，越是易变、不确定、复杂、模糊的业务领域，就越需要重视软件开发的流程的流转速度，重视需求响应时长。

事实上，**软件工程领域近二十年来的各种思潮，其目标大多是提高流程的流转速度**。敏捷提倡迭代式开发以尽快收到用户（或其代表）的反馈；精益则努力消除价值流中的各种等待、各种浪费，为此使用了限制在制品等方法；持续集成、持续交付强调频繁地集成、测试和发布；DevOps 想办法让不同角色协作顺畅；平台工程强调工具平台要方便易用。尽管方法各有不同，目标（之一）都是为了提高流程的流转速度。

3.4.3 质量不是越高越好

实现需求既要有效率也要有质量。3.4.1 节和 3.4.2 节分析了效率，本节开始分析质量。这里所说的质量，是指软件发布上线后，用户能够感受到的软件服务质量。它是结果质量而不是过程质量。这里所说的质量高，除了意味着线上缺陷少，也意味着在生产环境中，系统的稳定性高、可靠性高、安全性高等。

质量不是越高越好，它要适合业务。质量是有成本的。质量目标定得越高，实现效率（既包括需求吞吐量，也包括需求响应时长）就越低。质量与效率之间要进行权衡。不同的业务，其平衡点是不同的。需要多高的质量，要看具体是什么业务场景。俄罗斯方块之类的移动 App 上的单机游戏，与无人驾驶汽车上的控制软件相比，质量要求肯定不同：前者是玩乐，后者是“玩命”。软件所在领域、用户规模、软件规模、测试效率等因素，都会影响这个平衡点。我们的目标是到达特定业务的这个平衡点，过犹不及。这也大体上可以表述为，不同的业务有不同的质量目标，我们只要达到这个质量目标就可以了，没必要追求完美。

举个例子，谷歌的 **SRE**（Site Reliability Engineering，网站可靠性工程）[①]追求的就是适当的质量而不是完美。谷歌不同的服务有其不同的错误预算（Error Budget）：如果该服务的可靠性目标是 99.99%，那么错误预算就是 0.01%。开发团队不必追求零事故运行，只要不超出错误预算就行了。而在此基础上，开发团队要尽可能地加快新功能发布上线的速度。

3.4.4 体现质量：问题出现量

这里说的问题，是指软件在发布上线时和发布上线后暴露出来的影响用户的问题。这既包括故障，也包括线上缺陷；既包括功能的问题，也包括非功能的问题，如安全问题。

有的问题严重，有的问题不严重。如果用户高频使用的功能出了问题，或者功能完全不能使用了，那就是严重的问题。如果用户很少使用的功能出了问题，如果这个问题只是给用户使用这个功能造成些许不便，那就是不严重的问题。

这里所说的**问题出现量**，是指单位时间内出现问题的数量及各个问题的严重

① 参见《SRE：Google 运维解密》一书。

程度的综合效果。如果一段时间内出现不少严重问题，那么我们就说问题出现量比较大，这意味着质量不高。

3.4.5 体现质量：问题修复时长

但是我们不能只关注问题出现量，**问题修复时长**也很重要。如果某个故障一分钟就修复了，那么可能很多用户都还来不及使用相关的功能，对故障没感觉。而即使有用户遇到了故障，再试一下就又好了。用户大概会想，那就这样吧，可比半天一天都用不了强多了。

在过去，软件的主要形态是把软件作为产品出售给个人或企业。如果卖出去的软件出现了问题，那么相当麻烦：软件提供商需要在修复了问题、发布了新版本后，把新版本送到每个使用者手中，并且由使用者自行完成新版本的安装。这么麻烦，安装自然就不那么及时，说不定要拖几个月甚至几年。于是问题修复时长就比较长。在这种情况下，为了有比较好的质量，就只能让问题出现量比较少。

而如今，软件的主要形态是把软件以服务的形式提供给众多用户使用，也就是 **SaaS**（Software as a Service，软件即服务）这种形态。此时要想修复一个线上缺陷，只需要在服务端部署软件的新版本即可。广大用户什么都不用做，就获得了新的版本。由于问题修复时长比较短，我们对问题出现量的要求就不再那么苛刻了。

质量由问题出现量和问题修复时长共同决定。这给了我们一个启发：为了提高质量，除了进行更多的测试以减少问题出现量，还应当考虑能不能缩短问题修复时长。事实上，缩短问题修复时长往往比减少问题出现量更容易。

3.4.6 要兼顾短期和长期

由于软件经常是长期存在的，是不断维护和发展的，我们在实现需求时对效率和质量的追求也是长期的。因此我们在实现当前的需求时，也要考虑程序将来是否好维护、好发展。如果软件的结构不好，那么将来它的维护成本就比较高，我们想再加点新功能就很不容易，还容易出错。业界将这种情况称为欠下了**技术债**（Technical Debt）。

我们要小心，不要欠下太多技术债。当然，我们也不必把技术债当作洪水猛兽。技术债就像房贷，当借就借。例如，某个新功能是试探性的，目前还不确定产品会不会向这个方向发展，此时架构的可扩展性、自动化测试的覆盖率就不是很重要，在这些方面欠一点儿技术债是合理的。

3.4.7　四个象限简介

下面回顾一下本节讲的内容。在实现需求的过程中，我们要兼顾效率和质量。效率包括需求吞吐量和需求响应时长，前者是产出的数量，后者是产出所需时长。质量包括问题出现量和问题修复时长，前者也是数量，后者也是时长。效率和质量，数量和时长，它们之间的排列组合构成了四个象限，如图 3-2 所示。

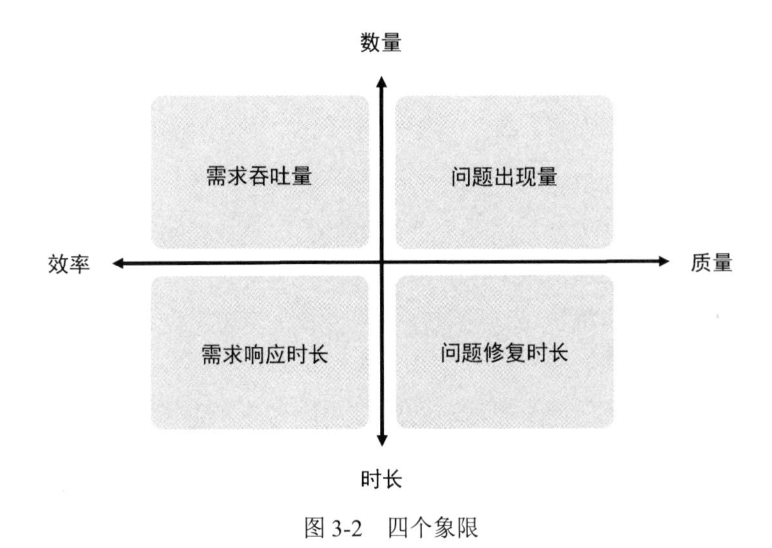

图 3-2　四个象限

当然，除了图 3-2 展现的内容，我们还需要关注可持续性。可以认为，图 3-2 的第三个维度是时长维度，随着时间的推移，软件的规模和复杂性都在不断上升，可不要让这四个象限逐渐失控。

3.5　软件交付过程在四个象限的优化

上一节介绍了我们在实现需求时的追求目标：要兼顾效率和质量，表现为在四个象限的优化。实现需求包括与软件编写和软件交付相关的事情。下面我们逐个分析四个象限，讨论软件交付相关的事情该怎样做，以实现在四个象限的优化。

3.5.1 提高需求吞吐量

如前文所述，需求吞吐量是指在投入的人力物力一定的情况下，在一定时间内能够实现的软件需求的数量。提高需求吞吐量，就是要高效、要多“出活”。

在软件交付过程中，**自动化是提高效率的重要方法**。所有重复性的操作（如构建、部署等）都应该是自动化的。基于明确规则和算法的测试（如代码扫描）及不断重复执行的测试（如回归测试）也应该是自动化的。此外，我们不仅要把单一的任务变成自动化的，而且要使用流水线把各个任务串联起来，让它们依次自动执行，实现流程的自动化。

做事的效率，一方面是流程中一个环节又一个环节的执行效率；另一方面是当遇到问题或发现问题后，解决问题、修复缺陷的效率。对于前者，自动化是提高效率的重要手段。对于后者，**及早发现以便及早修复是提高效率的重要策略**。越早修复，需要花费的人力和时间就越少，效率就越高。当然，要想早修复，就要早发现，就要更频繁地构建、部署、测试。这就又需要自动化的支持，以降低频繁构建、部署、测试的成本。

以上两点是最重要的两个思路，当然还有其他一些方法，本书后面章节会详细介绍。

3.5.2 缩短需求响应时长

如前文所述，需求响应时长是指一个需求从交给开发团队到最终发布上线的总时长，这期间会发生与软件编写相关的各种活动，以及与软件交付相关的各种活动。

在软件交付范围内，如何缩短需求响应时长？缩短等待时间，特别是缩短在关键路径上的等待时间，可以缩短需求响应时长。

协作导致等待。当不同的角色协作时，他们往往会相互等待，如图 3-3 所示。例如，在代码评审时，甲编写完代码后，等待乙评审；乙评审出一堆问题后，等待甲修复和回复；甲修复和回复后，等待乙确认……再如，开发人员完成代码改动后，等待测试人员测试；测试人员测试出问题后，等待开发人员修复；开发人员修复后，再等待测试人员确认……

图 3-3　协作导致等待

怎样减少这类等待呢？第一个思路是，代码编写者在送交代码评审、测试之前，先自己多做测试，以减少问题的数量。第二个思路是，让不同角色在一个团队中长期共同工作，随时相互支持。反之，如果测试团队同时向多个开发团队提供服务，多个开发团队之间争用测试人员，那就会带来很多协调成本，人员安排也难以根据实际情况随时调整。

除了协作导致等待，**批量也导致等待**：要凑齐一个批次再一起进行下一项工作，如图 3-4 所示。这可以通过减小一个批次所包含改动的量来改善。例如，不要积攒很多改动再集成，不要积攒很多开发完的功能再测试，不要积攒很多测试完的功能再发布。这是持续集成、持续交付的基本思路。

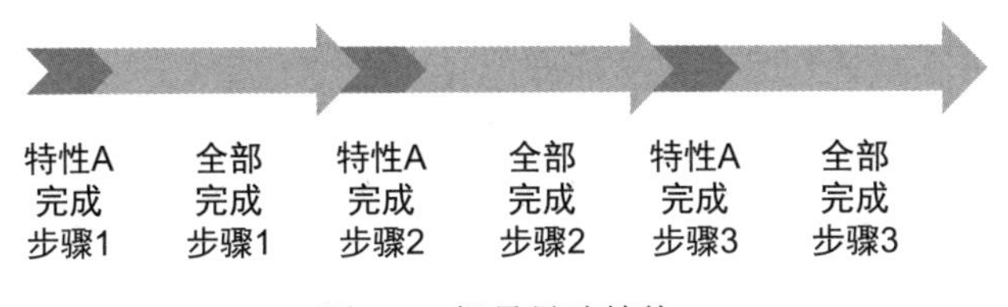

图 3-4　批量导致等待

软件交付过程在需求响应时长方面**最重要最直观的指标是，当一个特性（如一个用户故事或一个线上缺陷的修复）开发完成后，多久可以发布上线。**最理想的情况是，编写完代码后瞬间就发布上线了。当然这只是理想情况，毕竟构建、部署、测试等还是需要时间的。我们要追求的是，让一个特性从开发完成到发布上线的时长尽量短些。

3.5.3　减少问题出现量

我们已经分析了效率相关的两个象限，下面分析质量相关的两个象限。再次强调，我们这里说的质量都是结果质量，也就是最终发布给广大用户，让用户感受到的质量。

质量相关的第一个象限是问题出现量。如何减少问题出现量呢？在软件编写过程中，如果开发人员能力比较强，工作比较认真，那么其埋下的问题自然就少。如果软件架构设计得好，技术栈先进且适合业务场景，那么软件自然就不容易出问题。这些都对，但是不在软件交付过程的关注范围，我们按下不表。

软件交付过程能做的事情是通过各种测试找出这些问题，然后把它们消除掉，于是就减少了在生产环境中出现问题的量。当然，并不是要把所有问题都找出来，为了完美而投入无限多的测试资源和无限长的测试时间。要通过软件交付过程达到多高的质量目标，是由特定业务场景等因素决定的。我们通过有效率的测试和随后的缺陷修复，达到这样的质量目标。

3.5.4 缩短问题修复时长

四个象限中的最后一个象限是问题修复时长，这是指线上问题的修复时长，包括故障的修复时长和线上缺陷的修复时长。我们要尽量缩短这个修复时长。

我们要早点发现问题。我们在发布后要做一些测试，哪怕只是使用鼠标简单点一点也好。当然，如果我们自动化地测试一下核心业务流程，那就更好了。此外，要加强运维监控，当出现异常时自动报警。舆情同样要监控，以便当有用户抱怨时，我们能早点听到。

当发现问题时，我们要及时通知合适的人，以便早点开始行动。例如，在发生故障的时候，我们应该按照故障处理流程立即动员相关人员进行会诊和排查。

我们要尽快处理好问题。对紧急程度不同的问题，我们应该有不同的处理方法。

- 当出现最紧急的情况，如严重问题的时候，我们需要“立即”解决问题。我们通常应该立即回滚生产环境中刚部署的版本，回滚到上一个发布版本。这样做最快，尽管这样做会把刚上线的新功能一起回滚掉。
- 当出现次紧急的情况时，我们要紧急发布一个新版本，该版本只包括为某个线上缺陷或问题所做的代码改动，不包括其他新功能，以便尽快发布。
- 对于紧急程度再低一些的情况，我们应当在项目排期时给予它们较高的优先级，争取下一个正常发布版本就包括对它的修复。

以上四节分别分析了在四个象限中软件交付过程可以做哪些方面的改进。不论你打算做什么样的改进，最终一定要落实到对某个或多个象限的正向影响，这样的改进才是一个真正的改进。

这四节粗略给出了一些改进软件交付过程的思路，本书后面章节将展开介绍它们。

3.6 DORA 的 DevOps 核心指标

DORA（DevOps Research and Assessments，DevOps 研究与评估）机构每年发布的《DevOps 现状报告》，是当前世界上非常有影响力的 DevOps 行业报告。

在该报告中，DevOps 的核心指标一共有四个。

- **部署频率**（Deployment Frequency）：软件部署到生产环境的频率。
- **变更前置时长**（Lead Time for Changes）：从提交代码改动到代码成功在生产环境中运行所需要的时长。
- **变更失败率**（Change Failure Rate）：有多大比例的生产环境部署会导致服务降级或需要事后补救。
- **服务恢复时长**（Time to Restore Service）：发生故障后恢复服务所需要的时长。

我们可以将这四个指标放到四个象限中进行分析，如图 3-5 所示。

- 部署频率这个指标和需求响应时长这个象限有很强的相关性。虽然部署频率高时需求响应时长不一定短，但是部署频率低时需求响应时长肯定长。
- 变更前置时长这个指标也和需求响应时长这个象限有很强的相关性。这个指标大体上是一个特性从开发完成到发布上线的时长。如前文所述，这个时长是衡量软件交付过程对需求响应时长的影响时最重要最直观的指标。
- 变更失败率这个指标位于问题出现量这个象限。变更失败是由于发生了严重的问题，因此是问题出现量这个象限关注的重点。
- 服务恢复时长这个指标位于问题修复时长这个象限。与变更失败率类似，这个指标也是关于严重问题的，因此是问题修复时长这个象限关注的重点。

据此看来，四个象限中的需求响应时长、问题出现量、问题修复时长这三个象限都有其代表指标了，那需求吞吐量这个象限呢？如前文所述，这个象限整体上就是很难衡量的。

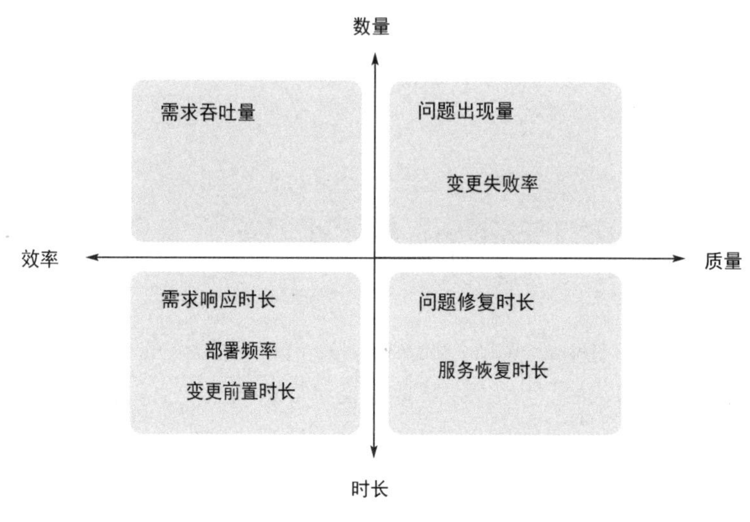

图 3-5 DevOps 的核心指标

第 2 部分

软件交付总体过程

第 4 章 持续集成

本书第 2 部分介绍软件交付总体过程，首先介绍持续集成这个实践。

4.1 什么是持续集成

现在绝大部分开发团队都在持续集成，准确地说是都觉得自己在持续集成。

Martin Fowler 是这么描述**持续集成**（Continuous Integration）的："（它是）一种软件开发实践，即团队的成员经常集成他们的工作，通常每个成员每天至少集成一次——这导致每天发生多次集成。每次集成都通过自动化的构建（包括测试）来验证，从而尽快地检测出集成错误。"[①]

我们来拆解一下持续集成的定义，看看它到底说的是什么。

4.1.1 什么是持续

持续集成中的"持续"是什么意思？

持续集成中的"持续"，意味着不能等所有的开发工作都完成后再进行集成工作。这种把项目周期分成几个阶段，在开发阶段之后的集成阶段才进行集成的做法不完全合理。把集成工作拖到最后集中进行，这种方式被称为大爆炸式的集成，如图 4-1 所示。此时会有很多问题暴露出来，解决和验证需要耗费很长时间，于是集成阶段成为项目关键路径上漫长的一段，风险也不可控。集成工作不应该拖到最后，应该在时间轴上比较均匀地分布。

① 出自 Martin Fowler 的文章 *Continuous Integration*，链接见资源文件条目 4.1，网上亦有译文可参考。

图 4-1　大爆炸式的集成

持续集成中的“持续”，还意味着频繁地集成。什么是频繁地集成？我们先从开发人员个人的角度来看。经典的描述是，开发人员在做完一天或半天的代码编写工作后，就应该把代码改动提交到集成分支进行集成。当然，根据实际情况，这个要求也可以适当放宽，不是非要每天都提交代码改动，只要不出现大量的代码改动合并冲突就可以。

我们再从集成分支或者说从集成的角度来看什么是频繁地集成，如图 4-2 所示。它意味着每当集成分支收到代码改动的提交时，我们就要进行集成工作，于是一天可能要进行好几次这样的集成工作。在持续集成这个方法提出之前，有一种被称为每日构建的方法——每天定时构建一次，这比积攒好几天甚至好几个星期的代码改动后才构建一次要好。而持续集成要比每日构建更频繁、更好。

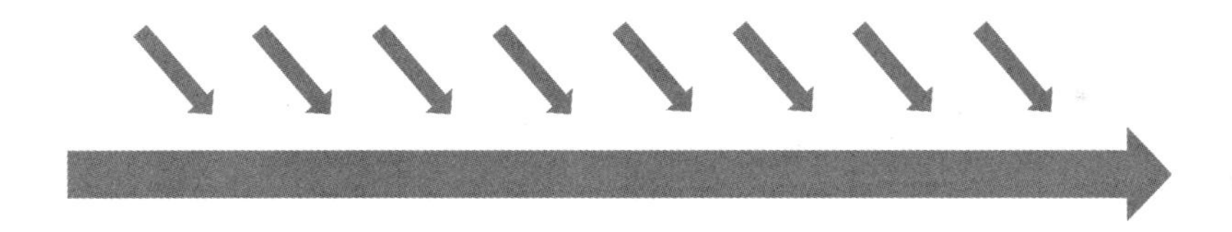

图 4-2　频繁地集成

4.1.2　什么是集成

以上是“持续”的含义。那“集成”又是什么意思呢？

持续集成中的“集成”也有两层含义。**“集成”的第一层含义是代码改动的汇聚：**不同开发人员的代码改动汇聚到一起，为不同新功能所做的代码改动汇聚到一起。注意：集成的这个含义是指不同的代码改动的汇聚，而不是把一个个的新组件、新模块组装到一起。软件往往是长期不断升级和演进的，其中的代码模块往往已经存在了，这次只是改一改。

“集成”的第二层含义是让代码改动达到一定的质量要求。只是把代码改动汇聚到一起是不够的，我们还要验证，作为汇聚的结果，软件能不能正确地工作。

我们并不要求此时的软件没有任何问题，但它至少要能比较正常地工作。不包含必要的测试活动的持续集成是没有“灵魂”的，甚至不能称之为持续集成。

4.2 为什么要持续集成

当众多开发人员一起开发一个大型的紧密耦合的系统时，集成容易成为梦魇，而持续集成能避免这样的梦魇。这是持续集成提出的背景。具体来说，持续集成能够带来三个方面的好处，下面我们逐一分析。

4.2.1 小批量，减少等待

首先，我们从一个代码改动的视角来看软件交付过程。大体上，在这个代码改动完成后，要先集成，再测试，最后把包含这个代码改动的新版本发布上线。如果集成频繁，那么在这个代码改动完成后，很快就可以测试它了，流程流转很快。而如果集成不频繁，要攒上一大批改动一起集成，甚至到项目的末期，所有的代码改动都完成了再集成，那么这个代码改动就要等很久才能测试，流程流转很慢。大批量地处理与小批量地处理相比，必然意味着更长的等待时间，如图 4-3 所示。

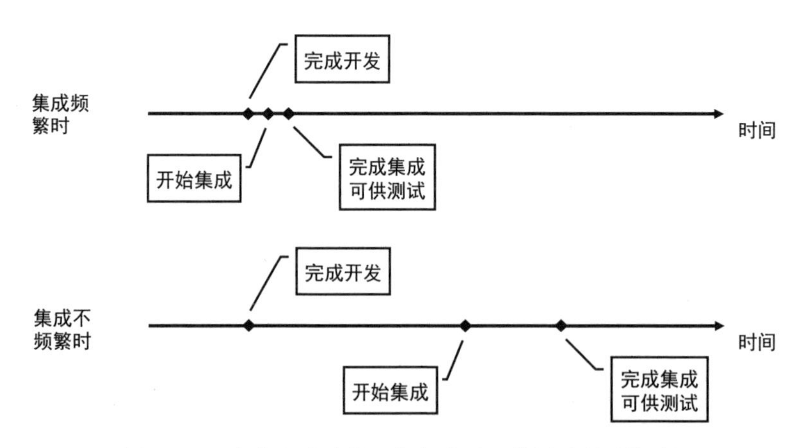

图 4-3　一个代码改动从开发完成到可供测试所需的时间

其次，集成的时候还可能遇到问题。遇到问题就需要解决问题，就需要验证问题是不是真的解决了，这些都会让流程阻滞。集成少量改动遇到问题的概率低，集成很多改动遇到问题的概率高。遇到问题的数量多，就需要更长的时间去解决和验证。

总之，小批量，能减少等待，就能加快流程流转速度。

4.2.2 问题早发现、早修复，代价小

早一点儿发现代码改动中的问题，早一点儿修复发现的问题，修复问题花费的代价就比较小。原因如下。

第一，如果问题发现得早，那么可以在较小的范围内查找有问题的源代码。如果上次集成还没有问题，这次集成有问题了，那么问题就来自于两次集成之间的代码改动。如果集成工作开展得很频繁，那么这个代码改动的量就很少。在很少的代码改动中排查问题就比较容易。

第二，如果问题发现得早，开发人员还记着当时的开发上下文，那么可以很快解决问题。反之，如果十天半个月甚至更久以后再拿着问题来找开发人员，此时开发人员已经全身心地投入新的开发工作了，以前的事情都忘了，那么还要再仔细阅读当初的代码，回想当初改动的思路，很费劲。

第三，如果问题发现得早，此时引入问题的开发人员或其他开发人员还没有基于有问题的代码进行新的修改，那么问题比较容易解决。这就好像，一楼盖歪了，但是好在还没有盖二楼就发现了，调整起来比较容易。如果等到十层楼都盖好了，那么再想调整可就难了。此外，在有问题的代码上继续开发，可能会进一步引入新的问题。多个问题混在一起，就更难排查、定位和解决了。

第四，从项目管理的角度也期望早发现问题。前面三点都是着眼于一个个“小”问题，而从项目管理的角度，我们看到的是“大”问题，如当前开发进度是否符合预期。如果把一个新功能的开发拆解为多个开发任务交给多名开发人员，他们分别说自己开发好了，那么你可不要认为这个新功能已经开发好了。要把他们的代码改动集成起来，看看这个新功能是不是真的能运行起来。说不定这里面“埋着雷”，是个在项目进度方面的挺大的风险。早“爆雷”比晚“爆雷”要好，还来得及使用各种方法来弥补和调整。

4.2.3 频繁同步以减少冲突

前面讲到的两个理由，“小批量，减少等待”和“问题早发现、早修复，代价

小”，都不是持续集成特有的。在软件交付过程中的不同流程阶段，我们将反复应用这两个思路。而下面要讲的第三个理由则是持续集成特有的。

先说结论：**在代码改动总量一定的情况下，不同代码改动间越频繁地进行同步和合并，冲突的累积总量就越少。**这里所说的冲突，既包括在代码改动合并时暴露出来的合并冲突，也包括在随后编译和运行时暴露出来的由代码改动合并带来的问题，但不包括代码改动本身的问题。

我们先来分析在每一次合并中，本次冲突数量与本次合并的代码改动数量之间的关系。假定有两条分支，每条分支上都有耗费了20人天[①]的代码改动。此时把这两条分支合并到一起，就会产生合并冲突。冲突数量有多少呢？让我们把此时的情况与每条分支上只有10人天的代码改动的情况做个对比。在统计意义上，前者的冲突数量不是后者的2倍，而是4倍，如图4-4所示。

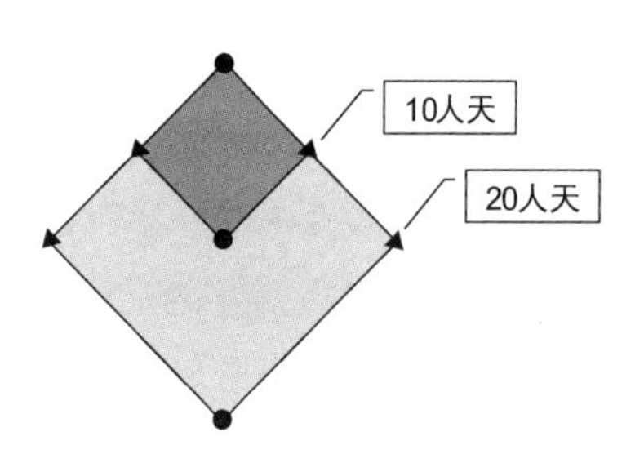

图4-4 一次合并的冲突数量

在统计意义上，一次合并中待合并的代码改动数量越多，冲突数量就越多。但两者不是线性相关的，冲突数量的增长更快，冲突数量与代码改动数量的平方成正比。

以上我们分析了在每一次合并中，本次冲突数量与本次合并的代码改动数量之间的关系。下面我们分析在代码改动累积总量一定的情况下，冲突的累积总量。

我们仍使用每20人天的代码改动一合并与每10人天的代码改动一合并做对比。在代码改动总量一定的情况下，前者的合并次数是后者的一半。又已知每次合并时前者的冲突数量是后者的4倍，因此前者的冲突累积总量是后者的2倍。由此可以看出，频繁地合并使冲突累积总量减少，于是解决冲突所需要的时间和精力就减少了，如图4-5所示。

图4-5 冲突的累积总量

① “人天”这个单位由“人”和“天”组成，代表一名工作人员在一天内可以完成的工作量，也就是一名工作人员一天可以完成多少任务或多少工作量。

我们总是说，工作中要加强沟通和交流，要确保大家“on the same page”。在进行持续集成时，开发人员之间就是以合并代码、同步代码的方式频繁地进行沟通和交流，以便“on the same code”，因此减少了摩擦，提高了效率。

4.3 流水线

前文讲到，当团队按持续集成的方式工作时，集成不再是“一个漫长且难以预测的过程”，而是随时进行、很快完成、负担很轻。可是，这么频繁地集成，会导致一段时间内执行集成工作的次数比较高，那总成本不是增加了吗，为什么还说它负担很轻？下面我们来讨论这个问题。

4.3.1 流水线的诞生

持续集成意味着开发人员频繁地把代码改动提交到集成分支，而集成分支一收到代码改动，集成工作就开始了：要进行构建、代码扫描、单元测试等。这些集成工作由谁来做呢？看来得找个人，让他盯着集成分支，一旦有代码改动提交到集成分支，就去下载代码；盯着代码下载，一旦代码下载完，就执行构建命令；盯着构建，一旦构建完，就执行代码扫描的命令……

在“上古”的时候，有一个专门的角色来做这些事，这个角色常被称为集成工程师。这工作太无聊了，而且“费人”。如果频繁地集成，持续集成，那就更无聊，也更费人了。这是实现持续集成的障碍。后来 CruiseControl 出现了，随后 Hudson、Jenkins 等工具也出现了，它们取代集成工程师，能自动完成上述工作。这些工具的核心功能是：自动按照一定的顺序执行一系列活动，而无须人工干预。这就是**流水线**（Pipeline）。

由于流水线是全自动的，工作是由机器而不是人完成的，因此它每次执行的成本很低，于是它可以频繁执行，持续集成得以实现。

4.3.2 流水线包含哪些活动

在持续集成这个场景中，流水线是这么工作的：当集成分支收到代码改动时，流水线就会自动触发，自动依次完成以下工作。

（1）**获取源代码：**在构建环境中，流水线调用源代码版本控制工具获取集成分支上最新版本的源代码。

（2）**构建：**在构建环境中，流水线调用构建工具进行编译打包等构建工作，生成制品。

（3）**单元测试：**在构建环境中，流水线调用单元测试工具，对制品进行单元测试。

（4）**代码扫描：**在构建环境中，流水线调用代码扫描工具，对源代码进行代码扫描。

（5）**上传制品：**流水线把构建生成的制品上传到制品库中，保存起来。这样做的原因是，该版本的程序不仅接下来要部署到测试环境中进行自动化测试，而且将来可能会再次部署，部署到当前测试环境或其他测试环境，甚至生产环境。如果我们保存了这个版本的制品，那么将来就可以直接部署它了，而不需要从源代码重新构建它。这样做，既方便省时，又保证了内容一致。

（6）**部署：**流水线调用部署脚本或部署工具，把制品部署到测试环境中。

（7）**自动化测试：**在测试环境中，流水线调用自动化测试工具，执行一些自动化测试用例。传统上，此时的自动化测试是在比较短的测试执行时间内，使用比较少的自动化测试用例，覆盖软件的核心功能。而如今，随着微服务的兴起，即使对这个微服务进行全量的接口自动化测试，可能也费不了多长时间，如 10 分钟以内。如果在具体项目中确实是这样的，那么我们就可以在此时做全量的接口自动化测试。

我们对流水线的最低要求是完成以上 7 项活动中的第（1）项至第（4）项活动。如果流水线连基本的测试都没有做，只进行构建，那么这样的工作方式实在称不上持续集成。当然，最好是流水线把以上 7 项活动都做了。如果你所在的项目中，流水线已经配置了第（1）项至第（4）项活动，那么请你继续努力！

以上这些活动应该以什么样的顺序执行呢？最简单的安排是按顺序依次执行，如图 4-6 所示。如果有某一项活动执行失败，那么流水线就在此终止运行并报错。这样的方式对流水线工具的要求最简单，但是它有点费时间。

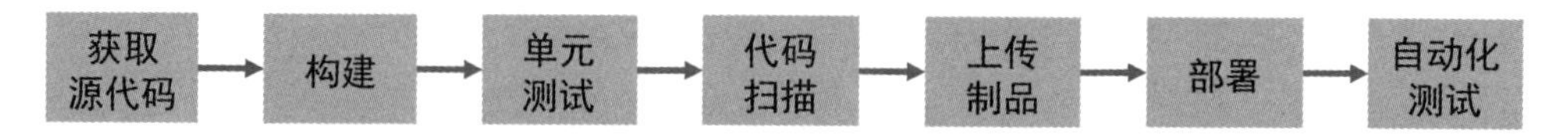

图 4-6　按顺序依次执行的流水线

有些活动其实是可以并行执行的。例如，代码扫描活动可以与构建活动并行执行，因为代码扫描不依赖构建及构建之后的任何活动，如图 4-7 所示。即便构建或随后的单元测试失败了，代码扫描也可以继续执行，反之亦然。

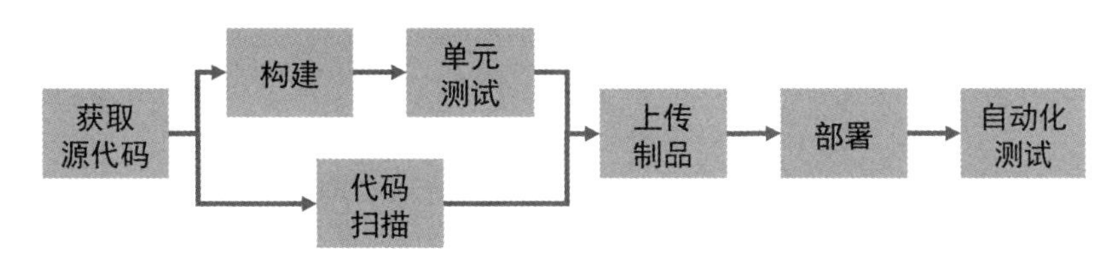

图 4-7　部分活动并行执行的流水线

4.3.3　流水线的功能

本节介绍流水线的功能。持续集成（及类似场景）对流水线的功能需求相对比较简单和基础。

- **流水线自动执行各个活动。**流水线上的每个活动都是自动执行的，而流水线可以把它们串联起来，以一定的顺序自动地一个接一个地执行：前一个自动化活动成功完成后，流水线自动启动下一个自动化活动，如构建成功完成后立刻进行单元测试。当然，流水线除了支持串行，还可以支持并行：前一个自动化活动成功完成后，自动同时启动接下来的多个自动化活动，让这些活动并行执行。而只有当这几个并行的自动化活动都执行成功后，流水线才会启动接下来的活动。
- 提交代码改动等事件**自动触发流水线的执行**。此外，流水线也应当支持人工触发执行、定时触发执行。
- **流水线为各个活动提供一个工作环境，即构建环境。**如本书 2.2 节介绍的，构建环境不是测试环境、生产环境这样完整的分布式运行环境，而是单独的某台机器、某个容器，作为下载源代码、构建、代码扫描、单元测试等一系列活动的环境。
- **流水线支持质量门禁。**质量门禁是流程上的卡点。流水线在执行到卡点位置时，只有满足了一定的质量标准，才可以通过这样的卡点继续执行，否则流水线执行失败。这样的质量标准可以是代码扫描不能发现严重问题、单元测试覆盖率必须大于 50%等。本书后面的章节将详细介绍质量门禁。

- **当流水线执行失败时，它通知适当的人来处理问题。**通知消息中至少应该有链接指向本次执行的详情页面。流水线通过什么渠道通知呢？在过去，流水线通常通过邮件通知执行成功或失败的消息。现在这个时代有即时通信工具了，那就通过即时通信工具通知，这样能够让用户更快地收到通知。
- **流水线展现其执行情况。**流水线当前执行到哪一步了？成功还是失败？耗时多久？历史上这条流水线执行过几次？分别是执行成功还是执行失败？此外，流水线还应该支持查看各活动的详细执行日志及其中各自动化测试活动的测试报告，以便用户排查问题。
- **流水线是可以编排的。**用户应该可以指定流水线要执行的各个活动及其执行顺序，可以指定具体活动在执行时的配置参数或命令行，可以指定质量门禁包括哪些检查项、阈值分别是多少，可以指定流水线执行失败后自动通知谁等。

为了实现持续集成，我们需要引入自动化工具：自动化构建工具、自动化测试（如代码扫描、单元测试、接口测试）工具、自动化部署工具等。但我们只使用这些自动化工具还不够。**不仅每项活动需要自动化，而且这些自动化活动需要被自动化的流程工具串联起来**，实现一旦集成分支收到代码改动，流程工具就自动调用各种自动化工具，一项接一项地完成一系列活动。流水线就是这样的自动化流程工具。

不仅持续集成这个场景需要流水线的支持，其他场景（如持续交付）也需要流水线的支持，并且可能需要流水线具备更多功能。本书将在相应场景中介绍流水线的更多功能。

第5章 逐特性集成

持续集成是当前业界普遍采用的实践。不过当前大家做的持续集成，与当初提出持续集成概念时给出的定义，已经有了一定的差别。其中最重要的差别是每次集成的代码改动量的大小。原生的持续集成认为每名开发人员每天都应该把代码改动提交到集成分支，而如今普遍采用的做法是开发完成了一个特性再把特性分支合入集成分支。为什么要这么做呢？下面从特性的概念开始讲起。

5.1 什么是特性

本书所说的**特性**（Feature），大体上对应敏捷需求管理中的**用户故事**（User Story）：它是对用户有意义、有价值的一块改动，它是独立可区分的，可以独立开发、测试和发布。特性通常不太大，几天甚至更短的时间就可以开发完成。

我们为什么要引入特性这个概念呢？不是有用户故事这个概念了吗？这是因为，除了要为新的功能需求编写代码，还有实现非功能需求、修复线上缺陷、偿还技术债等工作。**不仅一个用户故事是一个特性，一个线上缺陷的修复、一个软件实现上的优化或一处安全上的加强也都是一个特性**，只要这个改动是可以独立测试和发布的，并且不值得再拆分为更小的特性分别管理。

不论特性是一个用户故事、一个线上缺陷的修复还是其他类型的改动，它都对应工作项管理工具中的一个工作项。**软件开发全过程中的各种计划、安排、管理，大体上都是以特性为单位的。**

从一个具体特性的视角来看，产品经理规划设计一个特性，作为一个工作项记录下来；开发人员编写代码，实现这个特性；测试人员测试这个特性；最终将这个特性发布上线。从软件开发的整体视角来看，圈定本次迭代要开发的需求是以特性为单位的；在看板墙上跟进开发进展是以特性为单位的；测试是以特性为单位的；发布也是以特性为单位的。特性是把软件需求、设计编码、集成发布串联起来的核心概念。

注意：特性这个词在不同的语境中有不同的含义。我们这里说的特性，源自“特性分支”这个词，它的颗粒度比较小，是用户故事级别的。而“产品的特性列表”这个意义上的特性就比我们这里所说的特性大多了。此外，在敏捷中经常提到的特性团队，是指一个长期存在的、跨功能的、跨组件的团队，聚焦于一个需要长期耕耘、不断发布、不断丰富完善的功能（集）。“特性团队”这个意义上的特性，就更不是我们这里所说的特性了。

5.2 什么是逐特性集成

原生的持续集成不是挺好吗，为什么又要搞逐特性集成？下面分析持续集成的问题。

原生的持续集成希望所有人都在一条集成分支上工作，每次提交代码改动都直接提交到这条分支，以便集成。在持续集成看来，最好是每名开发人员每天都提交代码改动。

我们在上一章已经介绍了持续集成带来的好处。不过这里有个问题：假如在某个时间点，我想测试并发布了，该怎么办？此时的集成分支上是一团糟的：有一些特性已经完成了，但还有一些未完成的特性，刚实现了一部分，没法最终对外发布。

这么说，此时不是个好的时机，让我们再等等……可是再等等，随着这些未完成特性逐渐完成，又会有新的未完成特性出现在集成分支上。

看来我们需要使用点管理手段，例如，从某月某日起，就不许开发新的特性了，因为在当前那几个未完成的特性完成后，我们就要封版测试了。这时候，开发人员陆续把其正在开发的特性开发完成，就陆续闲下来了。由于没有新任务可领，他们在工位上打游戏……

其实我们有个更好的办法：一个特性在开发完成后一次性提交集成。这样一来，集成分支上都是已完成的特性，未完成的特性就不会与已完成的特性混在一起。于是，随时可以把集成分支上的最新版本送去测试，进而发布。此时，集成不再以代码改动提交记录为单位，而是以特性为单位。这就是**逐特性集成**，如图 5-1 所示。

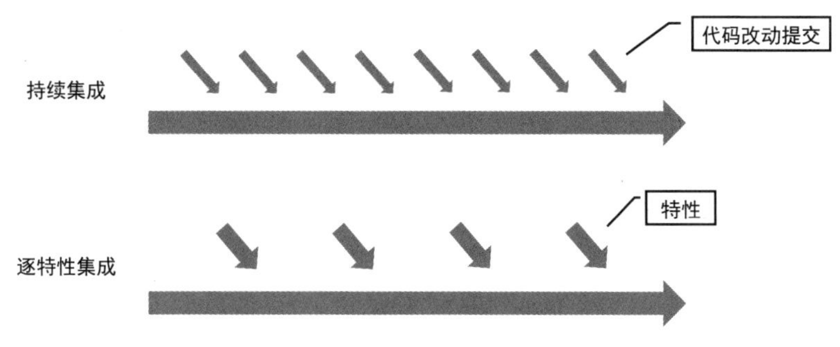

图 5-1 持续集成和逐特性集成

如何实现逐特性集成？使用**特性分支**（Feature Branch）是最自然的方法：每个特性都对应一条特性分支，开发人员把这个特性对应的代码改动不断提交到这条特性分支。在该特性开发完成之前，这条特性分支不会合入集成分支。只有当特性开发完成后，这条特性分支才会合入集成分支，把这条特性分支上的所有代码改动带入集成分支，使用这种方法实现这个特性的提交集成。这样一来，集成分支上就只有已完成的特性，未完成的特性不会与已完成的特性混在一起。

5.3 仍符合持续集成的理念

特性分支似乎与持续集成相冲突：完成一个特性的开发通常需要几天的时间，可是原生的持续集成认为每名开发人员每天至少要向集成分支提交一次代码改动。**我们还是多从持续集成的根本理念上看**：持续集成意味着频繁地提交、集成。至于集成到底需要多频繁，要根据实际情况来定。在频繁到一定程度后，并不是越频繁，带来的好处也成比例地增加。下面逐一分析持续集成的三个好处。

第一个好处，小批量，减少等待。从一个特性来看，如果它要等待其他特性一起集成，那么确实费时间，最好是这个特性完成了就集成它。逐特性集成实现了这一点。而集成得更频繁，这个特性还没有完成就集成它，并不会带来更多的好处：集成了也不能进行接下来的测试工作，得等这个特性完成了才能测试。

第二个好处，问题早发现，早修复，代价小。与逐特性集成相比，原生的持续集成确实能更早地通过构建、代码扫描、单元测试等活动，发现代码改动中的问题。然而，逐特性集成常常与其他一些实践配合使用：在逐特性集成之前，就在合并请求触发的流水线、特性分支上提交触发的流水线及个人开发环境中进行构建、代码扫描、单元测试等活动了（详见第 6 章介绍），此时就已经可以发现这些问题了。所以与逐特性集成相比，原生的持续集成在这一点上的优势也并不明显。

第三个好处，频繁同步以减少冲突。从经验上看，如果逐特性集成，那么代码改动的合并冲突已经比较少了，代码合并带来的构建问题或功能缺陷也很少见，解决这些问题不需要花费多长时间。更频繁地集成固然可以进一步减少问题，但是能减少的量已经不多了，就算减少到零也没再减少多少。

总之，在逐特性集成的基础上，进一步提高集成频率，带来的好处很有限，而原生的持续集成的弱点又摆在那里，所以综合分析和考虑，通常逐特性集成是更好的方案。它既反映了持续集成的理念，又避免了持续集成的问题。

5.4 隔离未完成特性的其他方法

先在特性分支上开发，再按特性提交集成，这是本章的主体内容，已经介绍完了。除此之外，我们还要介绍一些“非主流”的情况，这是接下来三节的内容。其中，本节介绍隔离未完成特性的更多方法。

前文讲到，使用特性分支可以把正在开发的特性与已开发完成的特性隔离。只有当特性开发完成后，特性分支才合入集成分支，这个特性才与其他已开发完成的特性“相聚”。

注意：特性分支只是隔离未完成特性的方法之一。下面两个方法也可以隔离未完成的特性，防止它干扰已完成的特性。

方法一，**特性开关**（Feature Toggle、Feature Flag）[①]。我们可以在源代码中为一个特性加一个开关，于是软件在运行时将根据开关的设置走不同的逻辑路径，使软件表现出不同的效果：软件有这个特性还是没有这个特性。

当特性还没有开发完成时，尽管该特性的代码改动已经陆续提交到集成分支，

① 特性开关有很多用途，隔离未完成特性只是其中之一。它还可以用于灰度发布、A/B 测试等场景，详见后面章节介绍。更多内容可参考 Martin Fowler 的文章 *Feature Toggles*，链接见资源文件条目 5.1。

甚至已经发布上线，但是由于开关被设置为关闭状态，软件的操作者（包括测试人员和最终用户）感觉不到这个特性的存在。而在该特性的开发人员的个人开发环境中，开关被设置为打开状态，开发人员可以测试和调试这个特性。

这是个聪明的办法，但是这样做还是有点麻烦的：需要改动代码、添加逻辑，而且日后还要清理这些设置和代码中的相关逻辑，以免程序中的开关越来越多，形成一团乱麻。这些事情为软件开发和交付增加了不少工作量，在一些特殊情况下可能值得这么做，但是如果每个特性都要加个开关，那么似乎不太划算。

方法二，**Keystone Interface**[①]。在实现一个特性时，开发人员先修改后端代码，而前端页面（中的关键地方）不改，如不暴露相应的新的菜单项，于是使用者（包括测试人员和最终用户）"正常"访问不到这个新特性。等后端的修改都完成了，开发人员再对前端页面进行相应的调整，让这个新特性显现出来。

与特性开关类似，Keystone Interface 也可以做到尽管一个未完成特性的改动已经进入源代码，但是当软件构建并运行起来后，最终用户"看不到"这个特性。于是未完成的改动就可以直接提交到集成分支，而不需要使用特性分支。

但是同样与特性开关类似，Keystone Interface 也并不普适，因为并不是所有的特性都对应一个特定的前端页面入口。特性开关和 Keystone Interface 这两个方法都有其特定的适用范围。而使用特性分支是最通用的方法。在大多数场景中，还是更建议使用特性分支。

5.5 何时不必考虑隔离未完成的特性

如果逐特性集成，那就要隔离未完成的特性。不过在有些情况下并不需要费心考虑这件事。

第一种情况，当每个特性很小时。如果特性通常很小，只对应一条代码改动提交记录，几个小时就能开发完成，那么开发人员在本地开发完成后，直接把这个代码改动提交到集成分支就可以了。在提交代码改动前，这个特性不会和其他已完成的特性混在一起，因此不会影响其他已完成特性。在提交代码改动时，这

---

① Keystone 直译为拱顶石，它是一个建筑词汇，指一个拱形结构中最关键的那块石头，引申为起关键作用的东西。Martin Fowler 的文章 *Keystone Interface* 对这个方法做了介绍，链接见资源文件条目 5.2。

个特性是已完成的状态，它可以和其他已完成的特性混在一起了。

注意：这个方法远不能覆盖所有的情况，因为特性经常不那么小，其改动不只对应一条代码改动提交记录。还有的特性需要不止一名开发人员，不同开发人员的改动就更没办法对应同一条代码改动提交记录了。

第二种情况，当一个微服务上很少并行开发多个特性时。当微服务很“微”，或者软件已经进入维护期的时候，可能会出现这种情况。在这种情况下，该微服务经常只有一个尚未发布的特性。这个特性开发完成了，就单独测试，此时没有其他特性可以测试。测试通过了，就单独发布，此时没有其他特性可以发布。既然如此，这个特性在未开发完成时，就没有机会干扰其他已完成特性，因此不需要考虑特性间隔离的问题。

注意：这个方法也不能覆盖所有的情况，毕竟同时开发多个特性是比较普遍的情况。

5.6 当特性做不到既小又独立时

如前文所述，本书所说的特性大致对应于敏捷开发中的一个用户故事。好的用户故事符合 INVEST 原则[①]，一方面它是独立的（Independent，INVEST 中的 I），能够独立测试和发布；另一方面它是小的（Small，INVEST 中的 S），一般几天就能完成。然而，我们并不是总能把需求拆分得这么好，让每个特性都既小又独立。**这有时候是因为拆分的水平不高，有时候是因为客观上不好拆分。**

例如，在产品开发的早期，经常很难在前一两个星期内就发布一个足以供用户使用的版本，包含若干个足以供用户使用的功能。总得先有一个可运行的骨架，再实现用户可用的最小功能集。而在产品已经发布上线成熟稳定的版本之后，也有可能要对它做大改版，或者增加一个全新的功能，这也不是几天就能完成的特性。

这与业务场景也有关系。“这种短期规划、直接与客户接触和持续迭代的风格，非常适合具有简单核心和大量客户可见特性的软件，这些特性的可用性可以增量

① INVEST 的 6 个字母分别代表 Independent（独立的）、Negotiable（可协商的）、Valuable（有价值的）、Estimable（可估算的）、Small（颗粒度小的）、Testable（可测试的），详见《用户故事与敏捷方法》等书。

方式上升，不太适用于那些只有非常简单的用户接口和大量隐藏的内部复杂性软件，这些软件可能直到相当完整时才具有可用性，或实现客户无法想象的飞跃式解决方案。”[①]

当特性无法既小又独立时，我们该怎么办呢？

为行文方便，在本节中，我们姑且称满足独立发布这个特点的特性为**外部特性**，而称满足小这个特点的特性为**内部特性**。我们期待一个外部特性就是一个内部特性，但有时一个外部特性不得不包含了若干个内部特性。

一个选项是让一条特性分支代表一个外部特性，以确保每条特性分支上的改动都是可以独立发布的，于是可以灵活选择本次集成哪些外部特性、本次发布哪些外部特性。当一个外部特性包含若干个内部特性时，先在该特性分支上对这些内部特性进行集成，形成外部特性。当然，使用这种方法，当一个外部特性对应的代码改动较大时，会对持续集成和持续交付有一定的不利影响。

另一个选项是让一条特性分支代表一个内部特性，以促进持续集成和持续交付。

在一个软件开发的早期迭代中，一次迭代意味着产生一个可演示的内部版本，而不是一个对外发布版本。这样的内部版本包含若干个内部特性。这就足以应对产品或微服务第一次对外发布之前的情况。类似地，如果在维护 1.x 版本的同时开发 2.0 版本，那就可以在开发 2.0 版本的过程中，使用特性分支代表内部特性。有若干次迭代的成果都是一个可演示的内部版本，包含若干个内部特性。直到 2.0 版本开发完成，对外发布。

而如果是每次迭代都对外发布的情景，那么当一条特性分支只对应一个内部特性时，特性分支之间就会有一定的依赖，失去一些独立性、灵活性，这需要权衡。此时要考虑对内部特性之间的依赖进行管理，避免出错。例如，规定同属于一个外部特性的各内部特性必须一起发布，并且在发布前（自动）检查这一点。

此时也可以考虑，在使用特性分支隔离未完成的内部特性的同时，使用其他方法（如使用特性开关、Keystone Interface 等）隔离未完成的外部特性，以保证尽管从源代码角度来看，对外发布的版本带上了未完成的外部特性，但是外部用户感知不到它们。由于这样的外部特性通常是新功能、新页面，所以容易通过特性开关、Keystone Interface 等方法来实现隔离。

① 出自 InfoQ 的文章《为什么谷歌的开发人员认为敏捷开发是无稽之谈？》，链接见资源文件条目 5.3。

第6章 在集成之前

介绍完集成，就该介绍随后的测试和发布环节了吧？介绍完持续集成，就该介绍持续交付了吧？且慢。软件交付过程不仅包括从集成到发布上线的各种活动，它还包括集成之前的事情。在沿流程继续前进之前，我们先补补课，把集成之前的事情介绍清楚。

在介绍持续集成时，我们提到，使用持续集成这种方式的原因之一是，问题早发现、早修复，代价小。那么，如果我们在集成之前就进行一些测试，能否更早发现、修复问题，让修复问题的成本更低，让流程流转得更快呢？

为此我们把集成之前的事情分成四个阶段来梳理。首先是第四阶段，然后是第三阶段、第二阶段、第一阶段。我们沿流程逆流而上，溯溪探源。

6.1 第四阶段：特性改动提交

第四阶段是特性改动提交的过程：在特性分支上完成整个特性的开发后，在这些代码改动最终进入集成分支之前，需要做哪些事情。

6.1.1 合并请求基础款：代码评审

GitLab 等工具把本节将要介绍的这个功能称为**合并请求**（Merge Request，MR），而 GitHub 等工具则称它为**拉取请求**（Pull Request，PR）。称呼不同，但含义基本相同。为方便起见，在本书中我们一律称之为合并请求。

合并请求的基本功能是支持代码评审，支持在特性分支合入集成分支时进行代码评审，只有通过评审的代码改动才会出现在集成分支上，才能集成。

合并请求的基本过程是这样的：当开发人员在特性分支上完成了一个特性的开发后，作为代码改动的作者，其创建合并请求，在合并请求中指出要把哪条源分支（通常是特性分支）合入哪条目标分支（通常是集成分支），并且指出想让谁（可以是多人）进行代码评审。随后代码改动的评审者在合并请求功能展现的代码改动及其上下文中进行代码评审，并且在此记录问题。接下来由开发人员据此进行相应的修改。如此反复，直到所有问题都解决了，代码评审通过，源分支合入目标分支，如图 6-1 所示。

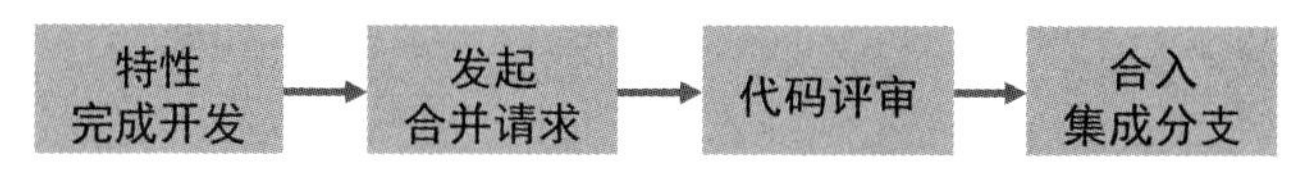

图 6-1　合并请求的基本过程

合并请求很流行。对大多数软件开发团队来说，代码评审的最佳时机就是在一个特性开发完成后，提交集成前。合并请求正是支持在此时开展代码评审的。

开展代码评审的时间通常不宜比这个时间早，因为在一个特性还没有开发完成，完整的逻辑还没有呈现出来的时候，评审这些零零碎碎的改动比较费力。当然，如果某个特性的代码改动量实在比较大，那就要考虑在开发过程中多次进行评审，避免在开发完成后一次性评审的代码改动量太大。

开展代码评审的时间通常也不宜比这个时间晚。在代码改动已经合入集成分支，已经交给测试人员进行测试之后，甚至在通过测试之后再评审，这样的顺序是不对的。代码改动应该在通过代码评审后，再由测试人员进行测试。

使用这样的先后顺序的最重要的原因是，当开发人员修复测试发现的缺陷后再一次开展代码评审时，评审者仅需针对修补的几行代码进行评审，成本很低。而如果在开发人员修复代码评审发现的问题后由测试人员再一次测试，那么测试人员可没办法只针对修补的几行代码进行测试，只能针对这个特性重新进行测试，这样一来成本就比较高了。所以应该先开展代码评审。

使用合并请求进行代码评审，意味着在合适的时间使用合适的工具进行代码评审。

6.1.2　合并请求增强款：代码评审+流水线

加强特性改动的质量的方法不止代码评审这一种。合并请求除了支持代码评审，也可以支持更多测试方法，并且设置为只有各种测试都通过了，特性分支才能合入集成分支。

具体有哪些测试方法呢？单元测试和代码扫描很常见。当然，在进行单元测试之前要先进行构建。这听起来似乎有点耳熟……对，这些自动化活动可以使用流水线串联起来。也就是说，合并请求的流程卡点包括代码评审和流水线这两方面，由工具来保证，**只有代码评审通过了，流水线执行成功了，特性分支才能合入集成分支**，如图 6-2 所示。

图 6-2　合并请求增强款

下面讨论三个细节。

第一个细节，如果合并请求配置成这样就更好了：只有流水线执行通过了，才会通知评审者进行代码评审。流水线上的这些自动化活动速度快、成本低，而代码评审和修复代码评审发现的问题是人与人之间的协作，记录、沟通、跟进都很费时间。能够通过自动化手段发现的问题，就不要让它到代码评审时才暴露出来，再跟进修复。我们应该先执行流水线上的各种自动化活动，流水线执行成功后，再进行代码评审。

第二个细节，如果在特性分支上有提交代码改动自动触发的流水线（我们将在后文详细介绍），那么它和合并请求这里想要的流水线非常相似：它们面对的源代码版本是相同的，都是特性分支上最新的源代码；它们所包含的活动也是相同的，都是取得源代码、构建、单元测试、代码扫描这几步。所以，如果你已经配置了特性分支上提交代码改动自动触发的流水线，那么当你创建一个合并请求时（以及在合并请求被批准前，特性分支上又有代码改动被提交时），工具就没必要再为合并请求自动触发执行流水线了，它只需要关注特性分支上自动触发的流水线的执行结果，只要那条流水线执行成功了就行。

第三个细节，流水线在进行构建和各种测试之前要获取源代码，那么应该获取源代码的什么版本呢？简单答案是获取特性分支上的最新版本，而其实还可以做得更好：使用将来把特性分支合入集成分支后，集成分支上将形成的最新版本，也就是所谓的预合并版本。当然，这并不是要穿越到未来，到集成分支上获取这个版本，而是模拟这样的合并，取得合并后形成的版本[①]。使用这个预合并版本能够最大限度地模拟将来把特性分支合入集成分支后的情况，最大限度地在合并请求的时候就发现并修复问题。

当然，如果你使用这个预合并版本，那就需要重新执行流水线，而不能像第二个细节中所说的那样，直接采纳特性分支上提交自动触发的流水线的执行结果了。

6.1.3　在创建合并请求之前

在一个特性开发完成后，合入集成分支前，我们希望能够多进行一些测试。因为与提交到集成分支之后进行各种测试相比，此时发现问题更早，修复问题更容易。

按照这个思路，我们添加了合并请求这个环节，在合并请求中进行代码评审，也检查代码扫描、单元测试等自动化测试的结果。那么，除了代码评审这种人工测试和代码扫描、单元测试等自动化测试，我们还可以进行什么测试呢？

应该对这个新特性进行测试，测试这个特性是不是真的实现了预期的功能，有没有缺陷。此时针对这个新特性的测试一般由开发人员自行完成，也就是**自测**，如图 6-3 所示。而由测试人员进行的测试一般在持续集成之后才开展。

图 6-3　在特性开发完成后自测

这种针对新特性的自测常常是人工完成的。当然，如果此时可以进行接口自动化测试甚至 UI 自动化测试，那当然更好。

此时的测试一般发生在开发人员的个人开发环境中。在个人开发环境中测试，可以使用调试工具设置断点、查看变量的值，测试起来很方便、很有效率。当测试发现并尝试修复问题后，又可以立即再次测试，查看结果，获得反馈。

此时的测试最好不要使用 Mock，而要让这个微服务在必要时调用它所依赖的微服务并在必要时访问数据库。此时的测试最好是端到端的测试，通过在用户操作界面上进行操作，确保改动生效且没有给系统整体带来问题。

---

① 如果使用 Git 这样的分布式版本控制工具，那就可以在构建环境本地把特性分支合入集成分支，得到想要的版本。注意：不要把本地合并结果推送到 Git 服务器端。

6.2 第三阶段：特性改动累积

上节讲的第四阶段是特性改动完成后，集成前要做的事情。本节要讲的第三阶段是特性改动累积的过程：特性分支不断收到代码改动，针对这个特性的改动在特性分支上不断累积，直到特性改动完成。

在集成分支上，代码改动的提交自动触发流水线。在特性分支上，代码改动的提交也应该自动触发流水线：让问题在此时就暴露出来，以便早点儿解决。

此时流水线通常只做四件事，如图 6-4 所示。

- 在构建环境中使用源代码版本控制工具获取特性分支上最新版本的源代码。
- 在构建环境中进行构建。
- 在构建环境中进行单元测试。
- 在构建环境中进行代码扫描。

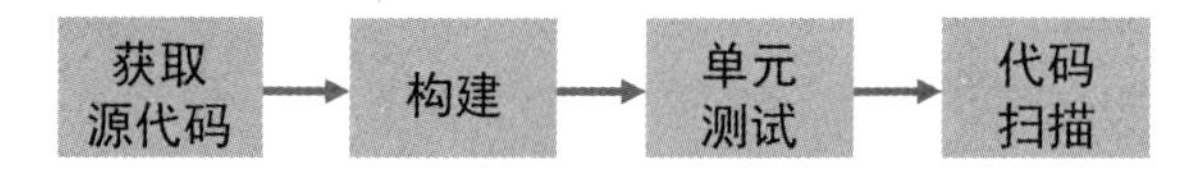

图 6-4 特性分支上提交触发的流水线

前文提到，集成分支上的持续集成流水线要做七件事情。除了上述这四件事之外，另外三件事如下。

- 把构建生成的制品上传到制品库中。
- 把制品部署到某个测试环境。
- 在测试环境中，进行一些自动化测试。

这三件事目前在特性分支的流水线上还不常见。这并不是因为它们没有价值，而是因为它们做起来有难度，不容易做到让每条特性分支都有其专属的测试环境。而如果把各条特性分支上的代码都构建并部署到同一个测试环境中，那么它们就容易互相“打架”。当然，如果你能够为每条特性分支自动创建或（临时）分配一套专属测试环境，那就自然可以把这三件事情都做了。

最后介绍一个优化点：我们在每条特性分支上都要执行流水线。如果为此需要为每条特性分支都人工配置一条流水线，那就太麻烦了，而且我们也容易忘记配置它。应该实现只要创建了新的特性分支，就自然有流水线盯着它上面代码改动的提交，一旦有提交，流水线就自动触发执行。有两种方法可以实现这样的效果：其一，我们每次创建特性分支的操作，包含或将自动触发创建该分支对应的流水线；其二，我们只配置一条流水线，并且设置为所有特性分支上代码改动的提交都能自动触发它。例如，如果所有特性分支的名称都以“fea-”开头，那就把这条流水线配置成只要是以“fea-”开头的分支都会自动触发该流水线。

6.3 第二阶段：代码改动提交

第二阶段是代码改动提交：在个人开发环境中完成了一些代码改动后，在这些改动最终出现在版本控制服务器端的目标分支（如特性分支）之前，需要做哪些事情。这里所说的“一些代码改动”就是版本控制工具中的一次提交所对应的代码改动。

对 Git 这样的分布式版本控制工具来说，在这个阶段有两步操作，首先把代码改动提交（Commit）到本地的代码库，然后把它推送（Push）到版本控制服务器端的代码库。这是一些技术细节，本书不展开介绍。本书重点从流程的角度介绍，看这个阶段中要做哪些事情，使用哪些工具。

6.3.1 代码改动通过关卡才出现在目标分支

Gerrit（之类的工具）支持这样开展代码评审：当开发人员把本地的代码改动提交到版本控制工具的服务器端后，代码改动并不会直接出现在目标分支上，而是被保存到服务器端某个神秘的地方。开发人员可以邀请评审者使用 Gerrit 进行代码评审。评审者提出意见，开发人员修改代码，如此反复，直到评审者满意，评审通过。**只有通过代码评审，这个代码改动才会出现在目标分支上。**从这个角度来说，Gerrit 是一个代码评审工具。

Gerrit 还支持更多的功能。它可以与其他工具“联手”，自动对这个版本进行一系列自动化的质量保证工作，如构建、单元测试和代码扫描。如果工具在此过程中发现了问题，那么开发人员就去修复，修复了再进行提交。**只有通过这些自动化的质量保证工作，这个代码改动才会出现在目标分支上**，如图 6-5 所示。于是目标分支上的问题就比较少了。

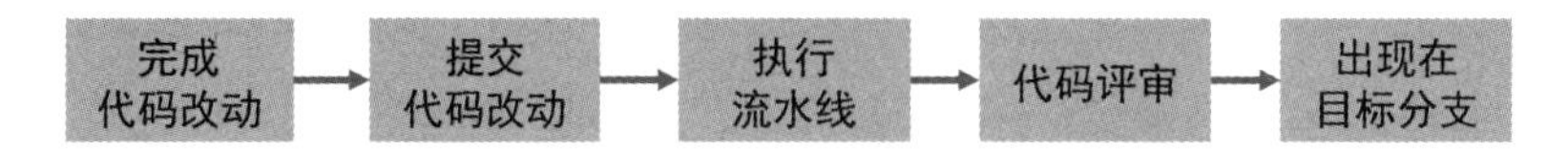

图 6-5 提交的代码改动通过质量保证工作才出现在目标分支上

Gerrit 与合并请求挺像：它们都首先是代码评审工具，不通过评审就不让"走"；它们还能与流水线等其他自动化工具"联手"，进行一系列自动化的质量保证工作。

Gerrit 与合并请求的区别是：Gerrit 是以一条代码改动提交记录为颗粒度的，通过了就意味着代码改动被提交到目标分支了；而合并请求是以一个特性为颗粒度的，通过了就意味着特性分支合入集成分支了。

正是因为颗粒度的区别，Gerrit 远不如合并请求那么流行。也就是说，每条代码改动提交记录都在通过了一系列质量保证工作特别是代码评审后才出现在目标分支的这种模式并不是很流行。每当提交代码改动时，就进行一次代码评审，这样做太零碎了。这个代码改动往往还没有实现一个完整功能，此时要弄清楚这个代码改动做得对不对，需要不少额外的时间。此外，同一个特性的不同代码改动之间有很多依赖关系：我们得先完成代码改动 A，在代码改动 A 的基础上才能进行代码改动 B 的开发。每个改动要经过一系列质量保证工作，数天后才能出现在目标分支。如果等代码改动 A 出现在目标分支，再开始代码改动 B 的开发，那么为此耽误的时间有点长。而如果不等待代码改动 A 出现在目标分支，那么代码改动 A 中被查出问题后，处理起来就有点麻烦。

这种"每当提交代码改动时进行拦截-质量保证-放行到目标分支"的方法，一般只出现在移动端操作系统、云计算底层支撑软件等大型、复杂、紧耦合、质量要求高的软件系统的交付过程中。这类软件系统的开发和交付必须步步为营，尽力提高每个环节的质量，才能保证过程的顺畅和结果的质量。

6.3.2 在提交时本地自动进行质量把关

6.3.1 节介绍的质量保证工作，发生在本地把代码改动提交到服务器端这个操作之后，代码改动出现在服务器端目标分支之前。如果这个过程中出现问题，还是有点麻烦的，需要查看服务器端的构建、代码扫描、单元测试等的报错信息；

在本地修改后，还要再次提交到服务器端。如果这些工作（不包括代码评审）改为在本地进行，那么似乎会更方便一些。

一些 IDE 提供了这样的功能：在提交时，在本地先自动依次进行一系列活动，如构建、代码扫描、单元测试。如果都成功了，那就提交到服务器端。如果发现了问题，那就不提交，把问题报告给开发人员。

6.3.3　在提交代码改动之前

6.3.2 节讲的是，在提交时本地自动进行质量把关。即便没有这样的自动机制，开发人员也应该做一些质量保证工作。毕竟，如果代码改动有问题，那么不论是在提交后被 Gerrit 拦截，还是在目标分支上导致流水线执行失败，都是有一点儿折腾的：提交、在 Gerrit 或流水线上发现问题、在 Gerrit 或流水线上查看问题、在个人开发环境中修复问题、再次提交，说不定还要如此往复。而如果在个人开发环境中就发现并修复了问题，那就不用这么折腾了。

那么，具体应该做哪些事情，以便早点发现问题呢？开发人员在提交之前应该考虑在个人开发环境中做下面这五件事，如图 6-6 所示。

图 6-6　提交前进行的质量保证工作

- **获取其他开发人员的最新代码改动**，以便跟上"时代脉搏"，减少将来可能会遇到的合并冲突等问题。在这名开发人员进行开发的同时，其他开发人员可能也在开发，并且向版本控制工具服务器端提交了代码改动。这名开发人员需要先把其他开发人员的代码改动拿过来，与自己的代码改动合并到一起，再进行下面列出的各项检查工作。而如果此时合并有冲突，就解决冲突。
- **编译构建**，如果有问题就修复。
- **编写单元测试脚本并执行单元测试**，如果有问题就修复。为了效率，考虑先执行与当前代码改动相关的单元测试脚本，没问题的话再执行所有单元测试脚本作为回归测试。
- **执行代码扫描**，如果有问题就修复。代码扫描一般是通过代码扫描工具（如

Sonar）在 IDE（如 IntelliJ IDEA）上的插件（如 SonarLint 插件）完成的。

- **进行人工自测**，并且修复发现的缺陷。这是开发人员针对本次要提交的改动进行的自测。

上述五件事是比较常见的。当然还有更多种类的测试也值得考虑。

例如，接口自动化测试也值得考虑。从测试策略角度来看，接口自动化测试并不是测试人员的“禁脔”，禁止开发人员碰。相反地，应该鼓励开发人员编写和执行接口自动化测试脚本。

再如，如果某段代码将会非常频繁地执行，而开发人员有点担心其算法的效率，那就可以考虑在提交之前先简单地测试它的性能。此时测试出问题并解决，要比到快发布的时候才测试出问题好多了。

注意：本节提到的所有事情都不是必须要做的，都应该根据具体情况来考虑。总的思路是：如果你觉得质量上的把握不太大，那就在提交前多进行测试，以避免在后面的环节中测试出问题时的各种周折和麻烦。而如果你觉得即使不进行测试就提交，它有问题的可能性也不大，那就省下在这个环节测试的工夫，等将来测试出问题再说。

例如，如果你只是修改了一点儿源代码中的文本，修正了一处错别字，那么在提交代码改动前你几乎什么都不需要做。

6.4 第一阶段：代码改动累积

第一阶段是代码改动累积：在个人开发环境中，开发人员不断编写代码，代码改动不断累积，直到完成一份逻辑上完整的可提交的代码改动。在此期间，要考虑进行各种质量保证工作。

6.4.1 随时进行的质量保证工作

6.3.3 节中介绍的各种质量保证工作发生在代码改动完成后，提交到版本控制服务器之前。而在代码改动过程中，也应该考虑进行以上各种质量保证工作。当**代码改动告一段落的时候，开发人员觉得自己该测试了，就可以根据实际情况选择一种或几种方法测试一下**。越早测试，就能越早发现问题，就越容易修复问题。

测试是有成本的。即使是自动化测试，开发人员也得等待测试结果，为此付出时间成本。此外，代码改动还没有告一段落的时候，可能测试案例还无法成功执行，甚至构建还不能通过，此时也没办法进行测试。因此，开发人员进行本地测试的频率也不宜过高。

6.4.2　实时进行的质量保证工作

一般来说，开发人员总得等代码改动告一段落的时候再进行测试，然而这也不是绝对的。有些测试可以在每一行代码改动完成后就立刻开展。于是，问题更早发现，更早修复，代价更小。本节介绍这些实时进行的质量保证工作。

通常 IDE 自带了一项功能：在编程过程中，每当开发人员编写带有语法错误的代码时，IDE 就会立刻使用下画线、高亮等方式把错误标记出来。开发人员立即获得这个反馈。

IDE 还有比它更高级的功能：在 IDE 上安装了代码扫描插件并打开了该插件的实时扫描开关[①]后，随着程序的编写，**IDE 自动实时地进行增量的代码扫描**，于是刚埋下的问题瞬间就暴露出来了，不需要人工触发一次代码扫描并等待它完成。尽管由于技术原因，这样的扫描不能发现通过全量扫描发现的所有问题，但还是建议大家打开实时扫描开关。因为对于它能够发现的问题，它反馈得特别快，开发人员修改起来也特别快。于是等将来进行全量扫描时，扫描发现的问题就会少很多，我们修复问题需要花费的力气就会少很多。

实时的增量代码扫描是由机器自动执行的。相对应地，有没有由人工完成的实时测试呢？**结对编程**（Pair Programming）就是这样的测试。

结对编程的主要内容是代码评审，它把代码评审的颗粒度往细推到了极致。结对编程的形式是：两位开发人员肩并肩坐在一起，一位是代码作者，一位是评审者。在代码作者编写代码的时候，评审者就对代码改动进行评审，给予反馈，代码作者随即修改代码。

结对编程是极限编程十三个核心实践中的一个。极限编程是二十多年前提出的，如今其中的持续集成等实践已被广泛应用，而结对编程仍然不是很流行。人们对结对编程有不少争议，这主要有两个原因：第一，由于始终是两个人一起工

---

① 例如，在 IntelliJ IDEA 的 SonarLint 插件中，开关的名字是 Automatically trigger analysis。

作，结对编程使开发所需要的人力成本增加了一倍；第二，它大大改变了编程习惯，内向的开发人员适应起来不那么容易。

当然，结对编程也有优点：与“传统”的代码评审相比，它让人们更早发现问题，更高效地相互讨论和学习。此外，两个人一起工作，更容易集中精力，获得更高的工作效率。

6.4.3 IDE

大多数开发人员都喜欢使用 IDE 作为个人开发环境，在其中一站式地完成几乎所有的操作，其中也包括软件交付范围内的各种操作。

我们在使用 IDE 时偶尔会遇到一些问题，如它不能支持某个比较小众的语言或技术栈，或者不能在某些操作系统上运行。我们要想办法解决这些问题。下面讲一个本书作者遇到的案例。

某项目使用的技术栈是基于某种 UNIX 操作系统的，程序只能在相应的服务器上构建和运行。开发人员在笔记本电脑上无法构建它，也无法调试它。项目组采用的解决方案是使用 Samba 服务把 UNIX 服务器上的源代码同步到笔记本电脑上，在笔记本电脑上的 IDE 中编辑代码。这个方案的缺点是，IDE 的大部分功能都无法发挥作用。改进后的方案是在 UNIX 服务器上直接使用 IDE，在笔记本电脑上显示 UNIX 服务器的图形化界面，供开发人员操作。这个改进后的方案在本质上类似于现在越来越流行的云桌面方案。

另外值得一提的是，随着小程序、函数服务等更轻量的程序的崛起，以及网络带宽的不断提高，基于网络浏览器的云 IDE 的应用范围在逐年扩大。

第 7 章
持续交付

前文讲了集成的事情，又“逆流而上”，补上了集成之前的事情，下面我们要沿着软件交付流程继续前进了。为了能让用户使用我们开发的软件，我们不仅要进行集成，还要进行更多的测试，最终把软件发布上线。相应地，我们不仅要持续集成，还要持续交付。

7.1 什么是持续交付

敏捷开发有十二条原则，其中第一条的内容是，“我们的首要任务是尽早持续交付有价值的软件，并且让客户满意。”**持续交付**（Continuous Delivery）这个词由此而来。

《持续交付：发布可靠软件的系统方法》是这么描述持续交付的：“持续交付是一种能力，能够让各类变更（如新特性、配置变更、缺陷修复、尝试性内容等）以安全、快速、可持续的方式交付到生产环境或用户手上。”

Martin Fowler 是这么描述持续交付的：“持续交付是一种软件开发实践，使软件可随时发布上线……为此需要持续地集成软件开发成果，构建可执行程序，并且进行自动测试以发现问题，进而把可执行程序逐步推送到越来越像生产环境的各个测试环境中（并测试），以保证它最终可以在生产环境中运行。”[1]

我们来拆解一下持续交付的定义，看看它到底说的是什么。

---

① 出自 Martin Fowler 的文章 *Continuous Delivery*，链接见资源文件条目 7.1。

7.1.1 持续交付是持续集成的延伸

持续交付是持续集成的延伸。持续集成关注的是频繁地进行集成，这意味着频繁地提交代码改动，并且每次提交都触发流水线进行集成工作。然而当我们完成了这样的集成工作后，我们还没有走完“最后一公里”：软件还没有发布上线。持续交付是持续集成的延伸，完成这“最后一公里”的工作。那么，持续交付具体包括哪些事情呢？

第一，持续交付使用更多的测试手段。持续集成主要关注的是频繁地把各个代码改动汇聚在一起，发现并修复这些代码改动在质量上的问题。其中为发现问题而使用的手段，是一些轻量的可以快速完成的活动，如构建、代码扫描、单元测试等。然而，为了能达到更高的质量以便发布上线，我们需要对程序进行的测试可不止这些：我们还需要把程序部署到各个测试环境甚至类生产环境中，进而进行更多种类的测试。持续交付意味着这些测试工作也适度频繁地进行。

持续集成中的测试都是自动化的。然而在集成-测试-发布过程中，我们经常需要进行人工测试：探索性测试就很难自动化，安全性测试等非功能测试也很难完全自动化，一些人工审批流程也不是那么容易就完全取消的……这些人工完成的活动也在持续交付的关注范围中，持续交付包括对它们的优化。

第二，持续交付包括最终发布上线。对发布上线工作的优化也是持续交付的重要内容。例如，测试环境的部署应该是自动化的，生产环境中的部署也应该是自动化的。又如，测试环境要妥善管理，生产环境也要妥善管理。再如，部署上线之后还有一些善后工作，包括但不限于在生产环境中测试验证、分支合并和清理等，这些也应该是自动化的。

7.1.2 持续是适度频繁

持续交付中的“持续”，不一定像持续集成中的“持续”那么频繁。

我们首先分析自动化测试的频率。在持续集成中，每当集成分支收到代码改动后，流水线就开始进行集成工作，其中包含一些快速的自动化测试。此处的测试是快速的，集成工作因此可以很频繁地开展。但自动化测试不一定总是那么快速。更多的测试用例需要更长的测试执行时间，端到端的测试比局部的测试需要的时间更长。有时全量的系统级的自动化测试可能需要几个小时的时间。

如果在你的项目中确实需要这么长的时间，那就不宜每次提交都触发执行这样的测试，因为这样做的代价太大了。此时测试频率可以调低一些，如改成每天晚上进行一次测试就可以了。而如果在你的项目中，某个微服务的一次全量的接口自动化测试只需要几分钟时间，那就可以每当提交代码改动时，流水线自动执行一次这样的全量测试。总之，我们应该**适度频繁地执行全量自动化测试。**

接下来我们分析人工测试的频率。这里的人工测试是指人工完成的针对新功能的功能测试。关键的理念是，我们不要等到所有的新功能都开发完成后，才一并进行人工测试。每当有新功能开发完成并提交到了集成分支，随后通过了持续集成的时候，如果此时测试人员有时间，那就应该测试这个新功能。当然，如果当时所有测试人员都没有时间，那么等几个小时或一两天后再测试也是可以的，把三五个新功能放一起一并测试也是可以的。这样就可以称为适度频繁地测试，持续测试。总之，测试人员应当**遵循随来随测的原则，完成各个新功能的人工测试，**而不要拖到所有开发都完成之后再进行测试。

测试人员进行的测试通常不会更频繁。他们通常测试已完成的特性，而不测试未完成的特性。当然，在理论上，仍然可以把一个特性分成若干部分，实现了一部分就测试一部分，因为特性是最小的可发布的改动单元，不一定是最小的可测试的改动单元，特性可能是由若干个最小的可测试的改动单元组成的，可以分别测试。有些敏捷测试理论建议这样测试，但是在实践中这并不多见。

最后我们分析发布的频率。**发布也要适度频繁。**过低的发布频率是不好的，几周甚至几个月才发布一次是不好的，但发布频率也不是必须很高。甚至，在移动应用发布等需要用户进行安装升级的场景中，过于频繁的发布反而是不好的，它频繁打扰用户。Martin Fowler 给出的持续交付的定义甚至表述为“可随时发布上线”，而没有使用持续发布或频繁发布这样的词。本书后面的章节将进一步分析发布的频率。

自动化测试、人工测试、发布等活动都要适度频繁，如图 7-1 所示。

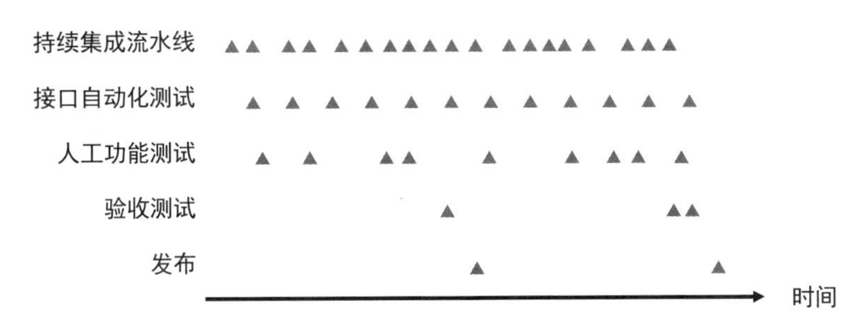

图 7-1　各项活动都要适度频繁

7.2 为什么要持续交付

第一，小批量，减少等待。我们从一个特性的视角来看软件交付过程，从完成了这个特性的开发，到包含这个特性的新版本发布上线。首先是频繁地集成使它很快就准备好随时可以测试了。然后是适度频繁地测试，让这个特性不用等待很多其他的特性一起测试。最后是适度频繁地发布，让这个特性不用等待很多其他的特性一起发布。

第二，问题早发现、早修复，代价小。持续集成主要通过代码合并、构建、代码扫描、单元测试等方法发现问题。而持续交付通过更多的方法发现问题，如人工的针对新功能的测试、自动化的回归测试等。既然问题早发现，早修复，代价小，那么这些事情也应当适度频繁地做。

第三，持续交付让发布更可靠。

- 为了更频繁地测试和发布，我们需要把各种工作自动化，以便方便快捷地完成这些工作。而自动化就会带来另一个效果：可重复性。可重复性意味着可靠。
- 为实现持续交付，我们需要把测试环境和生产环境的创建和维护自动化。而这样的自动化就会带来另一个效果：测试环境和生产环境很容易保持高度相似。而两个环境越相似，在测试环境中测试过的程序就越不容易在生产环境中出问题。
- 为了节省时间，特定版本的程序应该只构建一次，然后上传并存储在制品库中，供部署各个环境时使用，而不是每次部署前都从源代码开始重新构建。而这种对制品的复用就会带来另一个效果：测试和发布的内容肯定是相同的。

这些实践使程序的某个版本一旦在测试环境中通过测试，在生产环境中运行就鲜有问题。因此我们说，持续交付让发布更可靠。

以上是持续交付的三个理由。前两个理由与持续集成的理由相同，而第三个理由是持续交付特有的。

7.3 版本晋级机制

软件的集成-测试-发布过程有一个核心机制：版本晋级机制。不论我们的测试和发布有多频繁或多不频繁，集成-测试-发布过程都离不开这个机制。下面详细介绍。

集成-测试-发布过程是一个质量逐步提升的过程。典型地，我们首先进行代码扫描、单元测试、冒烟测试，并且修复发现的问题，直到测试通过。然后针对新增特性进行人工测试，并且修复发现的问题，直到测试通过。接下来进行业务验收测试，并且修复发现的问题，直到测试通过。以此类推，直到发布上线。

让我们换一个视角看这件事情：某个版本，不断测试、不断完善，闯过一关又一关，最后才可以正式发布上线，让所有用户看见。

当把代码改动提交到集成分支，或者特性分支合入集成分支后，集成分支上产生了一个新版本。新版本触发了持续集成流水线。如果流水线执行时有报错，那就说明这个版本不够“好”，只能废弃，不能再往下流转了。而如果流水线执行成功，那么我们就有了一个经过一定检验的“好”版本。

当测试人员有空的时候，如果此时存在着新的还没测试过的“好”版本，那就意味着有新功能可以测试，于是测试人员开始人工测试新功能。如果该版本有问题，没能通过测试，那就说明这个版本不够“好”，不能再往下流转了。而如果测试通过，那么我们就有了一个经过一定检验的“好”版本。

稍等，我们好像遇到了一个问题，上上段末所说的经过一定检验的“好”版本，跟上段末所说的经过一定检验的“好”版本，文字表述相同，其实含义不同。后者比前者更“好”。为方便起见，我们把前者称为一级版本，把后者称为二级版本。版本级别越高，就越“好”。

流程继续流转。假定我们觉得这个版本已经包括了足够多的新功能了，可以为它做一次发布了。于是，我们把这个二级版本送去进行业务验收测试。如果该版本有问题，没能通过测试，那就说明这个版本不够“好”，不能再往下流转了。而如果测试通过，那么我们就认为这个版本更“好”了，它是一个三级版本了。

接下来是发布。只有三级版本可以拿去发布。其他级别或没有级别的版本是不能拿去发布的。将来生产环境万一要回滚版本，也是回滚到上一个三级版本。

在上面这个“故事”中，软件的一个特定版本不断闯关，闯被称为质量门禁的关卡。版本每闯过一关，就说明它的质量经过了更进一步的检验，更可信。版本每闯过一关，就晋升到一个新的质量级别，也就是**晋级**（Promotion），如图 7-2 所示。版本不断晋级，直到达到可以发布的状态，最终发布上线。当然，还有大量的版本在某个关卡没有闯关成功，没能晋级，“倒”在了通向发布的路上。

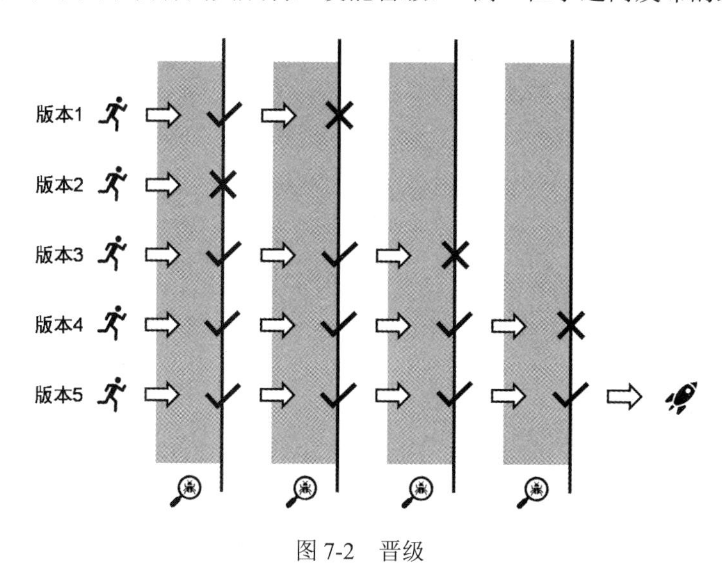

图 7-2　晋级

版本晋级是整个集成-测试-发布过程的核心机制。

版本晋级经常被称为**制品晋级**，它是制品版本晋级的简称。制品在这里指的是编译构建的产物，如一个安装包或一个 Docker 镜像。这样的制品版本不断晋级，最终发布上线。为什么不是源代码版本的晋级而是制品版本的晋级呢？因为我们希望某个特定版本的源代码只需要编译构建一次。在构建产生制品之后，我们就一直使用这个制品，把它部署到不同的环境中，对它进行不同的测试，直到最后把它部署到生产环境中，发布上线。既然我们使用制品来走完整个集成-测试-发布过程，晋级的版本自然就是制品版本，而不是源代码版本了。

如何实现制品晋级？你当然可以拿个小本子，使用笔记录下来每个版本当前在哪一级。但是我们从事这么高科技的软件开发工作，总不能一直使用纸和笔吧。

制品存储在制品库中。不同级别的制品版本，都存储在制品库中。有一个记录制品版本级别的思路：我们在制品库中的某个制品的某个版本上加个属性，使用该属性的值来记录这个版本的级别。为此，制品管理工具需要支持为某个版本添加属性，并且支持属性值的修改。

另一个记录制品版本级别的思路是：在制品库中，在不同的地方（也就是在不同的库或目录）存储不同级别的版本。当制品版本晋级的时候，就把这个版本从一个地方“复制”到另一个地方。

7.4 部署流水线

版本晋级是集成-测试-发布过程的基本机制。不论持续交付与否，版本晋级机制都是必要的。有了它，流程就能比较顺畅地流转起来，不同角色就能比较顺畅地相互协作。但只有版本晋级机制是不够的。与持续集成类似，要想实现持续交付，我们需要更多的自动化以降低成本，这样才能反复频繁地做事情。不仅是各项活动要尽可能自动化，而且要自动地把整个流程串联起来，后者由流水线实现。

在持续集成时，我们使用流水线实现在提交代码改动时自动触发一系列活动，如构建、单元测试、代码扫描等。在持续交付时，我们把流水线的覆盖范围进一步延伸：我们希望能够把集成-测试-发布过程中的各项活动都使用流水线串联起来，流水线按照一定的规则自动向前推进流程，自动通知下一个处理人，并且可以随时向所有相关人员展现进展，而不是靠人记忆、靠人通知、靠人发电子邮件、靠人复制和粘贴。

相应地，流水线需要比持续集成时具备更多的功能。

- **流水线应可串联更多类型的活动。**除了持续集成场景中的构建、单元测试、代码扫描、上传到制品库、部署到某个测试环境、冒烟测试等活动，流水线需要进一步串联各个环境中的部署、各种类型的测试、制品晋级、发布审批、分支合并、打标签等活动。
- **流水线应可串联人工活动。**尽管流程本身应该是自动化的，但其中某个具体活动可能是人工完成的，如人工测试和人工发布审批都是人工完成的。这些人工完成的活动也应该由流程自动化工具串联起来。这里所说的流程自动化工具，可以是流水线，也可以是与流水线联动的其他工具，如发布审批电子流。
- **流水线应支持流程的不同阶段以不同频率运行。**典型地，在集成分支上，特性分支的合入或代码改动的提交触发一系列活动，这构成了集成-测试-发布过程的第一阶段。随后测试人员就对合入或提交的一个或几个新特性进行人工测试，这构成了第二阶段。本次要发布的所有新特性都提交后，验收测试、回归测试等测试依次进行，最终软件发布上线，这构成了第三阶段。三个阶段运行的频繁程度是不同的：第一阶段最频繁，第三阶段最不频繁。以不同频率运行的不同阶段都应该体现在流水线上，并且应支持三个阶段相互独立，例如，第二阶段正在运行时，第一阶段可能又开始一次新的运行了。此外，这些阶段之间应该有适当的连接，体现为不同阶段的流水线（或一条流水线的不同阶段）靠彼此触发而连接起来，或者不同阶段的流水线靠版本晋级连接起来。

- **流水线应支持后续活动由人工触发才开始执行。**在持续集成场景中，前序活动成功执行完成就会自动触发后续活动的执行。但在集成-测试-发布过程中并不总是这样，前序活动执行完成后，不一定需要立刻开始执行后续活动，如并不总是在产品测试完成后就立刻发布上线。因此需要工具支持这样的设置：前序活动完成后，后续活动由人工触发才开始执行。
- **流水线应支持跳过某个活动。**某些活动不一定是在每个发布版本的集成-测试-发布过程中都需要执行的，如性能测试、安全测试等非功能测试活动。这些可选的活动也应该被流水线管理起来，以保证在需要执行这些可选活动时流水线执行它，在不需要执行这些可选活动时流水线跳过它。
- **流水线应支持重试某个活动。**不仅源代码中的问题会导致某个活动执行失败，测试环境、测试数据等方面的问题也可能会导致某个活动执行失败。因此，我们应根据实际情况来决定是否仅重试某个活动，而不是每次都必须从头执行流水线，再次执行构建等活动。
- **流水线不应浪费构建环境资源。**集成-测试-发布过程中的活动并不总是需要流水线提供的构建环境。构建、单元测试、代码扫描等当然需要构建环境，而部署就不需要了，部署之后的各种测试也不需要了。流水线在执行这些不需要构建环境的活动时，不必再占着一份构建环境，应该把它释放。

只有具备上述这些功能，流水线才能很好地支持软件集成-测试-发布过程的自动化。我们把（几乎）支持软件集成-测试-发布过程的流水线称为**部署流水线**（Deployment Pipeline）。

7.5 迈向持续部署

你也听说过持续部署这个词吧？从字面上来看，持续部署似乎很容易。但细究其义，持续部署又显得太理想主义。持续部署与发布频率有关，我们先来讨论什么是适当的发布频率。

7.5.1 适当的发布频率

7.1.2 节介绍了持续交付意味着适度频繁地发布，但并没有详细分析究竟多频繁才算适度。本节仔细分析发布应该多频繁。

发布越频繁，每次发布的内容就越少，一个代码改动就越不需要等待其他代码改动一起发布，一个代码改动从开发完成到发布上线所需的时间就越短。这么看来，发布似乎越频繁越好。那为什么还要说适度频繁地发布呢？因为发布有成本，发布越频繁，成本越高。

软件交付过程的终点是发布上线。我们这里所说的发布成本，是指单次发布及这次发布之前为了能发布所做的软件交付工作的总成本。我们把这个总成本分成两类，如图 7-3 所示。**一类是固定成本**，不论每次发布多少内容，都要付出（接近）相同的时间和精力做这些事情。例如，完成一个发布审批流程、进行生产环境部署操作。不论这次要发布多少内容，这些事情都要做一遍。**另一类是可变成本**，如果发布的内容多，那么付出的时间和精力就多，反之就少。例如，针对新功能的人工测试，新功能越多，测试需要付出的劳动就越多，这基本上是线性关系。

当我们提高发布的频率，就会增加成本，如图 7-4 所示。例如，假定可变成本是每个代码改动 1 份成本，固定成本是每次发布 10 份成本。团队每天可以完成 1 个代码改动。在 100 天的时间内，如果我们只在最后发布 1 次，那么这 100 个代码改动的总的可变成本是 100 份，而发布一次对应的固定成本是 10 份，总成本 110 份。而如果这 100 天我们每天都发布，那么总的可变成本不变，仍然是 100 份，而总的固定成本变化很大，从一次发布对应的 10 份，变成了 100 次发布对应的 1000 份，总成本也从 110 份飙升到 1100 份。

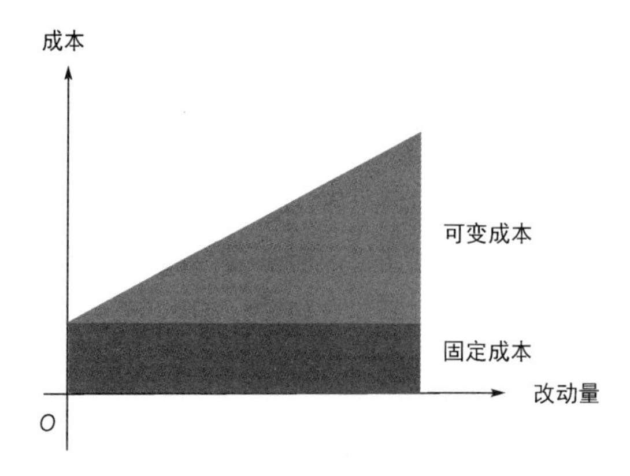

图 7-3　单次发布的成本

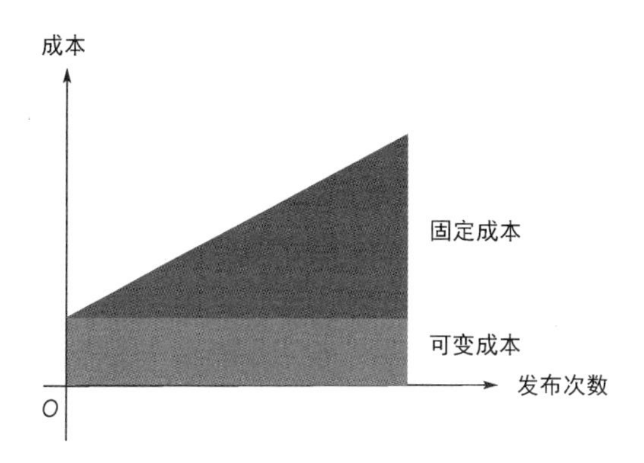

图 7-4　一段时间内发布的总成本

没错，频繁地发布带来好处，越频繁好处越大。然而发布越频繁，成本也会越高。所以总会有那么一个平衡点，**这个平衡点就是这个项目当前最适当的发布频率。**

7.5.2　如何提高发布频率

如果成本对发布频率不那么敏感，那么我们可以更频繁地发布，享受更频繁地发布带来的好处。那怎样才能让总成本对发布频率不那么敏感呢？

事实上，不论是 100 天只发布 1 次，还是每天都发布 1 次，总成本中，可变成本这部分都是不变的：为发布这 100 个改动，总是要付出 100 份成本。所以可变成本对发布频率不敏感。而固定成本对发布频率敏感：发布这 100 个改动可能只需要 10 份成本，也可能需要 1000 份成本。

“罪魁祸首”是固定成本！**我们要想方设法降低固定成本，于是就能更频繁地**

发布，享受更频繁地发布带来的好处。

例如，如果根据当前流程，在发布前需要做一次人工的全面的回归测试，这需要若干名测试人员测试好几天，那么当你提出更频繁地发布时，测试人员就会急得跳脚："我们的工作量会翻倍的！'996' 都搞不定啊！"此时我们要想更频繁地发布，就要考虑如何消除人工的全面的回归测试——能不能使用自动化测试来代替它？

又如，如果根据当前流程，每次发布都需要由 CEO 审批，那么当你提出要更频繁地发布的时候，还没等 CEO 急得跳脚，提交审批单的人、跟进审批单的人就会先急得跳脚："这不得把 CEO 烦死啊！我们肯定没好果子吃！"此时我们要想更频繁地发布，就要考虑消除 CEO 审批这个环节——为什么每次发布都需要 CEO 审批？是需要仪式感吗？

再如，如果程序的每次发布都强制用户进行版本升级操作，那么频繁地发布会让用户很不爽："我不想每天都安装一遍新版本！"此时我们要想更频繁地发布，就要考虑如何消除用户的版本升级操作——也许不用每次发布都打扰用户，强制用户升级？或者在后台默默升级，无须用户参与？

我们的基本思路是把固定成本降下来，这样发布频率就可以升上去。固定成本具体包括哪些事情的成本呢？有个方法可以找到所有这类事情，下面详细讲解。

集成-测试-发布过程大体可以分为两个阶段。在第一个阶段中，代码改动不断累积和汇聚，并且持续地进行测试。第二个阶段是在本次计划发布的所有的改动都开发完成后，这些改动"绑在一起"经历接下来的流程和操作，如回归测试、非功能测试、发布审批、部署上线，以及上线后的代码合并和打标签等。第一个阶段大致对应可变成本，第二个阶段大致对应固定成本。我们要把第二个阶段的流程步骤捋清楚，看里面有多少事情，要花多长时间，有哪些改进的空间。

为了更高的发布频率，想方设法降低这些固定成本吧！

7.5.3　持续部署

固定成本越低，发布频率就可以越高。发布的频繁程度的极致是每个代码改动都单独发布上线，持续部署是这种情况的典型代表。

持续部署（Continuous Deployment）中的"部署"是指生产环境部署。Timothy Fitz 最早提出这个概念的时候，他的意思就是每次提交代码改动后都无须测试，立即发布上线，如果新版本在生产环境中出了问题，那就回滚[1]。这可真够刺激的。软件的质量是由问题出现量和问题修复时长共同决定的。确实，当问题修复时长较短的时候，软件质量较好。但在绝大多数情况下，我们不应该因此而完全不顾及问题出现量，全靠出现问题后快速修复。

后来人们对持续部署这个概念做了很多修补。例如，《持续交付：发布可靠软件的系统方法》一书在介绍持续部署时是这么描述的：

- 部署流水线执行完自动化测试环节后，不用等命令，立即自动部署到生产环境中。
- 自动化测试必须异乎寻常地强大，这样才能保证部署到生产环境中一般不会出现问题。
- 建议与金丝雀发布结合使用。只是通过了自动化测试，就推送给所有用户，好像风险还是有点大，那就先只推送给少量试点用户。

这就合理多了，因为发布内容的质量比较有保障了。

如今当人们谈及持续部署的时候，**经常使用持续部署这个词表示“每个代码改动都单独发布上线”这个发布频率本身**。至于哪些事情一定要做，哪些事情一定不要做，并没有明确的要求。

① 如果你将信将疑，那就读读 Timothy Fitz 当年的文章 *Continuous Deployment*，链接见资源文件条目 7.2。

第 8 章 特性间进一步解耦

我们这里说的耦合，不是指不同特性间功能上的耦合，特性通常是独立可发布的，彼此在功能上一般没有耦合。我们这里说的耦合，是指由于软件交付的流程和方法，特性间人为地产生了耦合，相互影响。我们要尽量化解这种耦合。我们之前已经讲解了未开发完成的特性与已开发完成的特性之间如何解耦，以防止前者影响后者的集成、测试和发布。本章继续介绍其他几种典型场景和相应的处理方法。

8.1 混合自测

这里说的自测是指开发人员对开发的新特性进行功能上的自测。开发人员自测一般发生在个人开发环境中，提交代码改动之前。但是有时候没有条件供开发人员充分地进行自测。

一种典型的情况是，系统采用微服务架构，而微服务数量较多。个人开发环境的内存有限，无法运行所有的微服务，因此我们在个人开发环境中难以进行端到端的自测。而如果只是运行本次改动的微服务，其他微服务都使用 Mock 代替，那么又会有很多问题暴露不出来。

既然个人开发环境不能完全满足自测的需要，我们就得在服务器端搭建测试环境，以进行端到端的自测。由于搭建并维护这样一套测试环境有点麻烦，我们（近期还）不能让每个特性都独占一套测试环境，因此只能（暂且）在一套测试环境中自测包含各个特性的版本。我们把这种方式称为**混合自测**，如图 8-1 所示。

具体实现方法是，当开发人员要对一个特性进行自测的时候，就把特性分支合入混合自测环境对应的分支，然后流水线自动触发，取混合自测环境分支末端的源代码，进行构建、代码扫描、单元测试，并且将其部署到**混合自测环境**中。这时就可以进行自测了。自测不通过，就回到特性分支继续修改完善。如此往复，直到自测通过，才把特性分支合入集成分支，进入我们熟悉的集成-测试-发布过程。

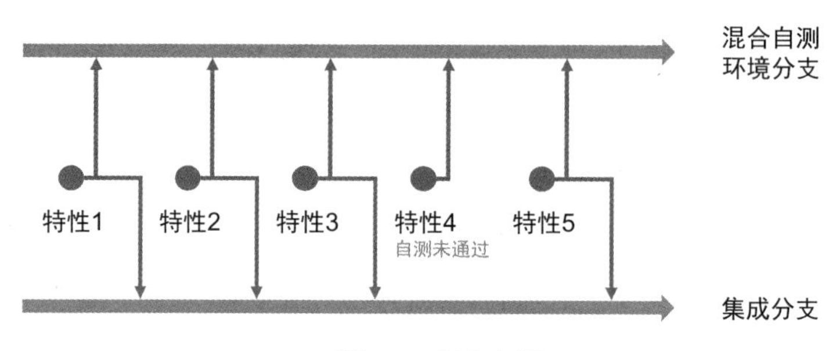

图 8-1　混合自测

为什么要引入混合自测环境对应的分支而不是把特性分支直接合入集成分支呢？这是因为流程顺序的限制。应该**先进行开发人员自测，再进行代码评审。**与开发人员自测相比，代码评审是两个人的交互和协作，时间成本、沟通成本都比较高。所以开发人员能自己发现的问题，就让开发人员自己发现。

那从分支的角度来看，自测和代码评审分别发生在什么地方呢？开发人员自测发生在特性分支合入集成分支之前，而代码评审通常发生在准备把特性分支合入集成分支时。因此开发人员不能在集成分支上进行自测，需要在混合自测环境对应的分支上进行自测。

混合自测这个方式看起来不错，那它有代价吗？有。在典型的持续交付方式中，只需要将一条特性分支合入集成分支。在混合自测方式中，需要将特性分支先合入混合自测环境对应的分支，再合入集成分支。**第一次合入时遇到的代码合并冲突，大概率在第二次合入时还会遇到，还要解决一遍。**

因此，如果你能够在个人开发环境中完成端到端的自测，那么没有必要使用混合自测方式；如果你能够做到让每一条特性分支都有一个独占的自测环境，那么也没有必要使用混合测试方式。事实上，这些事情经常是可以做到的，也不需要付出很高的代价。

8.2 特性摘除

前文已介绍了使用特性分支逐特性集成，介绍了先在混合自测环境对应的分支上自测，再提交到集成分支。这两个方法的目的都是让集成分支清清爽爽，永远只有已经完成且达到一定质量要求的若干个特性，因此可以随时把集成分支上的最新版本送去测试，测试通过后就发布。

然而天有不测风云，即便使用了上述方法，集成分支上的这些特性中也仍然可能有“坏苹果”，这样的“坏苹果”会误了其他“好苹果”的事。当发现这样的“坏苹果”时，我们得有办法处理它。下面我们来具体看一下。

第一种“坏苹果”场景，某个特性有严重的质量问题。即使我们在把特性分支合入集成分支之前做了不少质量验证工作，也仍然有可能在合并之后发现实现该特性的代码改动有严重的质量问题，如在人工功能测试时发现的问题比较大、比较多。如果有严重的质量问题，并且看起来难以在短时间内修复，那么为了不影响其他特性的集成、测试和发布，此时最好立刻把实现这个特性的代码改动从集成分支中摘除，而不是花费较长时间去修复它。

第二种“坏苹果”场景，因为业务上的原因，需要推迟甚至取消某个特性的发布。如果此时该特性的代码改动已经在集成分支上了，那么要想办法把这些代码改动从集成分支中摘除，不然会拖累其他特性，导致它们也要推迟或取消发布。

以上两个场景，我们都需要从集成分支上摘除特性对应的代码改动，即**特性摘除**。

那具体如何摘除呢？如果特性有对应的特性开关，那么此时只需要拨动开关即可。如果这个特性可以通过屏蔽对应菜单项来消除影响，那么此时只需要屏蔽相应的菜单项即可。当然，这远不能覆盖所有的情况。更通用的做法是把集成分支上相关的代码改动“回退”，如图 8-2 所示。

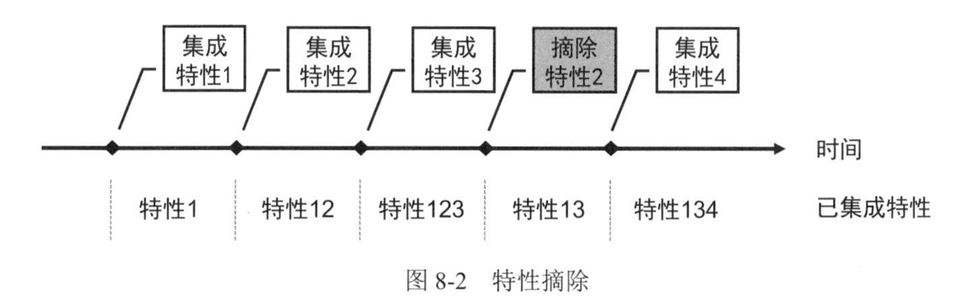

图 8-2　特性摘除

有不少开发团队宣称很少需要进行特性摘除，究其原因，通常是因为他们认为或潜意识里认为特性摘除是一件很麻烦、很痛苦的事情，所以在流程设计上，在开发、测试等角色的协作方式上，在进度计划和管理的方式上，在理念和文化上，就已经尽可能地避免进行特性摘除。于是，他们不时需要疯狂熬夜加班修复问题，或者推迟发布，或者在时间规划上总是预留出一大段时间来应对可能出现的异常情况，这导致如果没有异常情况发生，时间就被浪费了。而实际上特性摘除并不难，可比浪费时间的代价小多了。

已合入集成分支的特性也可以被摘除，这意味着特性间进一步解耦，每个特性有了更高的独立性和灵活性。不过，这招只适合偶尔用一用。如果只是偶尔有已经合入集成分支的特性需要摘除，那就使用这个方法解决，特殊情况特殊处理。但是如果这种情况频繁出现，例如，有 10 个已经开发完成的特性，刚定下来这次只发布其中 5 个，那就还得再想其他办法。

8.3 混合测试

8.2 节所说的两种"坏苹果"的场景，有时候会变得很夸张很频繁。

第一种"坏苹果"场景的本质是，从技术角度来看，对各个特性进行测试和问题修复所需的时间有很大不同，于是互相拖累。

- 有的特性提交得早，测试时间充裕；有的特性提交得晚，不一定赶得上最近一次发布。
- 特性的代码改动量有大有小，特性涉及的范围有大有小，甚至可能涉及多个代码库甚至多个开发团队，因此测试一个特性需要的时间有长有短。
- 实现特性的代码改动的质量有高有低，测试发现的问题有多有少，因此开发人员修复问题的时长也难以估量，要反复测试几轮也不确定。

如果把这些进行测试和问题修复在时长上有很大不同的特性强行绑在一起，一起走集成-测试-发布流程，那就把那些本应很快发布的特性耽误了，让它们陪着一起等很久才能发布。

第二种"坏苹果"场景的本质是，从业务角度来看，发布时机的不确定性。

一个特性并不总是通过了测试就可以发布，有时还要从业务角度考虑，需要等一个合适的时机，例如，相关的市场宣传预热工作已经完成，监管部门正式发文批准了新的业务。当我们把一条特性分支合入集成分支后，并不确定下一个发布版本能不能抓住合适的时机，但是又不能因为不确定就不进行测试。只有充分准备好，才能随时抓住机会，在需要的时候随时发布上线。

当我们经常面临上述情况时，考虑使用**混合测试**方式，如图 8-3 所示。在特性分支上完成特性的开发，进行了自测、代码评审等质量保证工作后，先把特性分支合入混合测试环境对应的分支，由测试人员在**混合测试环境**中进行针对该特性的测试。如果测试不通过，那就在特性分支上继续修改完善，直到测试通过。当一个特性测试通过且确定要在下一个发布版本中发布上线时，再把特性分支合入发布分支，进入相对比较短的后续流程，最终发布上线。

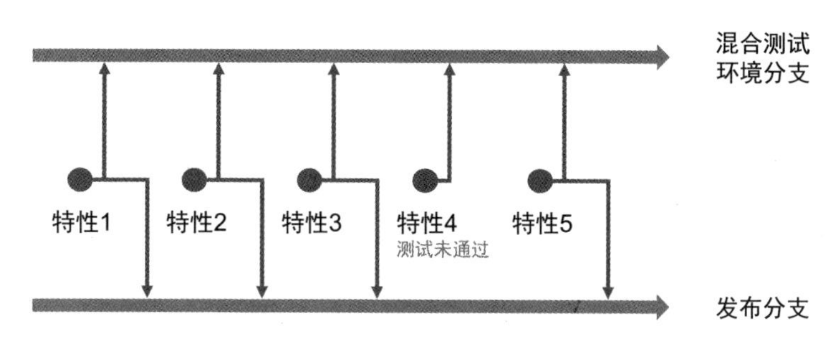

图 8-3　混合测试

这是一个很大的改变。在经典的持续交付方式中，不同特性逐步累积，不断绑在一起进行持续的测试，共同进退。而在混合测试方式中，在对各个特性进行测试的时候，它们没有绑在一起，不需要共同进退：不需要等所有的特性都通过了测试且在业务角度上都可以发布，才一起往下走流程直到发布。哪些特性通过了测试且在业务角度上可以发布了，就发布哪些特性。这样的独立性和灵活性，大幅度减少了特性之间相互等待相互拖累的情况，在统计意义上明显缩短了特性从开发完成到发布上线的时间。这是混合测试方式的核心价值。

混合测试和混合自测的思路其实一脉相承。两者都是尽量避免把不同的特性早早绑在一起，一起通过一道道关卡，不断晋级，直到发布上线，尽管这通常是软件集成-测试-发布过程的核心思路。**两者都是以单独一个特性而非包含各个特性的一个版本来跟进和安排的**，如图 8-4 所示。开发人员想对这个特性进行自测，那就把它丢到混合自测环境对应的分支上，在混合自测环境中进行自测。通过了自测，再把它“捞上来”，走接下来的流程。测试人员想对这个特性进行测试，那就把它丢到混合测试环境对应的分支上，在混合测试环境中进行测试。通过了测试，再把它“捞上来”，走接下来的流程。

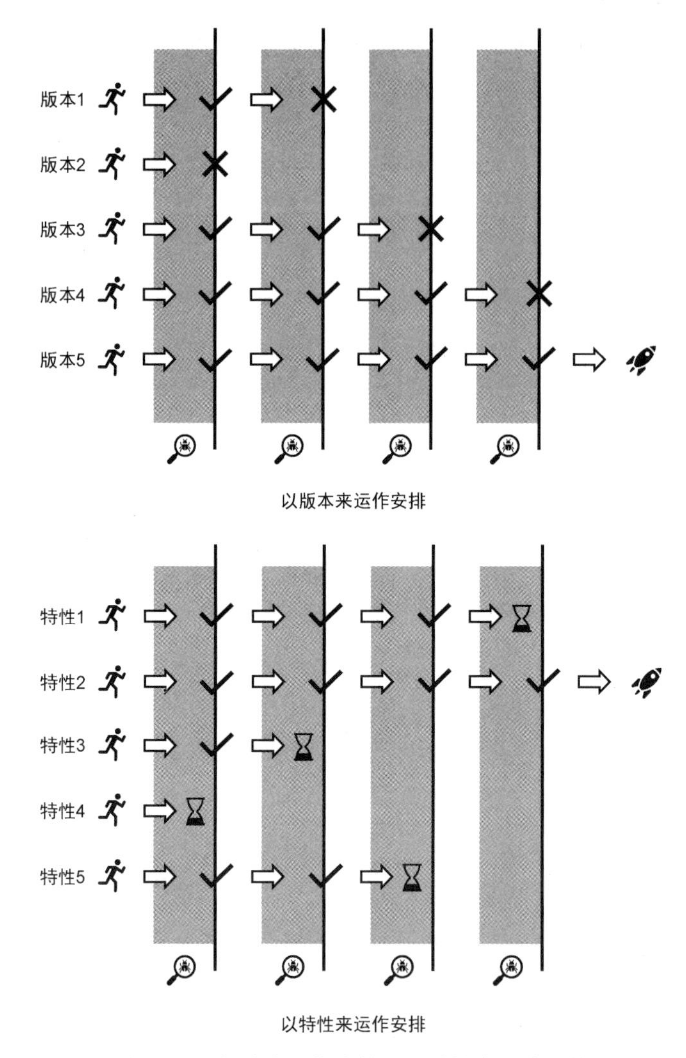

图 8-4　以版本来运作安排和以特性来运作安排

混合测试有弱点吗？有。就像混合自测一样，它也需要对特性分支进行多次合并，多次解决相同的合并冲突：先将特性分支合入混合测试环境对应的分支，再合入集成分支。好在这样的多次合并和解决合并冲突的代价通常不太大，开发团队可以接受。

而更令人疑虑的是另一件事情：按照混合测试方式，测试时候的版本就不是发布时候的版本了。例如，在测试的时候，特性 5 是和特性 1、2、3、4 一起测试的。而发布的时候，说不定发布的是特性 1、3、5。既然测试版本和发布版本的内容不一致，那发布版本的质量还可靠吗？

测试版本和发布版本的内容不一致确实会引入风险。不过即使是经典的持续交付方式，测试版本和发布版本内容也是不一致的：在测试特性 3 的时候，集成分支上已经有特性 1、2、3，测试版本包括这三个特性。而发布的时候，发布版本包括特性 1、2、3、4、5。在这个版本中特性 3 是不是还能正常工作，严格地讲也不确定。

我们通常会采用一些手段来降低测试（主要指测试人员的人工测试）**版本和发布版本内容不一致所带来的风险。**例如，进行全量回归的自动化测试，包括但不限于单元测试和接口自动化测试。又如，在发布前对各个新功能再挑选重点测试用例进行人工测试。再如，引入灰度发布过程或进行众测。

当然，对于质量要求特别高的软件，即使使用了这些手段，风险也仍然显得太大，那就必须严格保证测试版本和发布版本内容一致了：即使已经在不断演进的测试版本上持续地进行了针对新功能的人工测试，也需要在所有新功能都开发完成后再一起进行一轮这样的测试。

8.4 逐特性交付

前文介绍了混合自测和混合测试，它们背后的思路相似。混合自测是指把多个特性的代码改动混合到一起，先由开发人员进行自测，再打散重新组合，往下走流程。而混合测试是指把多个特性的代码改动混合到一起，先由测试人员进行测试，再打散重新组合，往下走流程，直到发布上线。这使特性有了比较高的独立性和灵活性，在统计意义上缩短了从开发完成到发布上线的时间。

不过这样的方法也需要付出一些代价：要多次打散重新组合，特性分支要多次合入不同的分支，要重复解决代码合并冲突，这带来了额外的工作量。此外，在混合自测和混合测试环境中进行测试，有时也会被环境中的其他特性干扰。毕竟特性之间完全独立是一种理想化的情况。

如何消除上述问题呢？答案就是不要混合。努力一下，让每个特性有其专属的测试环境。如果开发人员无法在个人开发环境中充分进行自测，那就让他在这个**特性专属测试环境**中进行自测。测试人员也一样，让他在这个特性专属测试环境中进行测试。

从分支的视角来看，事情变得简单了。一个特性对应一条特性分支，在其上进行特性开发，实现这个特性。随时可以把特性分支上的最新代码构建并部署到特性专属测试环境中，以进行自测。在完成特性的开发且通过了自测后，针对这条特性分支上的改动进行代码评审。在代码评审通过后，请测试人员进行测试。在测试通过后，甚至可以直接发布上线，而无须把几个特性合并到一起发布上线。

这个方法实质上是第 7 章中把未完成的特性和已完成的特性隔离这一思路的延续：未完成的特性要隔离，已完成但尚未通过自测的特性也要隔离，已通过自测但尚未通过测试的特性也要隔离，甚至已通过测试但尚未发布上线的特性也要隔离。只有发布上线了，这个特性才融入“大家庭”。也就是说，把逐特性集成背后的思路延续，形成逐特性交付。

这个方法让特性之间彻底解耦了，特性获得了完全的独立性和灵活性，能轻松实现每个特性单独发布上线，同时，整个方案还非常简单。

在持续交付中，发布的频繁程度的极致是每个改动都单独发布上线，即持续部署。我们在这里咬文嚼字一下，“每个改动”是什么意思呢？是每个字符吗？是每行代码吗？不是。“每个改动”就是每个特性。**持续部署最好的实现方法就是本节介绍的逐特性交付。**

8.5 特性间解耦方法小结

第 5 章和本章讲解了特性间解耦的各种方法，内容有点多，下面总结一下思路，如图 8-5 所示。

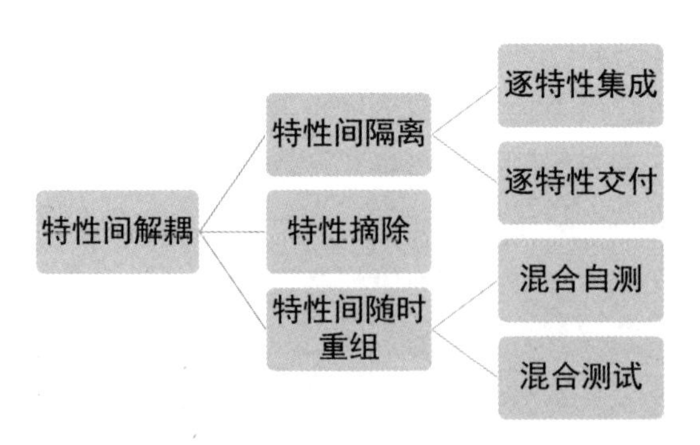

图 8-5 特性间解耦的各种方法

第一个思路是，把特性隔离。这是第 5 章和本章第 4 节介绍的内容。使用特性分支把未开发完成的特性和已开发完成的特性隔离，甚至把所有尚未发布的特性互相隔离。使用特性分支可以实现这个目的，在特定情况下也可以考虑使用特性开关，通过特性开关来随时控制一个特性是否显现。或者考虑使用 Keystone Interface，只要在用户界面中看不见这个特性，那这个特性就“不存在”。

第二个思路是，摘除有问题的特性。这是本章第 2 节介绍的内容。即使特性已经融入“大家庭”了，我们也可以把它摘除。可以通过版本控制手段摘除某条特性分支合入的代码改动，也可以通过拨动特性开关等方法隐藏这个特性。

第三个思路是，特性间随时组合，随时拆散，随时重组，而不是只要组合了就一定要携手到“老”。这是本章第 1 节和第 3 节介绍的内容。

第 5 章和本章不仅介绍了上述三个思路下的各种方法，也介绍了它们的适用范围。大家可根据实际项目的具体情况灵活选择。

第9章 运用精益思想

持续集成和持续交付的核心思路是通过频繁的集成、测试和发布来缩短等待时间（等待其他改动一起集成、测试和发布），从而缩短代码改动从开发完成到发布上线的时间。

特性间解耦的核心思路是解除特性之间的绑定以应对不确定性，避免因为某个特性遇到异常情况而拖累其他特性，从而在统计意义上缩短代码改动从开发完成到发布上线的时间。

还有其他一些方法也能缩短代码改动从开发完成到发布上线的时间。本章将讲解三件事情，这三件事情都体现了精益思想。

9.1 限制在制品的数量

你听说过精益方法中的**看板墙**（Kanban Board）吗？简单来说，一张图中的每一列代表一个进行中的流程环节，或者代表等待进入下一个流程环节。最左边的列是需求池，最右边的列是发布。每个特性是一行，这个特性对应的一张（或多张，如果把一个特性分解为多个任务）小卡片从最左边一步一步抵达最右边，就意味着这个特性发布上线了，如图 9-1 所示。有了这样的精益看板墙，各特性的进展情况一目了然。

这段对精益看板墙的介绍，遗漏了一项关键技术：限制在制品的数量。这些已经出发但还没有到达终点的小卡片代表着**在制品**（Work In Progress，WIP）。对在制品数量的限制体现为：

- 看板墙中的每一列都有一个限制，在这列中有小卡片的行不能超过一定的数量。如果已经达到了一定的数量，那就不许其他行有新的小卡片进入这一列。

需求池	就绪	设计	待实现	实现	待测试	测试	待发布	发布
特性7 特性8 特性9 特性10 特性11 特性12 特性13 特性14 特性15 特性16 特性17 特性18	特性6		特性5	特性3 特性4		特性1		特性2

图 9-1　精益看板墙（简化版）

- 看板墙上所有已经出发但还没到达终点的特性的总数量也有一定的限制，这体现为看板墙的行数。如果已经达到了一定的数量，那就不许新的小卡片出发。
- 每个人负责的卡片数量有一定的限制。如果已经达到了一定的数量，那就不允许他领取新的小卡片。

为什么要限制在制品的数量？因为要集中精力在少数事务上，这样才能尽快把它们处理完，让它们继续沿着流程流转。而如果很多小卡片都挤在一个流程阶段，那就会出现以下情况。

- 有些小卡片等很久都得不到处理，但也没有人关注到这个问题。
- 如果有的小卡片因为其他原因（如依赖外部协作）等很久都得不到处理，那么也没有人着急没有人管，因为忙不过来。
- 如果需要一个人兼顾多张小卡片，在一张小卡片上刚进入状态还没多久，又被叫去处理另一张小卡片，那么他的工作效率就很低。

把在制品的数量限制在多少才合适呢？如果总是有若干个在制品在等资源、依赖，如果团队成员经常发现有若干件事情在自己名下排队，甚至要同时忙好几件事情，那就说明在制品数量太多了。

那是不是在制品数量越少越好呢，能不能把在制品数量限制为 1 呢？也不能这么做。处理一件事情并不是投入的人越多越好。让 10 名开发人员都去开发同一个用户故事，并不能把开发时长从 10 天缩短到 1 天。

在制品数量具体定到多少合适，需要开发团队在实践中探索调整，找到最适合自己的值。

9.2 优化发布审批

软件交付过程经常包含发布审批环节。然而，不合适的发布审批流程会使交付效率降低。下面展开分析。

9.2.1 什么是发布审批

发布审批是指在发布上线之前要经过的某种人工审批流程。这种审批经常会包括若干个步骤，涉及不同的角色或职能。越大的开发组织、已存在时间越长的开发组织，审批流程往往越复杂。

发布审批的目的主要有两个。一个目的是对质量保证方面的工作进行审查。为此需要准备好各种测试报告、质量报告。以此为目的的审批步骤发生在已经通过了各种测试，就等着发布上线的时候。

发布审批的另一个目的是对发布内容和发布时间进行审查。有些特性可能不适合在计划的日期发布上线；有些特性可能和其他子系统的其他特性有某种依赖关系，需要厘清先后顺序；等等。以此为目的的审批步骤不一定要等所有的测试都做完后再进行。

9.2.2 精简发布审批流程

我们对发布审批必须非常警惕，因为其中可能包含了不必要的审批步骤。而审批就意味着准备材料、等待、解释，这些都将延长代码改动从开发完成到发布上线的时间。不必要的审批步骤是浪费，这样的浪费要尽量消除。

发布审批流程也会成为实现持续交付特别是持续部署的阻碍。发布得越频繁，审批流程就执行得越频繁。如果领导每天都要处理很多发布审批单，那么他可能会（下意识地）反对提高发布频率。

如何精简发布审批流程呢？首先要弄清楚每个审批步骤具体要考虑哪些事

情，要检查哪些点。如果说不清楚某个审批步骤的判断方法，那么这个审批步骤就很可疑，它很可能没有什么实际价值，应该从流程中剔除。

而如果某个审批步骤有明确的规则和判断标准，那么往往又意味着，这是可以自动化完成的。于是我们就可以把这个审批步骤自动化，甚至最终把整个发布审批环节从整体流程中剔除。

如果一时难以剔除整个发布审批环节，那么至少要满足一个最低要求：发布审批流程本身应该是电子化的，而不是基于口头或邮件形式的。详见 9.2.3 节的讨论。

最后，发布审批环节不一定需要等待全部测试都通过后再开始。从业务角度进行的审批，如某个新特性是否适合在某个特定的时间点发布上线，没有必要等到质量没问题了再去发起审批。

9.2.3　发布审批的工具支持

尽管发布审批流程要尽量精简，但对于一时还精简不下去的审批步骤，我们还是要考虑先使用工具支持它，做好流程自动化工作。

审批流程的自动化并不意味着每个审批步骤都是自动完成的，而是意味着这些步骤被自动串联起来，流程按照预设的流转方式和条件自动流转。一个企业内部通常有众多的流程应该被自动化，**OA**（Office Automation，办公自动化）工具一般会提供通用的工作流功能来支持流程的自动化。

而具体到发布审批流程的自动化，需要实现：

- 展现待发布版本的特性列表。这最好是能够自动获得的。
- 各类测试报告，包括人工编撰的测试报告及自动生成的测试报告。
- 如果要求在通过所有测试之后才能发起发布审批，那么这样的约束应该由工具自动实现。类似地，只有发布审批通过后，才能执行生产环境中的部署操作，工具应当有这样的自动约束机制。

这么看来，支持发布审批流程的**流程自动化工具**（也许就是使用了 OA 系统的工作流功能）应该和部署流水线有比较紧密的集成。或者它们就是同一个工具，真正完全支持软件集成-测试-发布的完整流程，这对使用者来说是最方便的。

9.3 消除发布时间窗口限制

在一个特性从开发完成到发布上线所经历的这个周期中，各种等待经常占了很大比例的时间，可能是因为想凑齐一批特性再进行测试、发布，可能是因为测试资源不足，可能是因为审批人在忙别的事，等等。而本节关注**发布时间窗口**限制造成的等待。

有时会将发布时间窗口规定为只有在特定的日期可以发布。例如，每周二和周四可以发布，此时有运维人员支持，其他时间运维人员要忙别的，支持不了。也有时规定在特定的日期不可以发布。例如，每周五不可以发布，因为快到周末了，怕周末出了问题没人解决。有时将发布时间窗口规定为只有在特定的时间段内可以发布。例如，必须等到半夜再发布，因为半夜用户数量相对较少、系统负荷小，不容易出问题，而出了问题影响面也小。也有时规定在特定的时间段内不可以发布。例如，夜里不能发布，因为怕夜里出了问题没人解决。

要尽量避免对发布时间窗口的限定，因为：

- 它带来的等待增加了特性从开发完成到用户能够使用的时间。
- 它会让频繁的发布失去意义。如果每周发布 5 次，但 5 次发布都要在周五下午完成，这又有什么意义呢？
- 在晚间或周末发布会占用员工的业余时间。

那么如何避免对发布时间窗口的限定呢？关键是消除设置发布时间窗口的原因。

如果限定是因为团队外部人员（如运维人员）不能随时提供支持，那就尽量摆脱对特定角色（如运维人员）的依赖，做好发布部署工具的自动化和自助化，让发布变成开发团队中任何人员在工具平台上点击按钮就能完成的事情。而当遇到意外时，还要做到基本能够通过监控等手段自主发现，然后在工具平台上操作，自主处理。

如果担心在用户多时发布风险大，那就使用灰度发布、滚动发布等发布策略来降低发布风险。

而如果设置发布时间窗口的原因是在发布时要停止服务，如只能在每晚不提供服务的维护时间来发布，那么首先要确定，设置不提供服务的维护时间本身是否合理。在线系统不都应当提供 7（天）×24（小时）的不间断服务吗？而即便特定业务本身无须连续提供服务，也应当尽量做到在其提供服务的时候可以发布升级，以应对紧急发布的情况。一般应该把实现零停机部署作为高优先级的改进任务来对待。

最后，一些在线服务在节假日或发生重大事件时期要按政策封网，不得发布新版本。遇到这种对发布时间的限制，就先别想着改进了，按政策来吧。

第 10 章 突破 Scrum 的若干约束

Scrum 是非常流行的敏捷实践之一，它提供了一个简单的软件开发计划管理方式，大体说来：每次迭代（在 Scrum 中称作 Sprint）有固定的周期，如两周或四周。在每次迭代初，先从总的需求列表（Product Backlog）中选定本次迭代要开发的需求（Sprint Backlog），再进行开发和测试，并且在本次迭代末做出一个可以演示的版本（Increment）。

Scrum 很好，简洁易掌握。但是从软件交付的视角，从多年的实践来看，适当突破 Scrum 的一些约束，我们有可能做得更好。

10.1 发布版本间的交叠

在经典的 Scrum 中，我们只能在完成一次迭代的所有工作后，再开始下一次迭代。在每次迭代中，选定本次迭代要开发的需求，随后进行开发、测试等工作，在迭代末产生一个可以演示的版本。在实际工作中，通常就把这个版本发布上线。这样的方式很简洁，但可能会导致窝工[①]。

例如，某项目是四周迭代一次，迭代结束时发布上线。其中，在前三周，开发人员完成各个特性的开发，而测试人员持续测试各个特性。到第三周结束时，本次迭代规划的所有特性都已开发完成并通过了测试。在第四周，测试人员再做一些回归性的测试，开发人员修复发现的问题。验收测试也在同一周完成。有时还会做一些非功能性测试。在完成所有测试后，再经过一个发布审批流程，新版本最终在第四周结束时发布上线。随后开启下一次迭代，如图 10-1 所示。

---

① “窝工”是建设工程管理中的一个词，指因计划或调配不好，工作人员没事可做或不能发挥作用。

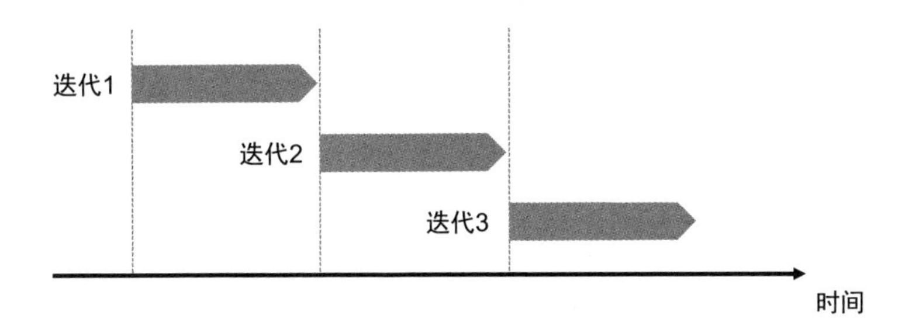

图 10-1　迭代间首尾相接

以上安排粗看很好，但实际情况是，越到一次迭代的后期，开发人员的工作越不饱和。因为开发任务已经一个个完成了，又没有那么多问题要修复。甚至到迭代快结束时，测试人员也没什么事做了，开发人员和测试人员一起等待业务方进行验收测试，等待发布审批通过或等待发布时间窗口的到来。

既然到迭代后期大家的工作越来越不饱和，那么能不能在一次迭代结束之前就开始下一次迭代，让开发人员甚至测试人员把富余的精力投入下一次迭代呢？这样做，不仅不窝工了，而且在下一次迭代中的特性还可以早点开发出来，最终早点发布。

这就意味着，有些日期会同时存在着不止一个“生长”进程，它们之间是并行的。当然，它们的完整生命周期在时间上并不是完全重合的，而是部分重合：前一个“生长”进程还没有发布上线，后一个“生长”进程已经开始开发甚至集成和测试了。这就像房顶上的瓦片互相搭着，但不是完全覆盖，而是一片片交叠在一起。我们把这种情形称为**交叠**，如图 10-2 所示。

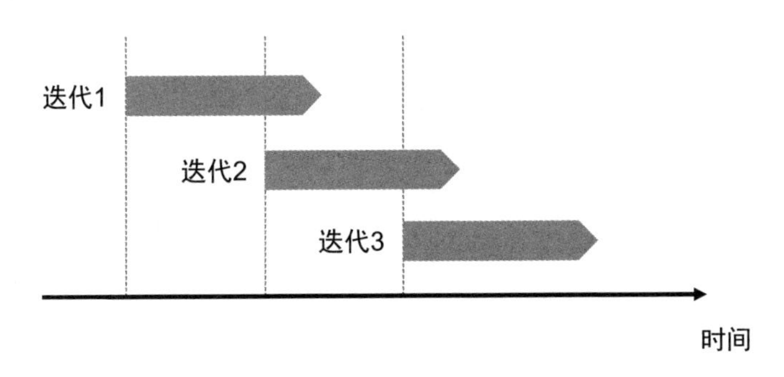

图 10-2　迭代间的交叠

当不同的“生长”进程同时存在时，它们之间就需要进行一定的隔离，否则会相互干扰。一般来说，不同的进程使用不同的分支来彼此隔离。本书将在讲解分支策略时介绍具体的方法。

适当交叠有益，过度交叠有害。交叠是有成本的。共存的进程之间需要同步：先发布的版本中的代码改动要同步到后发布的版本中，因为后发布的版本需要包含先发布的版本的内容。如果需要同步的代码改动量比较大或共存的进程比较多，那就比较麻烦。

那么什么时候可以开始下一次迭代的开发工作呢？一般来说，当上一次迭代的开发工作已经基本完成，剩下的主要是一些零星的修修补补的工作时，就可以考虑开始下一次迭代的开发工作了。这样做，开发人员的精力不会太分散，将来需要从上一次迭代同步到下一次迭代的代码改动量也不会很大。

尽管经典的 Scrum 没有考虑不同迭代间的交叠，但是适当地交叠会带来减少窝工、加快开发和发布速度等好处，值得尝试。

10.2 在一次迭代中多次发布

经典的 Scrum 是在每次迭代结束时给出一个可以演示的版本。在实践中这个演示版本经常对应一次发布，也就是要把这个版本发布上线。

本节要讨论的是，每次迭代不一定只发布一次，也可以发布多次。如 7.5 节所述，发布的频率本质上取决于每次发布的固定成本。如果固定成本低，那么自然可以在一次迭代中发布多次。

开发人员分头开发各自负责的特性，测试人员持续测试已开发完成的特性。到有一天（不一定是迭代末期）想发布一版了，就把所有已经通过测试的特性归拢到一起，进行回归性测试、非功能测试（如果有）、验收测试（如果有）、发布审批（如果有），最后发布上线。如果这些事情做起来不太麻烦，那么可以在一次迭代中做多次，也就意味着发布多次。

而如果把上述过程推到极致，那就是每个特性都单独测试，单独发布，那就是持续部署。Scrum 和持续部署是可以相容的。

要想提高发布的频率，除了在一次迭代中发布多次，也可以考虑提高迭代频率，例如，从四周一次迭代变成两周一次迭代，甚至一周一次迭代。这样一来，即使迭代末才发布一次，发布的频率也提高了。

10.3 迭代规划内容不必都做完

Scrum 在每次迭代初规划本次迭代要完成的特性，然后据此执行工作。这就需要对各个特性的工作量、所需的开发时间有比较准确的估算。然而对于软件开发这种创造性工作，估算从来不容易。时间估算多了，团队闲下来没事做。时间估算少了，团队需要加班赶进度。

能不能不估算呢？能不能任由马跑，跑到哪算哪呢？

如果未开发完成的特性与已开发完成的特性间没有解耦，那就必须先估算，再按计划执行。具体来说，如果在一个特性开发期间，代码改动被不断提交到集成分支上，那就必须要定一个时间点，此时集成分支上所有的特性必须处于已完成的状态，这样将来才能在测试后发布这个版本。为了能让此时集成分支上不再有未完成的特性，就必须规划本次迭代完成多少特性：不能太多，不然工作完不成，届时有未完成的特性；也不能太少，不然人闲着。为此必须估算每个特性的工作量和所需的开发时间，据此进行计划安排。随后尽力保证在规定的时间点前完成所有规划的开发工作，必要时加班，不然会有麻烦。

而如果我们使用了按特性集成的方式，那么即使有些特性没有按时开发完成，也不是什么严重的事情：如果哪个特性没有按时完成开发，那就不集成它。没能在这次迭代末发布，那就下次迭代再说，这次把那些已完成的特性测试并发布了就好。于是，不需要为赶上人为制订的计划而加班。相应地，既然没有按时开发完成也没关系，对估算准确性的要求也就降低了很多。

类似地，如果我们使用了更多的特性间解耦的方法，那么即使有特性没有按时通过测试，也不是什么大不了的事：如果某个特性没有按时通过测试，那就不发布它。没赶上在这次迭代发布的，那就下次迭代再说，不必加班。这次把那些进度正常的特性发布了就好。

当特性间解耦后，我们在迭代初制订 Scrum 计划的时候，就不用畏首畏尾，考虑留余量的事。甚至可以适当多安排点事情，以备万一进度比预计的快，也不至于闲下来没事做。计划安排这件事情本身变得比以前轻松了，而且安排得更合理，也能避免浪费。同时，开发人员也变得轻松了，不用在遇到异常情况时拼命加班赶进度。

特性间解耦带来更高效也更舒适的 Scrum，如果你还管它叫 Scrum 的话。

10.4 特事特办

在经典的 Scrum 中，我们一旦在迭代初确定了本次迭代要完成的特性，就不能再修改特性列表了。如果有新想法，那就在下次迭代制订计划时再说。这个原则是有道理的：按一定的节奏来。但是该灵活的时候也要灵活。

对于紧急的特性（如从业务角度必须尽快实现的新功能，或者从质量角度必须尽快修复的线上缺陷），要考虑能不能将其加入当前正在进行中的迭代，并且相应暂缓某些正在开发的特性的开发工作，或者某些正在测试的特性的测试工作。

更紧急的特性（如从业务角度必须马上实现的新功能，或者从质量角度必须马上修复的线上缺陷），甚至等不及与其他特性一起测试、一起发布，要按紧急发布处理，要立刻投入资源开发该特性，在完成开发后立刻对该特性单独进行测试，在测试通过后立刻单独发布该特性。本书后面有章节会更详细地介绍紧急发布。

事情有轻重缓急。平时按部就班，但关键时刻要紧急行动起来，尽快应对和处理。**有原则、有灵活，才是敏捷。**

第 11 章 多项内容协同交付

前几章基本上一直在讨论在一个微服务上的事：在一个微服务上开发、测试和发布。这暗含着一个假定：各个微服务之间没有什么关联，可以分别考虑。然而在真实世界中，一个特性可能要改动多个微服务的源代码，一次发布经常包括多个微服务的新版本。此外，一个特性不仅可能涉及多个微服务，而且可能有相关的 SQL 变更、应用配置参数的变更。而一次发布也可能会包含微服务、SQL 变更、应用配置参数变更等不同内容。本章讨论如何应对这样的情况。

11.1 本书中的微服务是代称

本书所说的微服务，并不是严格意义上的微服务：即使它并不足够微，与其他微服务间并没有充分解耦，我们也仍然把它称为微服务。甚至单体应用（Monolith）也算是本书中说的微服务。我们就是需要这么个术语，**用它来指代可以独立安装部署的最小单元**。有的企业称之为应用，有的企业称之为发布单元，考虑到业界还没有统一的称呼，为方便起见，本书称它为**微服务**。

一般来说，一个微服务的源代码只存储在一个代码库中，而这个代码库中也只有这一个微服务的源代码。这些源代码构建生成一个制品，如一个安装包或一个 Docker 镜像。我们把这个制品部署到运行环境中，就成了一个运行中的微服务。代码库、制品、微服务三者是 1:1:1 的关系。

一个软件系统经常是由若干个微服务构成的。一个特性可能涉及若干个微服务上的改动，甚至还有相关的 SQL 变更、应用配置参数的变更。这就有了本章要讨论的事情。

11.2 提交完整的特性

当一个特性涉及多个代码库中的改动时，在特性开发完成后，我们把该特性涉及的不同代码库中相应的特性分支，分别合入该代码库中的集成分支。如果一个特性在一些代码库中对应的代码改动还没有完成开发，那么这个特性整体还没有完成开发，一般不要先把其中某个代码库中的特性分支合入集成分支，否则可能会给其他已经完成的特性带来麻烦。是否要等待这个特性完成后一起测试，是否要等待这个特性完成后一起发布。可见，应该提交完整的特性，如图 11-1 所示。

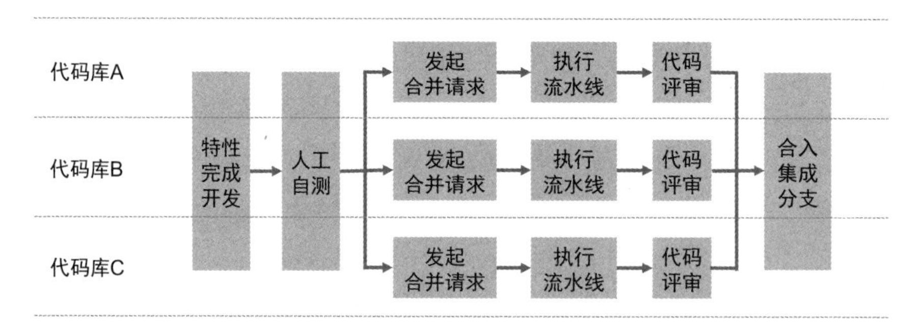

图 11-1 提交完整的特性

为此可以考虑约定由谁负责协调该特性的提交和集成。当开发人员完成某个代码库中的改动后，不要直接合入集成分支。当所有代码库中的改动都完成后，由该负责人（组织大家）把各个代码库中的特性分支分别合入相应的集成分支。

如果工具能够对此提供某种支持那就更好了。例如，将合并请求的批准条件分为两类：一类是达到了质量上的要求；另一类是达到了合并的时机。第一类条件包括各种自动化测试都达到了质量门禁的阈值要求，并且评审人点击了代表人工代码评审通过的按钮。满足了第一类条件并不会自动合并。直到第二类条件也满足，特性负责人适时点击合并按钮，才会把特性分支合入集成分支。

以上讨论的是一个特性涉及多个代码库中的代码改动的情况。同理，如果一个特性涉及 SQL 变更、应用配置参数的变更等，那么也应该保证这些改动和变更被完整地提交和集成，于是这个特性被完整地提交和集成。

11.3 采用相同的节奏

11.2 节讲的内容只是一道“开胃小菜”，下面才是真正的“大餐”：如果特性列表中的一个特性经常涉及多个微服务，甚至需要多个团队、多个部门协同开发和交付，我们就不能以一个微服务为单位去制订迭代计划，安排开发、集成、测试、发布了。此时必须考虑多个微服务，甚至要考虑跨团队、跨部门，如何协同开发、测试，直至发布。

从“古代”起，人们就在探索涉及多个代码库、多个开发团队的软件开发全过程的协调管理。瀑布模型就是用于整体系统从需求到发布的过程的，但它不够好。在敏捷管理实践中，目前业界有几个重要的规模化敏捷框架，如 SAFe（Scaled Agile Framework）、LeSS（Large Scale Scrum）、S@S（Scrum@Scale）、SoS（Scrum of Scrums）、DAD（Disciplined Agile Delivery）等。而在精益方面，精益看板墙的一些复杂形式可以用来协调多个模块、多个开发团队之间的协作。

具体到软件交付过程，一个常见的思路是**把密切相关的若干个微服务放在一起，让它们采用相同的节奏**，如一起部署到某个测试环境、一起进行某种测试、最终一起发布上线。由于步调一致，从每个特性的视角，一个特性就可以完整地部署、测试、发布上线。

这里决策的关键是，应该把多大范围的微服务放在一起，采用相同的节奏。如果范围大，那么容易出现协调难、相互牵扯多、等待时间长、灵活性差的问题。从这个角度讲，应该尽量拆分成更小的单位发布。然而，如果几个微服务之间关系紧密，经常出现为了实现一个特性需要改动不止一个微服务的情况，那么让它们总是一起测试、发布，反而省心。这两个因素都要考虑。

本书作者遇到的最极端的情况是以企业为单位发布。这个企业有一套核心系统，已经在大型主机上运行和维护了很多年，它每六个月升级一次。企业的其他子系统或多或少、或直接或间接地与核心系统有些关系，它们大多在 Linux 服务器上运行，有些已经开始使用容器编排。考虑到核心系统的升级是最慢的，于是所有其他子系统都跟它对齐：该企业的所有软件每六个月一起升级一次。

这个做法在逻辑上有个漏洞：虽然每个子系统多多少少与核心系统有些关系，但这并不意味着每个特性都涉及核心系统的改动。经过分析发现，绝大多数特性都不涉及核心系统的改动，绝大多数微服务上的改动在绝大多数时候都和核心系统无关。这些微服务在绝大多数时候其实都不需要与核心系统一起发布。

最后要提及的是，长期来看，要努力让软件架构变得更好，降低耦合性，争取更大的灵活性。

11.4 特性间完全解耦

在 11.3 节中，我们在协同范围过大带来的难度和协同范围过小带来的问题之间努力平衡。那有没有更好的方法呢？有。如果在流程上，特性之间完全解耦，一个特性的测试和发布完全不受其他特性的影响，那就不需要各个微服务采用相同的节奏了：哪个特性通过测试了，单独发布就行了。

如何完全解耦呢？**一个思路是混合测试，然后每个特性单独发布**：在一个混合测试环境中一起测试的特性，并不意味着要在全部测试通过后一起发布。具体来说，当一个特性涉及多个代码库中的改动时，改动发生在各个代码库中相应的特性分支上。当完成该特性的开发后，就在各个代码库中，把该特性分支上的代码改动合入混合测试环境对应的分支。随后把各个微服务部署到混合测试环境，在混合测试环境中测试。当这个特性测试通过后（注意只需要这一个特性测试通过）就把它单独发布。

另一个思路是每个特性单独测试和发布：就在特性分支上，就在该特性独占的测试环境中单独测试这个特性，随后单独发布这个特性。具体来说，当一个特性涉及多个代码库中的改动时，改动发生在各个库中相应的特性分支上。这个特性有一个专属的测试环境。在将各个库中相应特性分支上的内容部署到这个测试环境中后，由测试人员单独测试这个特性。在测试通过之后，我们就直接在特性分支上发布只包含这个特性的新版本。

11.5 按特定的顺序发布

当一次发布多个微服务的新版本时，不同微服务间有时可以并行或以任意顺序发布，有时必须按特定的顺序发布。这是因为，当一个特性涉及多个微服务上的改动时，某个微服务的包含该特性的新版本，并不总是可以和其他微服务的不包含该特性的旧版本并存，并存可能会导致软件功能出现问题。而如果发布的先后顺序弄错了，那么在微服务逐个发布的过程中，就会出现这样的并存，从而导致不兼容的问题。

例如，如果前台微服务 A 的新版本不能和后台微服务 B 的旧版本并存，而前台微服务 A 的旧版本可以和后台微服务 B 的新版本并存，那么发布顺序就只能是先把后台微服务 B 从旧版本升级到新版本，再把前台微服务 A 从旧版本升级到新版本。如图 11-2 所示。

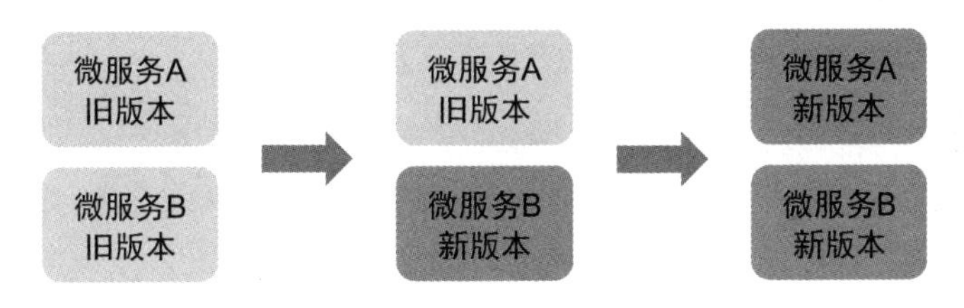

图 11-2　微服务的发布顺序和版本兼容

这意味着从软件结构的角度必须做好版本兼容，必须至少存在一种顺序编排方式，让升级可以平稳进行，不影响服务的用户。而更好的兼容性则意味着可以按任意顺序升级、并行升级。在进行接口自动化测试等测试时，需要考虑和验证版本兼容性。

以上讨论不仅适用于一次发布涉及多个微服务的情况，也适用于一次发布涉及微服务、SQL 变更、应用配置参数变更等不同类型内容的情况，此时也要考虑发布顺序。

第 12 章 静态库的交付

我们在讨论软件交付过程的时候，讨论对象通常是一个可运行的程序（包括动态库），讨论它从改动了一行源代码到发布上线的过程。然而软件的形态不仅有可运行的程序，还有静态库。下面介绍静态库的交付。

12.1 什么是静态库

静态库（Static Library）是指构建时依赖的制品，它和源代码一起作为构建的输入，通过构建产生新的制品。新的制品可能是可以直接部署运行的安装包或镜像，也可能是静态库，用于将来参与其他构建。也就是说，不论是可运行的程序还是静态库，它们总是由其相应的源代码及其他静态库（如果有）一同构建而来的。

如果静态库是本开发团队产生的，供团队自己使用，那么它常被称为**一方包**；如果静态库是企业内部某个开发团队产生的，供企业内部若干个开发团队使用，那么它常被称为**二方包**；而如果静态库来自企业外部，如来自开源社区，那么它常被称为**三方包**。

静态库也要经历集成、测试和发布的过程，那么它是自己独立经历这个过程还是与使用它的微服务甚至整个系统一起经历这个过程呢？接下来的三节分三种情况分别讨论。

12.2 作为公共基础库

静态库的第一种典型情况是，静态库提供了某种公共基础功能。微服务在构建时采纳这个静态库，它提供的功能就可以在微服务运行时发挥作用。典型的如某方面的类库、某种算法、某个框架。这类静态库通常是相当独立的，并且可以供众多程序使用，它和使用者之间是 1:*N* 的关系。它的价值是实现了软件复用，避免开发人员为众多程序开发相同的基础功能，如图 12-1 所示。

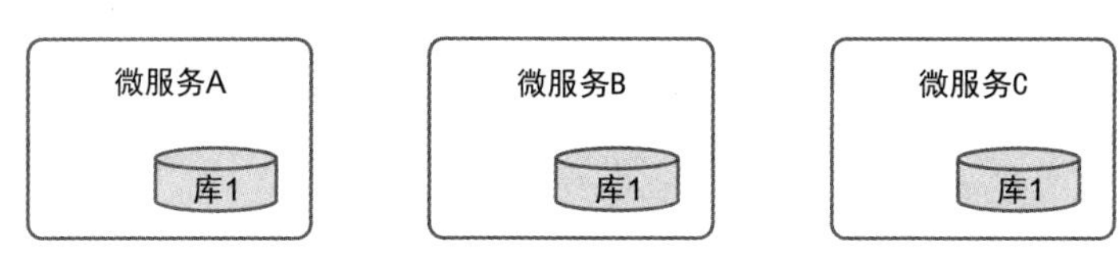

图 12-1　公共基础库

这类静态库通常可以独立地集成、测试和发布。在测试时，它通常使用属于自己的测试脚本来调用其提供的函数和方法，检验执行的效果。这类静态库的发布并不是对“外”发布——让微服务或系统的使用者感知到，而是对“内”发布——发布出来供众多程序在构建时使用。至于具体某个程序使不使用它、什么时候使用它，一般并不影响静态库的开发和发布节奏。不同的程序可以在不同的时间点引入静态库的特定发布版本。

12.3 作为整体应用的组成部分

静态库的第二种典型情况是，众多静态库在一起组成一个应用程序，如组成一个比较大型的移动端应用。而从每个静态库的角度来看，它参与构成且仅参与构成这一个应用程序。此时静态库和使用者之间是 *N*:1 的关系，与 12.2 节讲的第一种典型情况刚好相反。这类静态库通常没那么独立，而且时不时会为一个特性而改动不止一个静态库的代码，如图 12-2 所示。

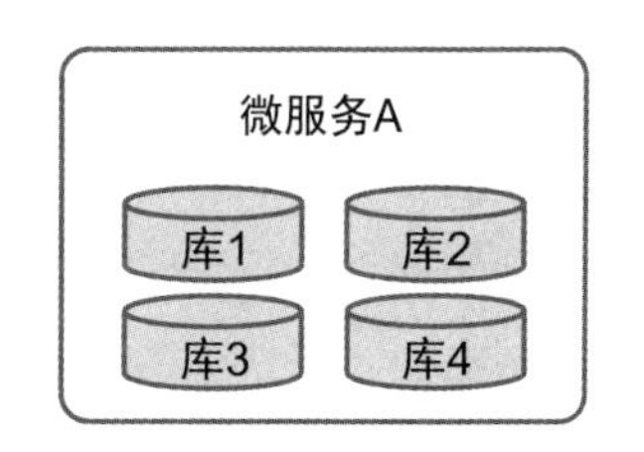

图 12-2　众多静态库在一起组成一个应用程序

此时使用静态库更像是一种技术解决方案，用来解决代码库的尺寸太大或构建所需的源代码的尺寸太大带来的缓慢、低效的问题。例如，由于每个静态库通常对应一个代码库，当需要进行代码改动的合并时，开发人员分别在各个代码库中进行分支间的合并，这些合并可以并行开展，互相不影响。又如，当开发人员修改了一个静态库对应的源代码时，只需要基于这个代码库构建该静态库，进而把它链接打包进整体软件包就可以了，而不需要下载整个软件所对应的所有代码库中的源代码，基于所有源代码进行构建。

如果一个特性涉及多个静态库的修改，那就在各个静态库对应的代码库中分别拉出特性分支，在其上进行代码修改并进行自测。完成特性开发和自测后，先在各个代码库中把特性分支合入集成分支，分别构建得到各个静态库，再使用这些静态库构建生成整体软件包，送去测试，最终对外发布。

在静态库的这种典型情况中，并不存在静态库本身发布的概念，要发布就是程序整体发布。

12.4 作为服务接口定义

静态库的第三种典型情况是，使用静态库表达服务的接口，在一些微服务架构下会出现这种情况。例如，微服务 A 对应静态库 A，微服务 A 负责实现静态库 A 中定义的接口，而运行时调用微服务 A 的微服务 B，则在构建时使用静态库 A，如图 12-3 所示。

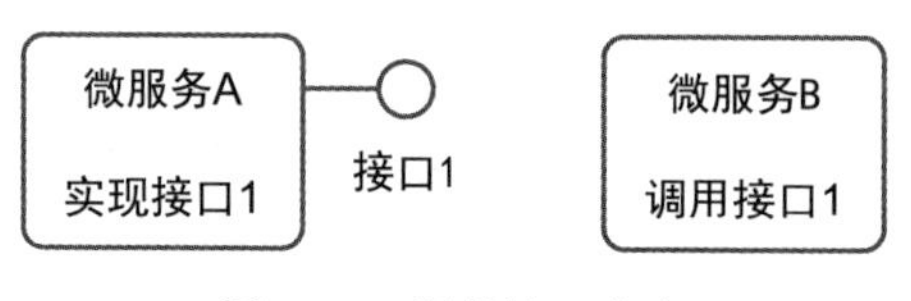

图 12-3 服务接口定义

在这种情况下，微服务 A 和静态库 A 的源代码通常在同一个代码库 A 中。在构建时，先生成静态库 A，再生成微服务 A。

如果一个特性涉及微服务 A 和微服务 B 的代码改动，并且改动了微服务 A 的接口定义，那就应该在代码库 A 和微服务 B 所在的代码库 B 中分别拉出相应的特性分支。如果在特性分支合入集成分支前想要自测联调，那就在代码库 A 的特性分支上构建得到静态库 A，以静态库 A 的新版本作为构建输入，在代码库 A 中构建得到微服务 A，在代码库 B 中构建得到微服务 B。随后在个人开发环境或该特性专属的测试环境中，先部署微服务 A 的新版本，再部署微服务 B 的新版本。

在完成特性开发和自测后，把代码库 A 和代码库 B 中相应的特性分支分别合入该代码库的集成分支。随后构建得到静态库 A，并且基于它构建得到微服务 A 和微服务 B。不论部署到测试环境中还是部署到生产环境中，都先部署微服务 A 的新版本，再部署微服务 B 的新版本。在架构上要保证兼容性，微服务 A 的新版本必须全面兼容其旧版本，保留其旧版本提供的所有功能。这样，在部署微服务 A 后，微服务 A 的新版本就可以和微服务 B 的旧版本一起工作，直到微服务 B 也部署了新版本。

与第一种典型情况类似，第三种典型情况也可能有多个微服务使用静态库 A。这些微服务在构建时使用静态库 A，在运行时调用微服务 A。在这种情况下，也应该由该程序的开发人员在可控的时间点引入静态库的新版本。

第 13 章 并行的多个版本序列

本书的关注重点是 SaaS 软件的软件交付过程。SaaS 软件意味着把软件（通常由多个微服务构成）部署到服务器端，为所有用户提供服务。

除了这种形态的软件，还有需要部署到各个企业内部的软件。这样的软件在不同的企业有不同的运行实例，这些运行实例的版本未必一致，功能也多多少少有些差异。还有些软件需要安装到每个用户的个人计算机上，安装到每个用户的手机中。这类产品型软件的交付有它自己的一些特点。其中一个重要特点是，软件并非只有一个版本在运行，全球有多个版本在运行，而这些版本经常是属于多个版本序列的。

如果时光倒退 20 年，本书得花上一大段篇幅来介绍产品型软件的交付，介绍多个版本序列并存的场景。不过如今这种场景越来越少了。我们就用一点儿时间简单了解一下。

13.1 版本序列之间的交叠

什么是**版本序列**呢？例如，1.0、1.1、1.2……这是 1.x 版本序列，2.0、2.1、2.2……这是 2.x 版本序列。

前面 10.1 节讲过不同计划发布版本的开发-集成-测试-发布流程在一定程度上并行，交叠在一起。交叠其实不只存在这一种情况，还有一种情况是版本序列之间的交叠。

什么是**版本序列之间的交叠**呢？不同的版本序列，可能在并行演进，分头生长。有的版本（如 1.x）处于维护状态，只是修修补补，生长得慢，有的版本（如 2.x）处于活跃开发状态，不停地开发出新功能，生长得快。不同的版本序列，形成交叠，如图 13-1 所示。此时，不同的版本序列就需要使用不同的分支来承载。

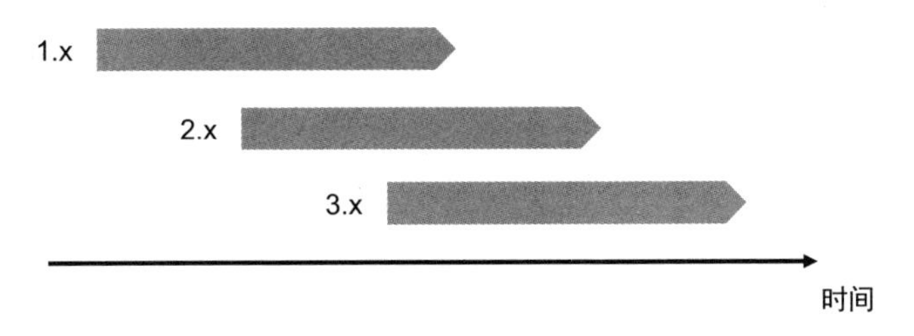

图 13-1 版本序列之间的交叠

这种情况多出现在需要用户本地安装的产品型软件上。产品型软件是指不同客户安装使用一个软件的不同运行实例。例如，软件供应商把软件卖给众多客户，不同的客户分别在自己的企业内部安装部署这个软件。又如，不同的用户分别下载一款开源软件并安装在自己的计算机上。此时，正在使用 1.x 版本序列的客户或用户，可能怕 2.x 版本序列刚出来不稳定，可能怕升级到 2.x 版本序列后就和其他相关软件不兼容了，也可能不想掏钱升级到 2.x 版本序列……总之出于种种原因，客户或用户只愿意从当前安装的 1.x 版本序列的某个版本升级到 1.x 版本序列的最新版本，而不愿意升级到 2.x 版本序列的版本。因此厂商或开源社区就需要同时维护 1.x 版本序列和 2.x 版本序列。其中，1.x 版本序列需要修复时不时发现的缺陷，也说不定会进行一些小的改进。此时 2.x 版本序列和 1.x 版本序列就构成了交叠关系。

产品型软件常常要同时开发和维护多个版本序列，而 SaaS 软件一般不需要。它在全球只部署一套运行实例、一个版本，供亿万客户使用。大家只会使用最新的版本。

如何支持多个版本序列的交叠呢？靠合理的分支策略。本书后面章节将详细介绍。

13.2 变体

变体（Variant）[①]在这里是指软件的不同版本之间有很多相同的地方，但也各

① Variant 是演变、变种、变形之意。例如，臭氧是氧的同素异形体，已经灭绝的斑驴是斑马的亚种，这类情况在英文中都使用 Variant 这个单词来表达。

有特点。就好像一群兄弟姐妹，弟弟将来无论怎么长，也不会和哥哥现在的样子一模一样；姐姐像妹妹这么大的时候，和妹妹现在的样子也不完全一样。也就是说，他们之间的差异是与生俱来的、本质上的，并不完全是时间演进和个人成长的结果。变体也一样，这些变体版本之间并不（完全）是谁是谁的后代、谁继承了谁的所有特性这样的关系。

同一个软件在不同操作系统（如 Android 和 iOS）、不同浏览器上的版本，彼此之间是变体的关系；同一个软件的不同语言的版本，彼此之间也是变体的关系。这些类型的变体还相对好处理，更令人头痛的变体场景是为不同客户、不同工程项目做的定制版本。之所以需要定制版本，是因为不同客户、不同工程项目需要的功能有细微差别。例如，在不同工程项目中，要对接不同厂商不同型号的数据采集装置。

以上仅为举例，变体产生的原因有很多，但它们都带来一个相同的挑战，那就是需要支持多个变体的开发和发布。通常每个变体包含了多个版本，构成了该变体的版本序列。所以准确地讲，我们需要支持多个变体版本序列的开发和发布。

如何支持多个变体版本序列的开发和发布呢？我们首先看看如何实现变体。实现变体的方法有不少，例如：

- 使用不同的配置和设置来实现不同的功能，而不是修改源代码，如通过导入不同的语言包来支持多种语言。
- 使用不同的插件来扩展平台的功能。
- 系统分层、分模块。不同层、不同模块通过 API 等方式协作。有些层、有些模块是主体、是核心，不断演进；有些层、有些模块随着工程项目的不同而不同，单独开发。

这些方法的核心思想是分离变与不变的部分，分别管理。这是软件架构领域的话题，这里就不详细展开介绍了。

如果这些方法还不够，那么可以把引入分支作为“最后一招”：使用不同的分支承载不同的变体（序列）。之所以把引入分支作为“最后一招”而不是优先选用的方法，是因为使用分支的成本比较高，不同的分支之间，会有不少内容需要彼此同步。而如果不同步，那么问题更大，需要在不同分支上重复开发相似甚至相同的功能。至于具体如何使用分支支持变体（序列），后文会详细讲解。

第 14 章 尽快修复问题

DevOps 三要义（The Three Ways，又译为三步工作法）[1]是 DevOps 的重要方法论。其中，第一要义是“实现开发到运维的工作快速地从左向右流动”。在本书第 2 部分中，本章之前的各章其实都在围绕第一要义进行介绍和讨论。

DevOps 三要义的第二要义是“在从右向左的每个阶段中，应用持续、快速的工作反馈机制”。本章讨论如何尽快修复各阶段发现的问题。

14.1 尽快修复流水线的问题

流水线运行起来了，是不是就大功告成了？不是。还缺少关键一环：尽快修复流水线特别是持续集成流水线在执行过程中暴露出来的各种问题，如构建不通过、单元测试用例没执行通过、代码扫描发现了严重问题……

14.1.1 为什么要尽快修复

为什么要尽快修复流水线的问题呢？

（1）**定位和修复问题比较省力**。第一，开发人员刚完成开发不久，思维还在编程上下文里。第二，问题一定是刚完成的改动引起的，查找定位容易。第三，此时还没有基于有问题的代码继续添加其他功能，修复问题涉及的范围小。

（2）**少耽误接下来的流程**。例如，持续集成流水线之后是测试人员介入进行测试，别让人家等着。

（3）**少影响继续开发**。假如开发人员的提交一不小心导致集成分支上的构建

① 参见《DevOps 实践指南》一书。

失败，那么现在任何人一旦从集成分支上拉取或同步代码到本地，他在个人开发环境中的构建就会失败。在某个代码库上同时工作的开发人员越多，受影响的人就越多。

我们通常使用**平均红灯修复时长**这个指标来衡量流水线问题的修复速度。平均红灯修复时长是一系列 **MTTR**（Mean Time To Repair/Recovery/Restoration/Resolve，平均修复/恢复/还原/解决时长）中的一个。流水线的红灯修复时长的计算方法是：从流水线执行失败（红灯）开始计时，到其后第一次执行成功（绿灯）结束计时，看一共用了多长时间。也就是说，如果第一次执行失败后又失败了几次才执行成功，那就从第一次失败时间算到最后执行成功时间。

如何才能早点儿解决问题，缩短流水线的平均红灯修复时长呢？我们一步一步梳理一下。

14.1.2 自动通知合适的人

发现问题后自动通知特定的人是流水线的功能。那么应该自动通知谁呢？

通常没必要采用广播的形式通知整个团队，因为负责解决问题的只有那么一两个人。整个团队一拥而上，对解决问题也没多大帮助。事实上，一般也不会一拥而上：大家看看消息，事不关己，高高挂起。长期来看这会导致一个问题：如果通知的消息总是一些与自己无关的内容，那么接收方就会慢慢变得不敏感，甚至可能会屏蔽通知，这将导致他以后接收不到与自己相关的通知了。

通常没必要设置一个特定的人当“二传手”。如果设置了二传手，把问题都交给他跟进协调，让他再去找相关人员修复。何必增加这一个步骤呢，直接通知干活的人就好了。当然，特别大的单体应用或耦合紧密的大型系统，其集成会比小型系统或松耦合系统困难得多，此时可以考虑酌情设置专门人员跟进流水线问题的修复，以更快地修复问题。为此，工具应该配置为把所有与流水线问题相关的信息都自动抄送给他。

应该精准通知相应的代码作者。是他的代码改动产生了问题，那么他要负责修复，所以直接通知他。具体到持续集成流水线这个场景，就应该自动分析流水线的本次执行和上次执行之间，谁提交了代码改动。这个信息可以通过分析相应的两个代码版本之间有谁进行了改动来获得，也可以更简单，就看是谁提交的代码改动触发了本次流水线的执行。

14.1.3　足够高的优先级

要有机制保证，在出现问题的时候开发人员会高优先级快速响应。如果开发人员收到了通知也不理会，还在继续手头的开发工作，等到其他苦主找上门来再解决，那就耽误时间了。

要想避免这样的情况发生，就得跟大家把道理讲清楚。不过有的时候只讲道理还不够，毕竟大家都有原有的习惯，改起来也没那么容易。而且，手头的活正干到兴头上，要放下改干别的，多少也有些让人恼火。所以在必要时要考虑使用一些管理手段。例如，可以做相关统计，看看是谁经常拖后腿。又如，如果在一定的时间内没有解决问题就自动升级，自动通知团队负责人，由他来监督。

当然也不必过分追求高优先级。如果不是一个高度耦合的大型系统，如果不是很多人在一起工作，那么流水线上的报错也不是非常紧急。如果某个微服务上只有一两名开发人员在工作，那么解决流水线问题的时间压力是比较小的。

14.1.4　足够多的相关信息

流水线要展现其上各活动的执行情况。这主要是为了方便开发人员在流水线执行出错的时候进行排查，看问题到底出在哪里，该怎么修复。

对于构建、部署这类活动的信息展现，关键是日志要全、要详细，并且最好能高亮显示出问题的地方。以部署为例，如果流水线调用一个部署工具，而这个部署工具并不返回详细日志给流水线，供流水线展示，那么开发人员遇到部署问题的时候就会一筹莫展。

对于自动化测试这类活动的信息展现，关键是列出测试发现的所有问题。例如，执行代码扫描后，要展示在什么地方找到违反什么规则的问题，以及建议使用的修复方法。又如，执行单元测试后，要列出来失败的测试用例及其相应的详细执行日志。

以上讲解的是如何尽快修复问题，而如果短时间修复不了问题，那么为了尽快解决这个问题，防止它影响别人，可以考虑把引入问题的代码改动摘除。也就是说，既然不能快速解决问题，那就把新功能本身摘除，问题也就没有了。详见8.2 节的介绍。

14.2 尽快修复测试发现的缺陷

流水线特别是持续集成流水线发现的问题要尽快修复，在各种各样的测试中发现的缺陷也要尽快修复。如果你的测试成功率偏低，例如，执行 500 个接口自动化测试用例，失败了 200 个，那么很有可能是因为没有及时分析和修复之前执行失败的测试用例。

我们应该尽快修复测试发现的缺陷，主要是因为：

- 趁着开发人员的思维还在编程上下文里，定位和修复缺陷都比较快。
- 只有修复了发现的缺陷，流程才能继续向前走。早修复，早发布。
- 不修复的缺陷会持续耗费管理成本，如某种自动化测试一遍又一遍地报告同样的缺陷。

如何才能尽快修复测试发现的缺陷？使用的方法和尽快解决流水线的问题使用的方法差不多，所以我们这里就不重复介绍了。

我们通常使用**平均缺陷修复时长**这个指标来衡量缺陷的修复速度。

14.3 尽快解决发布带来的问题

发布带来的问题既包括生产环境中的故障，也包括线上缺陷，也就是测试没能发现或发现了没来得及修复，最终暴露给用户的缺陷；既包括在生产环境部署的过程中就暴露的问题，也包括在生产环境部署结束后一段时间内发现的，缘于软件新版本部署的问题。

为什么要尽快解决发布带来的问题？还记得吗，用户感知到的质量是由生产环境中的问题出现量和问题修复时长共同决定的。缩短了问题修复时长，就会让用户感觉软件的质量有了提高。在问题修复时长相关的指标中，**平均线上缺陷修复时长是其中之一**，但最重要的是**平均故障修复时长**。

14.3.1 系统的可观测性

系统的**可观测性**（Observability）是指我们对软件系统运行情况的了解程度，特别是对生产环境中系统运行情况的了解程度。这既包括系统整体的运行情况，也包括其各组成部分的运行情况。可观测性是运维领域的一个重要内容，它包括以下三件事情。

（1）**监控指标**（Metrics）：工具不断采集系统运行的某个指标，并且展现指标值的历史变化情况，供人查看。基于监控数据，工具就可以在有异常值的时候自动报警，把相关情况自动报告给相应负责人，以便尽快协调处理。这样的自动化方法可以及早发现和报告异常情况。与用户遇到问题时联系客服，客服再联系技术部门解决这个途径相比，工具自动报警快得多；与用户发帖吐槽，消息经层层传递最终反馈给技术部门这个途径相比，工具自动报警快得多。在生产环境中监控相关指标也有利于线上问题的定位和解决。用户报告的是问题的表象，而使用工具采集到的指标值则揭示了软件系统内部的情况。

（2）**日志**（Logging）是定位问题和分析原因的利器。日志记录系统运行时发生的一个个离散事件，记录每一个事件发生时的具体情况。日志既可以用于测试和调试，也可以用于线上问题的定位和解决。

（3）**链路追踪**（Tracing）也是可观测性的一个重要话题，它对某个请求触发的所有调用构成的链路进行追踪。在微服务时代，从用户执行一个操作到他看到结果，系统内部有众多微服务相互调用，形成调用链路。当系统比较大的时候，没有人能了解所有的细节，说得清系统的全貌。这不仅给问题定位带来困难，也给性能调优等工作带来不便。因此我们需要对调用链路进行追踪。其基本的思路是，对一个用户请求进行编号，在调用链路中一直传送这个编号，于是就能记录这个编号传导到了哪些微服务，怎么传导的。谷歌的 Dapper 是分布式链路追踪工具的典型代表，此外还有阿里巴巴的 EagleEye 等。

系统可观测性相关的方法、工具、最佳实践值得使用一整本书的篇幅专门介绍，例如，如何在系统不同层次设置监控指标，如何使用 AIOps 抑制报警风暴等。但详细介绍这些内容并不是本书的目标，这里点到为止。

14.3.2 发布回滚

当在生产环境中发生故障时，如果我们判断这可能是某个或某几个微服务发布新版本导致的，那么首先考虑的往往不是修改源代码以修复新版本中的问题，而是在生产环境中**回滚**（Rollback）到旧版本，以便尽可能快地消除故障，为此宁可失去新版本中所包含的各个新特性。这不是“倒洗脚水把孩子也倒掉了”，而是“壮士断腕”。

当回滚多个微服务时，应该以合适的顺序进行回滚。回滚顺序通常是当初发布这几个微服务时的顺序的逆序。另外，不一定需要把与有问题的特性相关的各个微服务都回滚到旧版本。例如，如果一个新接口的调用侧不再发起调用，那么被调用侧就不会因过载而崩溃，所以把调用侧回滚后，应该观察一下监控指标，看看情况是不是已经开始好转。

除了使用旧版本替换新版本，回滚也可以通过特性开关实现。如果一个特性配置了特性开关，并且特性开关可以在系统运行时随时拨动、立即生效，那么可以通过关闭特性开关来去掉这个特性，看看情况是否开始好转。

14.3.3 紧急发布

生产环境中的发布回滚是用来处理严重故障等特别紧急的问题的，而有的时候问题并没有那么紧急，还没必要进行回滚操作。此时只需要先尽快修复问题，再把修复后的版本发布上线。这种情况下的发布被称为**紧急发布**，又被称为**热发布**、**热补丁**（Hotfix）、**补丁发布**等。这样紧急发布的版本被称为**补丁版本**。

紧急发布不会按照一般的节奏进行集成、测试和发布。假定平时两周进行一次迭代、在迭代末发布，紧急发布意味着某个紧急修复不能等着与当前迭代中规划的各个特性一起在迭代末发布，**要为本次紧急修复本身单独发布一个版本**，在这个版本中不包含正常迭代要发布的其他特性，只有要紧急发布的内容本身。

为此，通常会先为本次紧急发布单独创建一条紧急发布分支，在这条分支上修改代码以修复线上问题，再在这条分支上测试并发布。也就是说，在这条分支上，执行从开发到测试再到发布的全部过程。

由于本次发布比较紧急，因此我们希望它更快一些。它也确实可以更快一些：由于本次发布只包含这一个特性，因此可以让流程更快一些；让各种资源投入和安排有更高的优先级、更短的等待时间，这也可以让流程更快一些；流程本身可以适当简化，这也可以让流程更快一些。

不仅紧急修复问题时可以这样紧急发布，如果有紧急的需求，那么也可以使用这样的方式紧急发布：为了尽快发布这个紧急需求，本次发布仅包含这一个需求。

14.3.4　当紧急程度更低一些时

当某个线上问题的紧急程度更低一些时，那就既不需要发布回滚，也不需要紧急修复，只要让当前迭代的发布包含相应的修复就好了，详见 10.4 节的介绍。这意味着要往已经制订的本次迭代/发布计划中再“加点料”，毕竟线上问题修复的优先级高而工作量又不大。

如果这个线上问题更不紧急一些呢？那就按正常流程，在规划下一次迭代时再考虑它。

总之，应该根据紧急程度采取适当的措施，如图 14-1 所示。

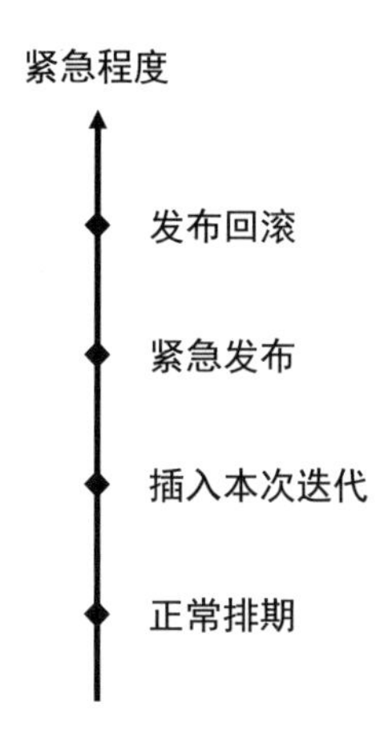

图 14-1　根据紧急程度采取适当的措施

第 3 部分

程序改动的累积和汇聚

第 15 章 版本控制

本章是本书第 3 部分的第 1 章。第 3 部分讲解如何支持程序改动的累积和汇聚，这主要是靠版本控制。本章从版本控制的概念开始讲起。

15.1 什么是版本控制

从内容使用者的角度来看，纳入**版本控制**（Version Control）意味着，当他想获得某项内容（如某个文件）的时候，知道去哪里拿，知道以哪里存储的内容为准。而从内容的生产者、维护者、发布者的角度来看，纳入版本控制意味着，他知道为了让大家获取内容，应该把它放到哪里，以便大家随时能方便地取用。这个存储地点被称为**单一可信数据源**（Single Source Of Truth，SSOT）。

纳入版本控制还意味着一项内容有不同版本之分。我们通过某种方式来标识不同的版本，并且以某种形式来记录每个版本的内容、版本产生的时间、版本的作者。这就做到了版本控制的最低要求。而如果想做得更好一点儿，那么还可以考虑记录每个版本产生的原因、改动内容的摘要说明，并且考虑展现不同版本之间的具体内容差异。

15.2 实现版本控制的方法和工具

有多种实现版本控制的方法，一些简单的实现方法如下。

- 为了区别不同版本，把不同版本的内容存储为不同名称的文件，或者放置在不同名称的目录下。

- 为了记录版本信息，把修改者、修改时间、修改说明等信息写在每个文件中，通常是写在文件内容的头部。
- 为了共享各版本的内容，使用 FTP 之类的共享存储空间。

以上这些简单的实现方法比较粗陋，顶多在个人的、非正式的、临时的场景中用一用。在多人协作等比较正式的场景中就不推荐这么做了，又麻烦又容易出错。而相关工具的功能越来越强大，越来越好用了。下面介绍通过工具实现版本控制的“正式”方法。

第一种实现版本控制的“正式”方法是让记录和管理相关内容的工具兼具记录版本的功能。例如，如果工作项的内容是由工作项管理工具来管理的，就让工作项管理工具进而具备版本控制的功能，记录工作项的每次改动的修改者、修改时间、修改内容。

第二种实现版本控制的“正式”方法是采用制品管理工具。制品管理工具可以把“任何东西”的各个版本都存储到制品库中并加以管理，并且支持在需要时从制品库中下载特定版本到本地。本书将使用单独的一章来介绍制品管理工具。

第三种实现版本控制的“正式”方法是采用版本控制工具。前两种方法可以比较好地支持单个文件或单个条目（如一个工作项）的版本控制。然而，当众多文本文件放在一起才能起作用的时候，典型地，将众多源代码文件作为一个模块或系统的源代码的时候，就需要将其放入版本控制工具了。Git、SVN 这类版本控制工具特别擅长管理众多文本文件：可以一次性下载全部文件，可以标识它们整体的版本，可以拉出整体的分支，等等。本书也将使用单独的一章来介绍版本控制工具。

在软件交付过程中，会产生和使用很多东西。所有东西都应当存储在合适的地方，以合适的方式纳入版本控制，这需要分门别类地介绍。当然，这样的内容读起来会有点枯燥、琐碎，所以本书把这部分内容放在了附录，供大家在需要的时候查看。

15.3 版本命名

我们基于一个版本进行修改，修改完成，新的版本就形成了。源代码有版本，源代码构建生成的制品也有相应的版本。那么，这些版本该如何命名呢？

15.3.1 传统的版本命名方式

传统的版本命名方式是把版本名称分为三段或四段，如分成三段，分别是主版本号、次版本号、修订号。其中，越是靠前的号，其变动对应的软件功能的改变就越大，甚至不能兼容老版本。

注意：**这种版本命名方式是有适用范围的**。如果有多个版本序列并行维护的情况，或者需要把版本名称暴露给用户，让用户据此选择购买与否、升级与否，那么特别适合使用这种命名方法。例如，本地安装的 Microsoft Office，供广大开发人员使用的一个类库、框架或语言，一款支持企业私有化部署的软件产品。

15.3.2 SaaS 软件的版本命名

如果将软件以 SaaS 服务的形式提供给用户，只有一个版本序列，用户无法选择是否升级，那么使用上述这种版本命名方式的意义就不大了。**此时版本命名要考虑的核心问题是方便软件实现的过程，方便开发、集成、测试、发布本身。**

假定软件是以固定的迭代周期（如两周）开发的，在每个迭代周期后期做一轮测试或几轮测试，最后在迭代末发布。每次迭代都有名字，如 21.03，表示 2021 年第 3 次迭代；每次送测也有名字，如 21.03.01，表示 2021 年第 3 次迭代的第 1 次送测。在这种情况下，把这样的名字当作版本名称就挺好，例如，21.03 除了表示这次迭代，也表示这次迭代末发布的版本，而 21.03.01 则表示这次迭代中第 1 次送测的版本。于是在记录缺陷的时候，就可以填写它是在 21.03.01 这个送测版本中发现的。

当没有固定迭代周期，或者迭代与发布并没有明确的对应关系的时候，我们可能采用这种工作方式：在每次快发布时，在流程管理平台中注册这个发布，进行最后的测试工作，跟进发布审批，最终发布到生产环境中。如果是这样的话，那么在流程管理平台中本次发布就必然有一个名称或一个编号，如 12345。我们也可以把它当作版本名称。

如果我们在上述过程中发现了问题，那么需要在修改源代码后重新构建。重新构建的版本的版本名称应该是什么呢？如果修改源代码重新构建不需要在工具平台中重新注册一个新的发布，那么这个发布流程的每次运行肯定还会有一个编号，如从 1 开始的顺序号。于是，重新构建的版本名称就可以是发布的编号再加上这个顺序号，如 12345.1。

如果是更轻量级的流程，在集成分支上随时测试，随时发布，那么可以把构建时源代码所在的分支名称（的简写）加上一个顺序号作为版本名称，如 int-1234。或者可以把时间戳作为版本名称的一部分，如 int-2021.04.06.164810。这样的简单方案比较容易实现自动化。

无论如何，版本名称都需要有一个明确且合理的约定。大家使用相同的版本命名方式，就好像使用相同的语言，协作起来比较顺畅。而要想实现自动化，也需要先约定好标准和规范。

15.3.3　考虑版本控制工具的能力

版本命名也要考虑版本控制工具的能力。

为了在代码库中标识一个版本，一种经典的方法是在代码库中打上**标签**（Tag、Label），标签的名称与版本的名称相同。于是，根据版本名称可以找到对应的标签，进而可以获取代码库中对应的内容。注意产生这种经典方法的背景：当时的版本控制工具通常需要显式地在各个文件的特定版本上分别打一个标签，才能在代码库中标识一个整体版本，如图 15-1 所示。如果不这么做，那么只能说某个文件的第几个版本，无法记录代码库中整个文件目录树的整体版本。

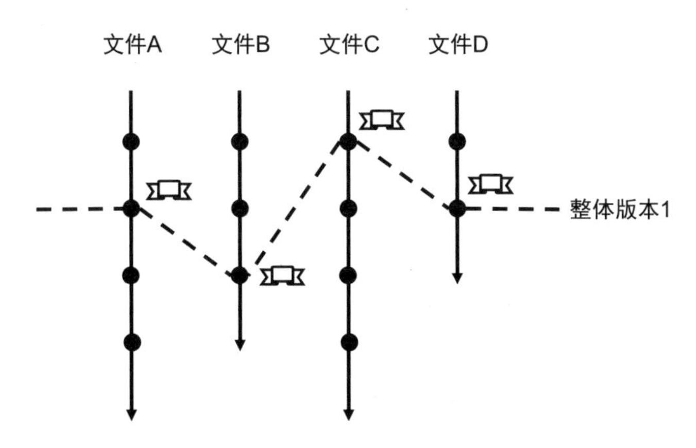

图 15-1　使用标签标识整体版本（过去）

而现在常见的版本控制工具，如 Git、SVN 等，都可以在每一次提交代码改动（Commit）时自动形成一个**提交 ID**（Commit ID），它不仅代表着本次提交的

图 15-2 使用标签标识整体版本（现在）

改动，也代表着提交后形成的整个代码库的一个新的整体版本，因此这样的提交 ID 也能起到标识整体版本的作用，只是其名称没有什么语义而已。在需要时，只要能从流水线一次运行的记录中查到它获取的源代码的提交 ID，只要能通过制品库中一个制品版本的属性信息查到它对应的源代码的提交 ID，就一样能在代码库中定位这个源代码版本。

当然，如果某个版本经常需要查看的话，那么可以在代码库中再打个标签，这样会更方便一点儿，如图 15-2 所示。为此我们只需要为少数重要的版本打标签，如只为发布版本打标签。

15.3.4 考虑制品管理的方法

在代码库中每次提交时都会自然产生一个提交记录，必要时可以在提交记录上再打标签。制品的版本标识也可以采用类似的思路：当把制品的特定版本初次存入制品库时，工具给它一个没有多少语义的标识，如产生这个制品版本的源代码分支名称加上一个顺序号。等将来拿它去测试、灰度发布、正式发布时，再给它打上语义丰富的版本名称，如体现出是供第几次迭代的第几次测试使用。

15.4 分支

一条**分支**（Branch）就是一条版本演化路径，一个生长进程。它的末端是最新版本，新版本不断涌现，于是分支不断生长。

在一个代码库中要使用哪些分支，各条分支的作用和命名等，构成了分支的使用方案，也就是分支策略。分支策略是很重要的内容，也很有讲究，本书将使用单独的一章来介绍它，而本节先简单介绍分支相关概念。

15.4.1　“现代派”分支

在过去（如 20 年前），版本首先是指代码库中某个具体文件的版本，类似地，分支也首先是指代码库中具体某个文件的分支。在一条分支上，有这个文件的一系列版本。

而如今，版本首先是指代码库整体的版本，类似地，分支也首先是指代码库整体的分支。在一条分支上，有这个代码库的一系列代码改动提交记录，每次提交在本质上形成了该代码库的一个整体版本。

15.4.2　制品的分支

在概念上，不只源代码有分支，制品也有分支。

在代码库中，我们使用分支来标识一条不断演进的线索。类似地，在制品库中也可以使用浮动的标识，它总是指向一条不断演进的线索的最新版本。典型地，Maven 中的 SNAPSHOT 型版本标识就总是指向特定版本名称的最新版本，如图 15-3 所示。而 Docker 镜像的 latest 版本标签总是指向该镜像的最新版本。它们的本质就是分支。

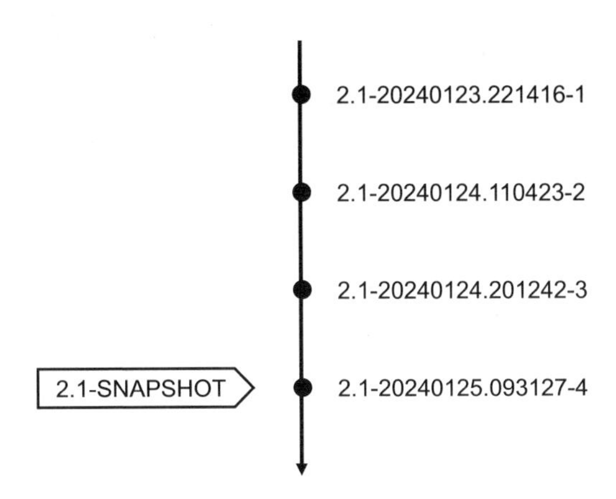

图 15-3　Maven 中的 SNAPSHOT 型版本标识

我们前面第 13 章讲的不同的版本序列，在本质上也是一个制品的不同的分支，每条分支上有一系列的版本。例如，1.x 这个版本序列就是这个制品的一条分支，这条分支上有 1.1 版本、1.2 版本、1.3 版本等。

第 16 章
使用版本控制工具

专司版本控制的工具主要有两类，一类是 Git、SVN 这样的版本控制工具，另一类是 Nexus、Artifactory 这样的制品管理工具。本章介绍版本控制工具。

16.1 版本控制工具简介

版本控制工具（Version Control Tool）的一系列功能使它能够管理在一起起作用的众多文件。这些文件的各个版本存储在一个仓库（Repository）中，这个仓库常被称为**代码库**，因为它主要用来存储源代码。在代码库中，我们可以标识这些文件整体的版本、整体的分支，多人可以并行修改同一个文件，等等。

版本控制工具有不少，它们分为两类。一类是**集中式版本控制工具**：代码库在服务器端，存储所有版本信息和内容，每个客户端都和服务器端打交道，每个客户端只有一个特定整体版本的内容，SVN 等工具属于这一类。另一类是**分布式版本控制工具**，服务器端的代码库在存储所有版本信息和内容，同时，客户端本地也有代码库作为缓存，存储与服务器端的代码库几乎相同的内容，于是客户端本地的各种操作就特别快，Git[①]等工具属于这一类。这两类版本控制工具的区别如图 16-1 所示。

版本控制工具经历了几十年的发展，当前，Git 已经成为版本控制工具事实上的标准。如果你还在使用 SVN 等工具，那就考虑迁移到 Git 吧。

版本控制工具的服务器端除了妥善存储众多代码库，常常还会衍生出更多的功能，以 Web 页面的形式提供给用户。其中包括新建代码库、查看代码库中各目录

① 如果你真的还不了解 Git，那么可以从阅读 *Pro Git* 这本开源电子书开始，链接见资源文件条目 16.1。

和各文件的内容、查看分支和标签等版本控制操作，并且可以方便地设置相关权限。此外，它还提供了包含代码评审能力、分支合并流程控制能力的合并请求功能，甚至它可能会发展成支持软件开发与交付的综合工具平台，如 GitLab、GitHub。

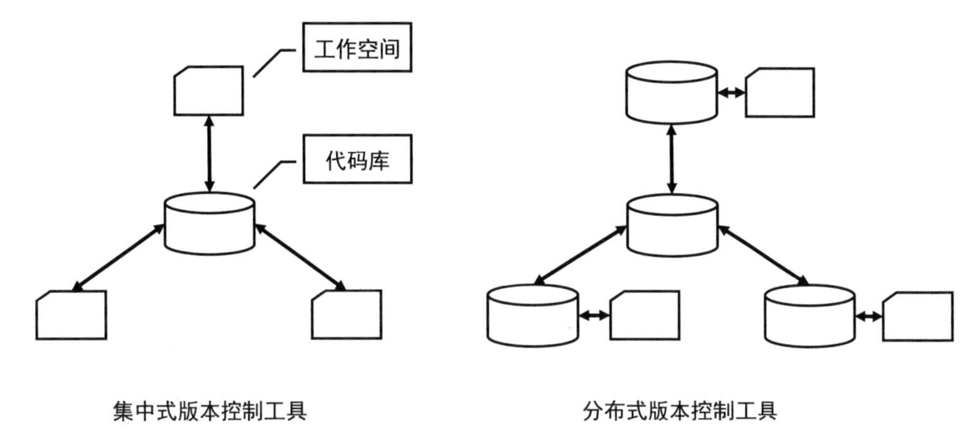

图 16-1　集中式版本控制工具和分布式版本控制工具的区别

16.2 代码库内的层次结构

在某个具体的代码库中，文件目录树的结构，包括文件、目录的命名，应当是合理的，并且遵循某种规范。使用相同技术栈的各个代码库，应该使用大致相同的目录结构，这样方便大家快速上手。例如，Maven 作为常见的编译构建工具，通常有推荐的文件目录结构，如 src 目录下的 main 子目录用于存储源代码，test 子目录用于存储单元测试脚本。其他的如 Spring Boot 框架，也会有默认的用于存储配置文件和资源文件的目录。

在代码库中不应出现无用的目录和文件。特别要避免同一个文件存储在多个地方，而只有其中一个地方的文件实际生效的情况，这种情况非常令人困惑。

16.3 代码库间的层次结构

应该使用统一的版本控制工具集中管理一个企业内部的众多代码库，因此版本控制工具需要支持某种形式的层次结构，如树形结构，就好像磁盘的文件目录树。在文件目录树中，每个文件是叶子节点；在存储众多代码库的树形结构中，每个代码库是叶子节点。

这样的层级结构最好能与企业所开发的产品线结构及软件系统架构存在一定的对应关系，这个层级结构上的各个节点的名称应该和产品线、软件系统、微服务的名称尽量一致。同时考虑为代码库和代码库的“目录”写一些简要的说明，并且在各个代码库内的根目录下创建一个 README 文件。

这样一来，当我们看到一个代码库“目录”或代码库时，就能快速知道它是做什么的，属于哪个产品线、系统，是哪个微服务。而当我们查找、搜索一个想要的代码库时，也能比较快速地找到。

16.4 不应放入代码库的内容

下面我们来看看哪些内容不应放入代码库。

16.4.1 小心二进制文件

在代码库中，特别是在像 Git 这样的分布式版本控制工具的代码库中，存储二进制文件要谨慎，特别是要避免存储尺寸较大、数量较多、经常更新版本的二进制文件。例如，构建时依赖的二进制库一般不应放入代码库。又如，在代码库中可以放入少数 Word 文档、图片文件，但放多了就不合适了。

避免这样做的原因是，版本控制工具通常不支持二进制文件的增量存储，所以每当存入一个新版本时，这个文件有多大，整个代码库的尺寸就会相应地增大多少。与之形成鲜明对比的是，存储源代码文件等文本文件时，代码库只会存储这个文件当前版本和上一个版本相比发生变化的内容。

使用 Git 等分布式版本控制工具尤其要避免这种情况，因为 Git 会把一个代码库中所有文件的所有历史版本都克隆（Clone）到使用者的本地，所以当代码库尺寸太大时，不仅会增加服务器端的维护成本，本地使用也不方便。

一般应将二进制文件存储到制品管理工具或专门的工具中管理。另一个方法是使用版本控制工具存储二进制大文件的专门方案，详见 16.4.2 节。

16.4.2　代码库二进制文件存储方案

16.4.1 节讲到由于版本控制工具的实现机制，频繁修改的二进制文件不应放入代码库。但把这样的二进制文件和源代码放在一起也是有好处的：自动记录了两者版本间的对应关系。当我们取得源代码的特定版本时，就自然取得了这些文件相应的版本。例如，构建一款游戏软件的原材料不仅有源代码，还有图片、数据、音频等，如果把它们都放入同一个代码库，那么只要一行命令就可以获取它们，进而构建打包，这是一个很简便的方案。

如何突破代码库不适合存储二进制文件这个限制，以便享受二进制文件和源代码放在一起的好处呢？基本的思路是，在其他地方存储这个二进制文件，把它的各个版本都存储下来，而在代码库中只记录这个二进制文件的特定版本的元数据，如存储位置。这样，在获取代码库特定版本的时候，就能获取这个二进制文件的特定版本。这几年涌现出一些在代码库中“存储”二进制文件的解决方案，如 Git LFS（Git Large File System）①或 VFS for Git（Virtual File System for Git）②，就体现了这样的思路。

16.4.3　不应纳入版本控制的内容

以上讨论的是出于技术原因，哪些内容不应放入代码库，以及相应的解决方法。除此之外还要注意，并非所有内容都应该纳入版本控制，共享给其他同事。那些只需要自己使用且无须查看历史版本的内容，放在本地磁盘上就可以了。

例如，开发人员本地构建的产出及构建过程中的各种中间产物，这些都是个人使用的，通常别人不关心，所以无须纳入版本控制。特别是不要放入代码库，因为它们是频繁修改的二进制文件。

又如，在使用 IDE 工具的时候，通常有些内容需要缓存，此外还可能存储了一些操作者本人的个性化配置。这些都是个人使用的，通常别人不关心，所以无须纳入版本控制。如果把它们放入代码库，那么会跟其他人的缓存或个性化配置相冲突。

---

① 链接见资源文件条目 16.2。

② 链接见资源文件条目 16.3。

版本控制工具通常提供了一些方法，防止使用者误把这些“脏东西”放入代码库。Git 的.gitignore 文件就起这样的作用：在其中说明要忽略哪些（类型的）文件或目录，工具自动避免将它们放入代码库。

16.5 代码改动与工作项间的关联

版本控制工具除了记录代码改动的具体内容，还能记录代码改动的概要，如修改的原因。这可以写在代码改动提交记录的**提交说明**（Commit Message）里，也可以写在合并请求的说明里，还可以写在标签的说明里。

这里有个省力的方法：既然需求、任务、缺陷等类型的工作项详细描述了代码改动的目的和原因，那我们把代码改动的具体内容与工作项管理工具中的某个工作项条目关联起来就好了，省得再写那么多说明了。

下面让我们看看具体做法。

16.5.1 将代码改动提交记录关联到工作项

将代码改动与工作项相关联的经典方式是将代码改动提交记录与工作项相关联：在代码改动提交记录的提交说明中，以特定格式记录工作项，特别是缺陷的 ID，于是它们建立了关联，如图 16-2 所示。将来在显示代码改动提交记录的 Web 页面上，就可点击跳转以查看工作项的详细情况。反之也一样，在工作项管理工具中显示该工作项的 Web 页面上，就可以看到对应的代码改动提交记录的信息，点击它可以跳转以查看该代码改动的详细情况。

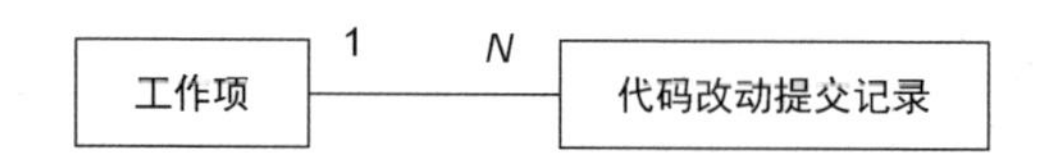

图 16-2 关联关系：代码改动提交记录与工作项直接关联

当代码改动提交记录与工作项关联后，代码改动的提交操作甚至可以自动改变工作项的状态，如从“进行中”转变为“待验证”。

需要注意的是，**这种代码改动与工作项间直接关联的方式并不总是最佳方式**。当一个工作项仅对应一两条代码改动提交记录时，这种方式挺好用的。典型地，当工作项是在测试过程中发现的一个缺陷时，修复它通常只需要一条代码改动提交记录。一个工作项可能会对应若干条代码改动提交记录。典型地，当一个工作项是一个用户故事时，它对应一条特性分支上所有的代码改动提交记录。此时，需要在该工作项相关的每条代码改动提交记录中都标注出与这个工作项的关联。这样一来，效率就显得有点低了。

IDE 对此给出的解决办法是，在提交代码改动时，先在提交说明中填充默认值：前一次提交的提交说明。这个办法不错。另一个办法在 16.5.2 节中介绍。

16.5.2　将特性的代码改动提交记录关联到工作项

如果一个工作项是一个特性，并且我们使用特性分支来承载该特性的开发，那么我们最好把这个工作项关联到特性分支这个颗粒度，而不是代码改动提交记录这个颗粒度，于是我们只需要关联一次就可以了。

在创建特性分支的时候就可以进行这样的关联。在特定工作项的页面上点击按钮来创建相应的特性分支，于是特性分支名称包含了工作项 ID，这样就建立了特性分支与工作项之间的关联。

然而，只靠特性分支来维系代码改动与工作项之间的关联是不牢靠的。因为将来特性分支在合入集成分支后可能会被删除，于是线索就没了。

而特性分支对应的合并请求则“永远”不会被删除，并且合并请求记录了特性分支上的代码改动提交列表及代码改动内容。所以在创建合并请求时，工具应当根据特性分支与工作项之间的关联关系，自动建立合并请求与工作项之间的关联关系，于是也就建立了合并请求所包含的该特性分支上的各条代码改动提交记录与工作项之间的关联关系，如图 16-3 所示。

于是，从合并请求页面、代码改动提交页面，就能点击链接前往工作项页面查看详情；反之，从工作项页面，就能点击链接前往合并请求页面、代码改动提交页面查看详情。

与 16.5.1 节所说的代码改动的提交操作自动改变工作项的状态类似，也可以考虑在发起合并请求时，或者在合并请求评审通过，特性分支合入集成分支时，自动改变工作项的状态。

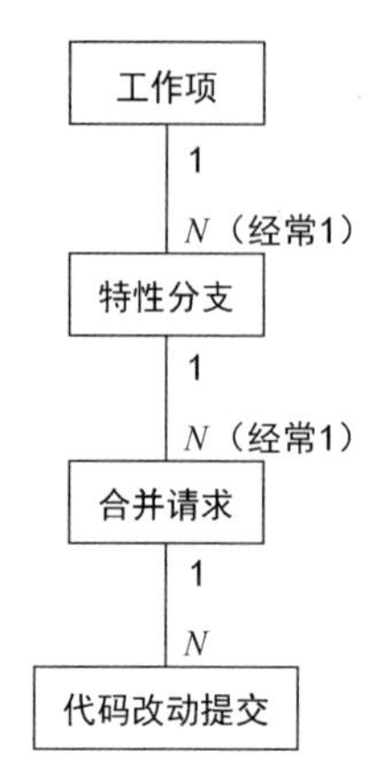

图 16-3 关联关系：通过合并请求与工作项关联[1]

16.6 版本与工作项间的关联

16.6.1 送测特性列表

这里所说的测试是指由测试人员做的测试。把软件交给测试人员做测试，简称送测。送去测试的版本，简称送测版本。送测的时候要明确送测版本包含了哪些特性，这体现为**送测特性列表**，如图 16-4 所示。这个送测特性列表最好是工具自动产生的。

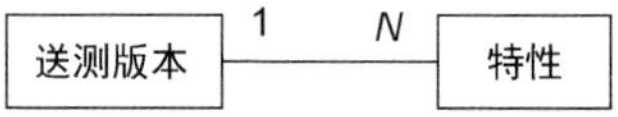

送测版本 1 —— N 特性

图 16-4 送测版本包含的特性

自动产生送测特性列表的方法一：在工作项管理工具中查询哪些工作项已经完成了但还没有测试过。这个方法比较容易，但使用这个方法要注意保证准确性：如果相应的代码还没合入集成分支，会不会造成统计错误？如果合入了集成分支，但还没有被这次的送测版本所包含，会不会造成统计错误？等等。

自动产生送测特性列表的方法二：通过版本控制工具查询送测版本与上一个

① 一个工作项作为一个特性经常只对应一条特性分支，但是当这个特性涉及多个代码库中的改动时，该工作项对应不同代码库中的多条特性分支。一条特性分支经常只对应一个合并请求，但是当集成后在测试中发现问题，在原特性分支上修复后再次发起合并请求时，这条特性分支就对应了不止一个合并请求。

发布版本相比，包括了哪些代码改动提交记录，进而查询这些代码改动提交记录涉及哪些工作项。这个方法的准确性更高[①]。

16.6.2 发布特性列表与发布说明

与送测版本对应一个送测特性列表类似，发布版本也对应一个**发布特性列表**，如图 16-5 所示，供开发人员、测试人员及发布审批人员（如果有）查看。与送测特性列表类似，发布特性列表最好也是自动生成的。

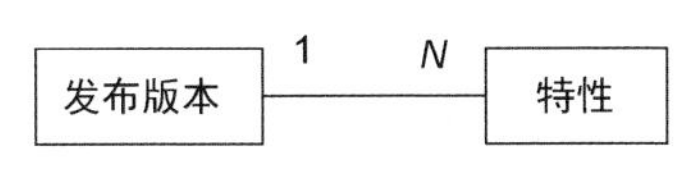

图 16-5 发布版本包含的特性

发布特性列表有一个相关的概念：**发布说明**（Release Notes）。发布说明通常是整理给使用者看的，告诉他这个新版本包括哪些新内容，有什么要注意的问题。一般来说，只有当软件使用者能够决定是否升级软件、何时升级软件的时候，他才有必要去读发布说明，软件开发商才有必要编写发布说明。

16.7 代码库的体积

代码库的体积也就是一个代码库占用磁盘存储空间的大小，有没有限制？

严格地讲，几乎没有限制。例如，谷歌的绝大部分代码都被存储在一个单根代码库中，也挺好的。但是，如果我们是在讨论常见的版本控制工具，如 Git 或 SVN，以及常规的构建、测试、部署方法，那么建议代码库的体积不要太大。

一方面，代码库的体积大，往往在这个代码库上同时工作的人就多，同时开发的特性就多，各种协调、相互等待就多。例如，特性 1 到特性 8 都没问题了，但特性 9 和特性 10 还有问题，那么是接着等它们还是先把它们摘除？这真让人纠结。又如，当出现交叠时，不同集成分支之间的合并可能会带来合并冲突。如果在一个代码库上只有一个或少数几个人在改动代码，那么合并冲突就少，而且进行版本合并的人可能自己就能解决合并冲突。而如果在这个代码库上有几十个人

---

① 前提是，使用特性分支，在特性开发完成后再把特性分支合入集成分支，而不是把代码改动直接提交到集成分支。后者会导致自动统计尚未完成的特性。

在改动代码，那么合并冲突就多，而且还得找不同的人来解决合并冲突，合并变成了一件很费力的事情。

另一方面，代码库的体积大，它本身的版本控制操作就会变慢，特别是像 Git 这样的分布式版本控制工具，需要下载这个库的所有代码的所有版本。此外，构建、测试、部署等后续操作，往往也跟着变慢了，而且构建环境对硬件资源（如内存）的需求也会变得苛刻。

那么，如何避免代码库的体积过大呢？

一方面，建立微服务与代码库之间合适的对应关系。不要把多个微服务的源代码放入一个代码库。一般来说，一个微服务对应一个代码库，一个代码库中的源代码能构建且仅能构建一个微服务。

有时候是多个代码库中的源代码对应一个“微服务”：当一个程序比较大时，如一个移动端应用比较大时，考虑把它拆为若干个模块，分别编译构建再组装，这是我们在 12.3 节中介绍过的内容。此时，每个模块对应一个代码库。也就是说，这个移动端应用对应了多个代码库。

另一方面，代码库的体积大，可能是软件架构上的问题。我们要追求细粒度、低耦合、可复用的软件架构，尽量采用微服务的方式而非大型单体应用。关于软件架构领域的具体内容，就不在这里展开介绍了。

第 17 章 分支策略

在一个代码库中要使用哪些分支，各条分支的作用和命名等，构成了分支的使用方案，也就是**分支策略**。

分支策略实在有太多内容要讲，因此本书把它作为单独的一章来进行介绍，把分支策略讲明白。

17.1 分支的四个层级

最简单的分支策略是不使用分支。准确地说，是除了使用主干，不使用任何其他分支：当开发人员要修改源代码的时候，从主干末端获得最新版本的源代码。当开发人员提交代码改动的时候，直接把代码改动提交到主干，其他开发人员在需要时就可以立刻获得这个代码改动。供测试人员测试的版本也是在主干上产生的。对测试发现的问题进行的修复也可以直接提交到主干。最终我们把主干上的内容发布。

这不就够了吗？这不是挺好吗？不，这只适合一些特别简单的软件开发场景。在大多数情况下，我们需要更复杂的分支策略。本章将详细介绍，在什么样的场景中，我们需要使用什么样的分支，并且介绍不同方案的优缺点。

分支策略千变万化。一千个开发项目恨不得就有一千种分支策略。为了厘清这个纷繁芜杂的事情，我们把分支先按功能归类，归到由低到高的四个层级上。

（1）**特性级分支**：我们为一个特性拉出一条分支，并且在该分支上完成该特性的开发。这样的分支是特性级的，通常被称为特性分支。

（2）**集成级分支**：集成级分支通常包含了若干个特性的改动，用于集成-测试-发布过程。平常说的集成分支、发布分支、紧急发布分支、测试分支、联调分支等，通常属于这个级别。在全程只使用主干的分支策略中，主干是集成级分支。

（3）**生产级分支**：生产级分支指向当前生产环境的代码版本，也就是最新发布的代码版本。每发布一个新的版本，该分支就向前生长一段。生产级分支不像集成级分支那样包括不同的类别，它只对应一种分支——生产分支。

（4）**版本序列级分支**：准确地说是使用分支支持版本序列的方案。使用一套分支方案支持一个版本序列（如 1.x），让它能与其他版本序列（如 2.x）并存。

下面详细介绍各类分支。先按从“大”到“小”的顺序介绍生产级分支、集成级分支、特性级分支，最后介绍相对不常见的版本序列级分支。

17.2 生产级分支

我们时常会遇到一些场景，需要获得生产环境对应的源代码。

例如，用户在使用软件时发现了一个缺陷。由于这个软件是 SaaS 软件，这个缺陷就在最新发布版本上。开发人员需要仔细分析调试一下。于是开发人员想获得这个最新发布版本的源代码。

再如，不同的“正常”迭代[①]间可能有交叠，我们也有可能在按部就班地进行开发、集成和测试的时候，为一个线上缺陷的修复进行紧急发布。这些都可能会使当前要发布的版本没有包含上次发布版本的全部内容。为保险起见，在发布之前应该检查一下，当前要发布的版本是否包含了上次发布版本，也就是生产环境对应版本的全部内容。为此，版本控制工具能帮上忙，它提供了相应的检查功能，但前提是你得告诉版本控制工具，当前要发布的版本和当前生产环境对应的版本分别是什么。

为此，每进行一次发布，不论是正常的按部就班的发布还是紧急发布，都需要在版本控制工具中标识这个最新发布版本。常见的办法是给对应的源代码打个标签，通过标签获得最新版本，如图 17-1 所示。

然而，只打个标签可能还是不够方便。为获得最新版本，我们先要列出所有的标签，再根据标签的名称判断：如果包含了版本号，那就看哪个版本号最大；如果包含了时间日期，那就看哪个时间日期最新。我们在定位到这个最新版本的

① 为表述方便起见，本章一律假定每次迭代都在迭代末发布一次，并且在一次迭代中仅发布这一次。

标签后，据此获取相应的源代码。

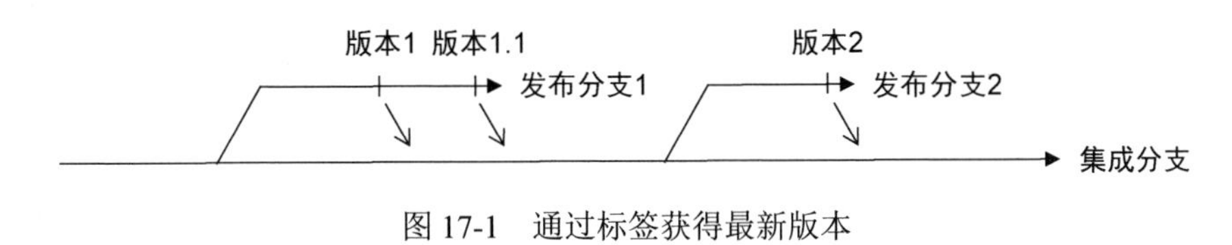

图 17-1　通过标签获得最新版本

有个更方便的办法：让一个可以移动的“指针”总是指向最新发布版本。于是，每次只要向版本控制工具索要这个“指针”对应的代码就好了。

这个“指针”可以使用一条长期存在的分支来实现，这条分支代表最新发布版本，也就是生产环境对应的版本，如图 17-2 所示。这条分支是生产分支。当进行一次发布后，就把这个发布版本合入这条生产分支。此时的合并一定没有任何合并冲突，因为最新发布版本一定包含了上个发布版本的所有内容。因此合并的效果就是让这条生产分支的末端指向这个最新发布版本。

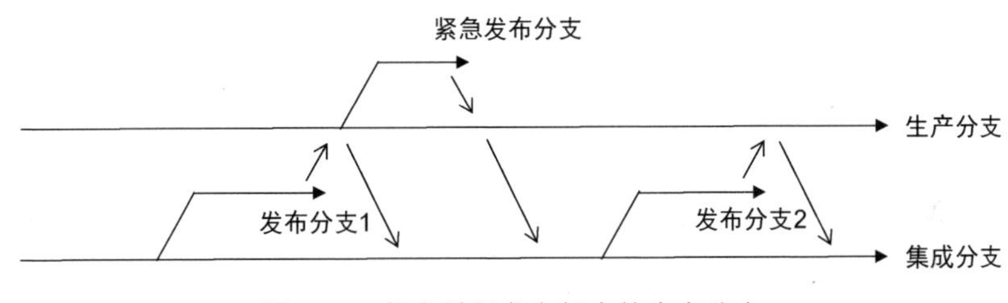

图 17-2　代表最新发布版本的生产分支

接着就可以从这条代表最新发布版本的分支向其他各条集成级和特性级的**在途分支**，也就是正在生长的分支合并。而我们创建新分支（如紧急发布分支），也是在这条代表最新发布版本的分支的末端。

代表最新发布版本的分支不是一条必需的分支，但它带来了很多方便。

17.3 集成级分支

如前文所述，在最简单的分支方案中只有一条分支，也就是主干，它是集成级分支，我们在这条分支上集成，最后在这条分支上发布。不过在实际工作中，仅一条集成级分支常常不够用。我们先看看在遇到交叠这种情况时，该如何处理。

17.3.1 支持交叠：长集成分支+短发布分支

如10.1节介绍的，同一个软件的不同迭代可以存在一定程度的并行，也就是交叠：前一次迭代还没有发布，后一次迭代已经在开发、集成、测试了。此时，前一次迭代通常在做最后的质量提升工作，求稳定，而后一次迭代通常正在紧锣密鼓地开发，求发展。

如何使用分支支持交叠呢？一种经典的方式是，有一条长期存在的集成分支（长集成分支），当发展和稳定这两个目标出现矛盾时，就分叉：我们从这条长集成分支上拉出一条用于稳定的短期分支，称为短发布分支，而这条长集成分支则用于继续发展，如图17-3所示。下面详细介绍。

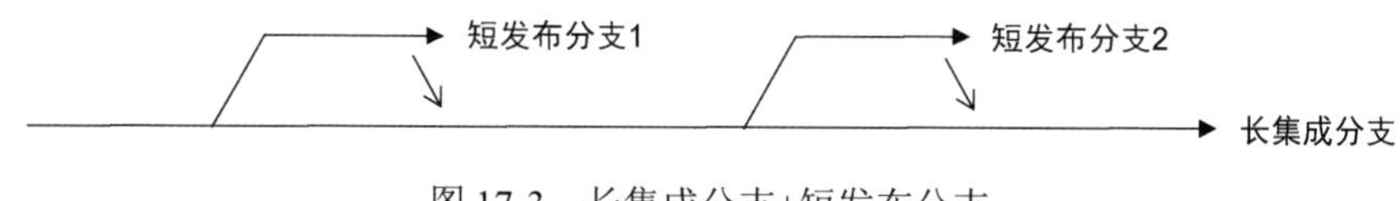

图17-3 长集成分支+短发布分支

在集成时，总是把代码改动提交到这条长集成分支（通过直接提交或通过特性分支合入）。当快要发布时，可能会出现这种情况：一方面，即将发布的迭代要包含的特性都已经开发完成且已提交到长集成分支，接下来只需要进一步测试并修复通过测试发现的缺陷就可以发布了；另一方面，不断有新的特性开发完成，需要持续地集成，它们将在下一次迭代中发布。此时的长集成分支是无法同时支持上述发展和稳定这两个目标的：如果不允许新的特性提交上来，那么无法持续地集成；如果允许新的特性提交上来，那么即将发布的迭代会不断地有新特性加入，因此可能不断引入新的缺陷，质量稳定不下来，达不到发布标准。此时发展和稳定这两个目标出现了矛盾。

为此，就可以使用一条新的分支，即短发布分支，用于本次发布前的稳定。具体操作方法是，首先从长集成分支上拉出供本次发布使用的短发布分支，然后在短发布分支上做本次迭代的发布前的测试，并且修复测试发现的缺陷，直到最终发布。而在长集成分支上，则继续为下一次迭代进行新开发完成的特性的持续集成和持续测试。长集成分支和短发布分支相互独立，分别生长。

这样的交叠场景要保证一件事情：下一个发布版本要包含上一个发布版本中已经发布的内容。为此，常见的做法是每当发布一个版本的时候，在途的集成级分支就把改动同步过来。当使用本节介绍的“长集成分支+短发布分支”这个方式时，就要把短发布分支合入长集成分支。当然，如 17.2 节介绍的，如果已经使用了生产级分支，那就从短发布分支合并到生产级分支，再从生产级分支合并到长集成分支。

17.3.2　支持交叠：长集成分支+长发布分支

这个方式与上一个方式相同之处是，它也使用了一条长集成分支。这个方式与上一个方式的不同之处是，它不再是为每次迭代都创建一条新的短发布分支，而总是使用同一条长发布分支，在这条长发布分支上测试并最终发布，如图 17-4 所示。

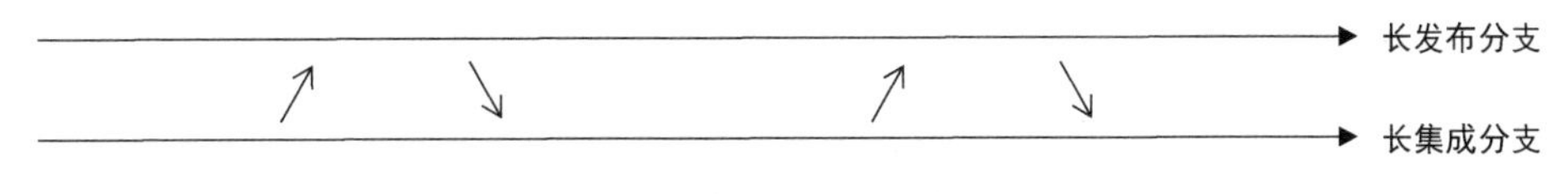

图 17-4　长集成分支+长发布分支

具体来说，每当稳定和发展出现矛盾的时候，我们就从长集成分支向长发布分支合并，让长发布分支上有本次想发布的所有内容。随后把长发布分支上的内容送去测试，并且修复测试发现的缺陷，最终发布。

在发布后，我们再把这个发布版本合并回长集成分支，以保证在长发布分支上进行的那些缺陷修复也都同步到长集成分支上。

这个方式与上一节讲的“长集成分支+短发布分支”这个方式几乎是等价的。这个方式相比之下多了一点儿约束：只能有一个正在求发展的迭代，也只能有一个正在求稳定的迭代。如果有两个，那就麻烦了，它们没法共用一条长分支。

17.3.3　支持交叠：短集成发布分支

上两节讲的方式，都有一条长集成分支，当发展和稳定出现矛盾必须解决时，再考虑并行的或长或短的发布分支。这样的话，在长集成分支上的下一次迭代的集成就天然基于上一次迭代的已集成内容，将来我们只需要把发布分支上的一些缺陷修复再同步过来。而这一节要讲的方法是把分叉点前移，让下一次迭代的集成不是基于分叉时上一次迭代的最新集成版本，而是基于分叉时的最新发布版本，短集成发布分支如图 17-5 所示。

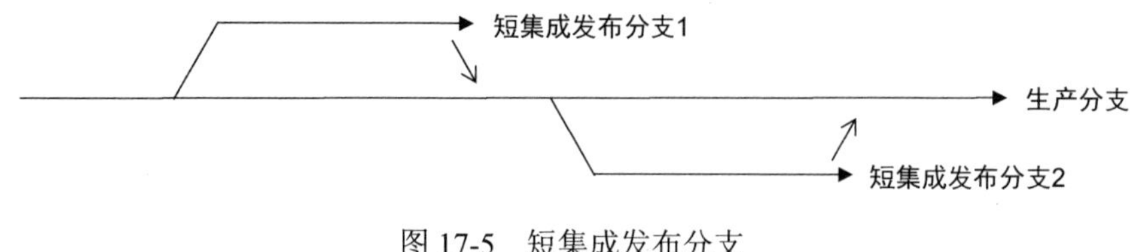

图 17-5　短集成发布分支

具体来说，当一次迭代接收第一个代码改动的提交或特性分支的合入之前，我们就基于当时最新发布版本创建一条该迭代专属的短集成发布分支。此时它已经与其他集成级分支分叉了。接着，在这条短集成发布分支上集成新特性、做测试，最终在该分支上发布，使用一条分支承载测试发布全过程。而不是像前面所讲的方式那样，先在长集成分支上集成，等快发布的时候再拉出（或合入）发布用的分支，自此才分叉。

这种分支使用方式如何支持交叠呢？天然支持。每次迭代都有自己对应的短集成发布分支，所以当一次迭代还没发布，而另一次迭代已经在集成时，两次迭代分别有自己对应的短集成发布分支，不会相互干扰。

如何保证下一个发布版本的内容一定基于上一个发布版本呢？常见的做法是每当一条分支上的版本发布后，就把它合入其他各个还没有发布的短集成发布分支，如图 17-6 所示。而在一个版本发布前，再检查一下它是否基于当前最新发布版本（或代表它的生产级分支），那就更保险了。

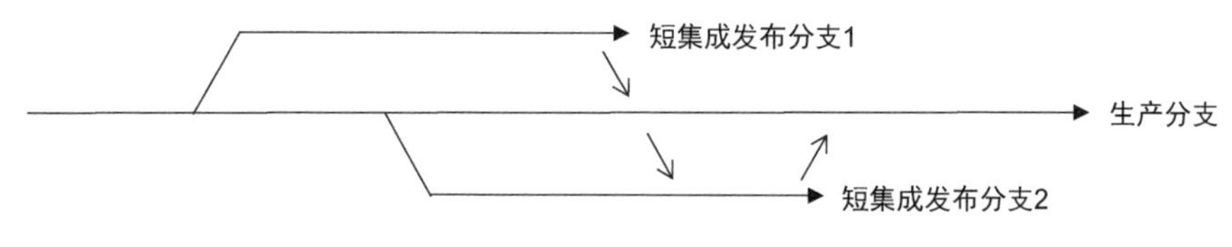

图 17-6　短集成发布分支支持交叠

使用这种方式的好处是既直白又灵活。说它直白是因为，在一条短集成发布分支上提交了什么特性，短集成发布分支就包含什么特性。反过来，你想让本次计划发布版本中包含什么特性，就把什么特性提交到相应的短集成发布分支。规则特别简单。

说它灵活是因为，多条短集成发布分支之间相互独立、互不包含，只有在发布后，一条分支的内容才会合入其他分支，因此可以任意安排谁先发布谁后发布。

例如，在临时有需要插队的发布时，只需要拉出一条分支即可；在取消一次发布时，只需要废弃这条分支即可。

从一个特性的视角来看也很灵活，你想把这个特性往哪次迭代里放就往哪次迭代里放，想把它拿出来就拿出来，想把它改放到别的迭代里发布就改放到别的短集成发布分支。每次迭代就像一个筐，每个特性就像苹果，随你怎么把哪个苹果放到哪个筐里，随你怎么挪来挪去。

那么，早分叉与晚分叉相比，有不足之处吗？也有。它将分支间分叉的位置提前了，加大了不同迭代之间的差异，增加了“隔阂”。而且这种“隔阂”也不能通过分支之间的频繁合并来减少：一条分支上的改动必须等到发布之后才能同步到其他分支。所以在合并时解决代码冲突的工作量会增加，因为“隔阂”导致的构建不通过、软件功能缺陷等问题也会变多。这些是追求独立性和灵活性所付出的代价。

在具体项目中该选择早分叉还是晚分叉呢？如果这个项目对灵活性的需求比较强，而且根据过去经验来看合并冲突并不多，那就选择早分叉，反之就选择晚分叉。

17.3.4　支持混合自测与测试：长环境分支

前面三节我们讲了三种分支使用方式，这三种方式都有隐含的前提。在第一种方式中，从长集成分支上的某个点拉出短发布分支时，所有长集成分支上的内容都会进入短发布分支并发布。在第二种方式中，从长集成分支上的某个点向长发布分支合并时，所有长集成分支上的内容都会进入长发布分支并发布。但是不想发布的内容或还不确定本次是否可以发布的内容，不应提交到长集成分支上，否则会有麻烦。类似地，在第三种方式中，每条短集成发布分支都对应着一次发布，所以得先确定某个特性将随哪次发布而上线，再把这个特性提交到相应的短集成发布分支上。

然而，在本书第 8 章介绍的混合自测和混合测试的场景中，在我们还不能确定某个特性将随着哪次发布而上线的时候，我们就想在一个共享的测试环境中自测或测试。因此我们要把已完成的特性先合入这个共享的测试环境对应的环境分支，再构建并部署到这个共享的测试环境中，以便对它们进行自测或测试。这个环境分支可以是一条长期存在的分支。已开发完成需要自测或测试的特性，就合入这条长环境分支，如图 17-7 所示。

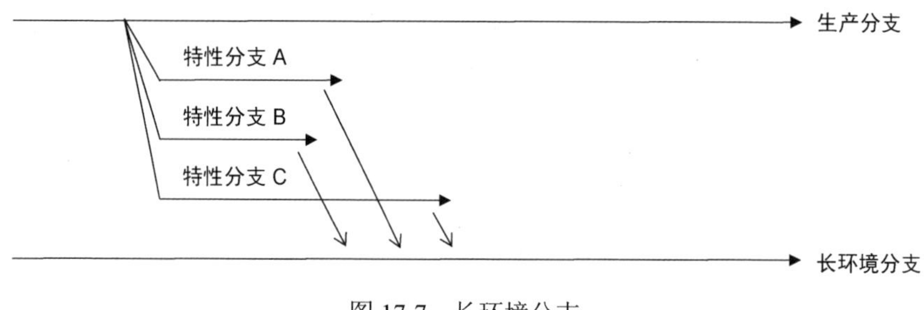

图 17-7　长环境分支

等确定了这个特性将随哪次发布而上线后，我们再把它合入相应的集成级分支。例如，如果与 17.3.3 节讲的“支持交叠：短集成发布分支”这个方式联用，我们就把特性合入对应的短集成发布分支，如图 17-8 所示。

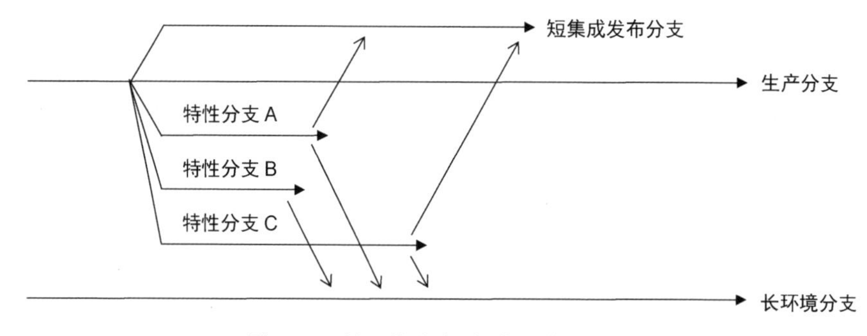

图 17-8　长环境分支+短集成发布分支

从用户使用的角度来看，这个方式最显著的特点是，任何合入这条长环境分支的内容，都要再次合入某条集成级分支。这带来了一个副作用：同一个代码合并冲突需要解决两次。

17.3.5　支持混合自测与测试：短环境分支

使用长环境分支有一个小问题：有些已经提交到环境分支的代码改动，后续因为质量或业务上的原因，没有进一步提交到其他集成级分支。环境分支上的内容与其他集成级分支上的内容是有差别的，环境分支上的内容更多。而随着时间的流逝，这种差别可能会积累得越来越多。同时，这种差别所对应的代码改动，可能质量不太好。

能不能有“干净”的环境分支，让环境分支上只有想要自测或测试的改动？

使用短环境分支就可以做到这一点。短环境分支是基于最新发布版本创建的，它对应一个明确的特性列表，如图 17-9 所示。如果你想向这个特性列表添加新的特性，那就把相应的特性分支合入这条短环境分支。当你觉得这条短环境分支变“脏”了，不想要了，那就基于最新发布版本新建一条短环境分支。

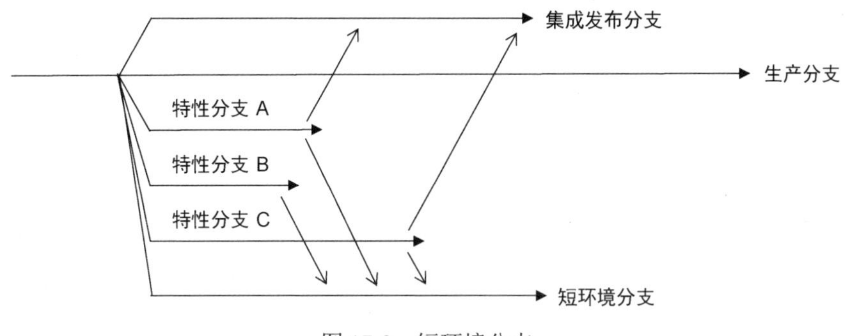

图 17-9　短环境分支

17.3.6　支持特性单独测试和发布

特性单独测试和发布的**第一个场景是紧急发布**。14.3.4 节讲过，一次紧急发布通常只包括一个特性，如一个紧急问题的修复或一个紧急的新功能。分支该如何支持紧急发布呢？

用于紧急发布的分支必须是短分支，这条短分支必须基于最新发布版本创建，如图 17-10 所示。它不能基于任何其他的集成级分支，不然会带上除需要紧急发布的特性外的内容。不论正常情况下使用的是前文讲的哪种方式，用于紧急发布的分支都得这么安排。

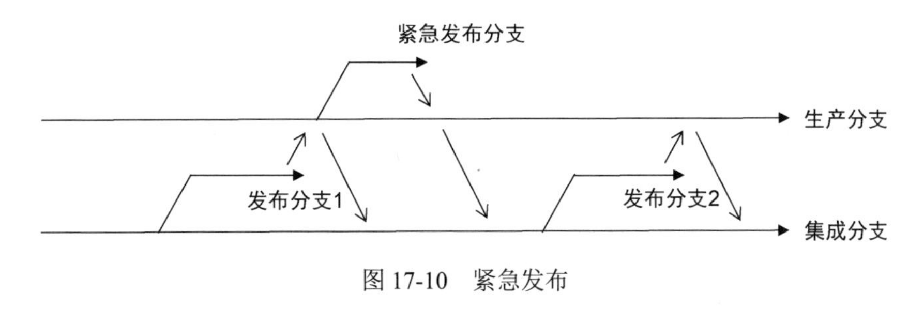

图 17-10　紧急发布

我们通常不会为紧急发布的特性先拉出特性分支，再把特性分支合入紧急发布分支，这么做太麻烦了。既然只有一个特性要发布，那直接在紧急发布分支上修改代码就好了。这条紧急发布分支是集成级分支，也是特性级分支。

特性单独测试和发布的**第二个场景是每个特性都单独测试和发布，即逐特性交付**，详见 8.4 节的介绍。此时，通常每个特性都对应一条特性分支，就在这条特性分支上测试和发布，如图 17-11 所示。此时，这条特性分支也是一条集成级分支。

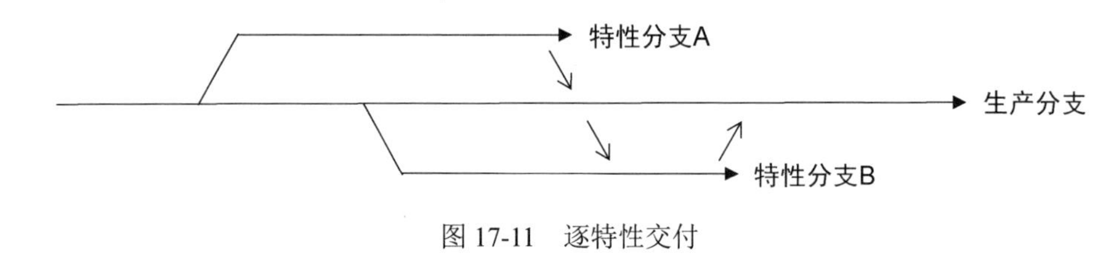

图 17-11　逐特性交付

17.4 特性级分支

如第 5 章所述，特性分支是进行特性间隔离的一个比较通用的方法。每个特性对应服务器端代码库中的一条特性分支。而当一个特性涉及多个代码库中的改动时，那就在每个代码库中都拉出一条相应的特性分支，通常这些特性分支有相同的名称。下面讨论一些细节。

17.4.1 特性分支从哪里创建、从哪里同步

如果有一条长期存在的集成分支，那么特性分支一般就是从这条长集成分支拉出的，如图 17-12 所示。这样能够继承当时最新的集成成果。在将来开发完成并提交集成的时候，也不容易出现合并冲突等问题。

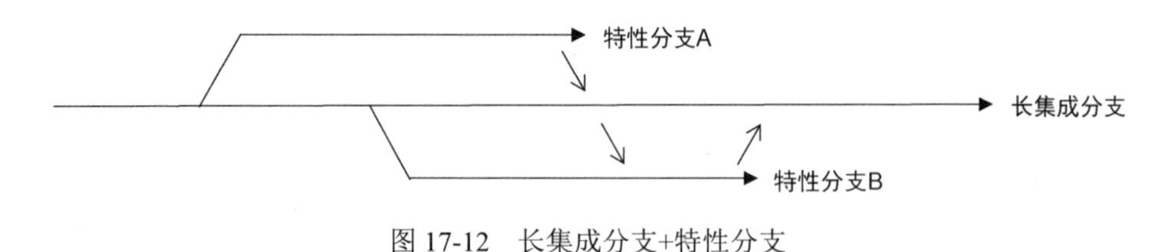

图 17-12　长集成分支+特性分支

同理，在特性开发过程中，也应该时不时地从这条集成分支向特性分支合并，把最新集成成果同步到特性分支上。

如果不存在这样一条长集成分支，而是每个计划发布版本对应一条短集成发布分支，或者使用了短环境分支，那么不仅这些短集成级分支（短集成发布分支或短环境分支，下同）应该基于最新发布版本（或代表最新发布版本的生产级分支，下同）创建，特性分支也应该基于最新发布版本创建，而不是从某条短集成级分支拉出来，以防止该特性分支包含其他已完成的特性，如图 17-13 所示。使用短集成级分支的目的是能够随时灵活地组合不同的特性，一起自测、集成、测试或发布，为此要避免一条特性分支被其他特性“污染”。

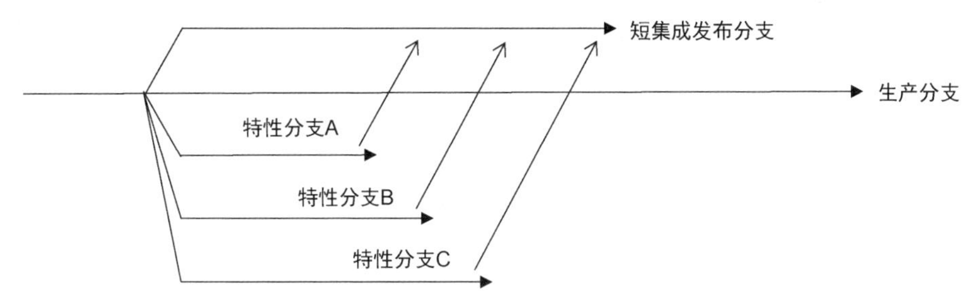

图 17-13　短集成发布分支+特性分支

同理，在特性开发过程中，也不能从短集成级分支向特性分支合并，只能从最新发布版本向特性分支合并。

17.4.2　合入集成级分支时处理冲突的方法

当合并请求评审通过，特性分支合入集成级分支时，如果工具报告有代码合并冲突，该怎么做？

方法一，先从集成级分支向特性分支合并，如图 17-14 所示，解决合并冲突，于是当特性分支合入集成级分支时，就没有合并冲突了。这个方法很好，但是它有适用范围。这个方法会把集成级分支上的其他特性的代码改动，带到这条特性分支上，“污染”它。如果这个代码库的分支策略不希望出现这样的“污染”，那就不能使用这个方法。

方法二，在开发人员的本地，使用版本控制工具（如 Git），解决合并冲突，完成合并。这就意味着绕过合并请求这个流程管控机制，直接从特性分支向集成级分支合并。通常会把集成级分支设置为受保护分支（Protected Branch），从权限上防止开发人员直接合入或提交到集成级分支。因此需要（临时）放松管制，开放权限。这个方法有点儿风险，也有点儿麻烦。

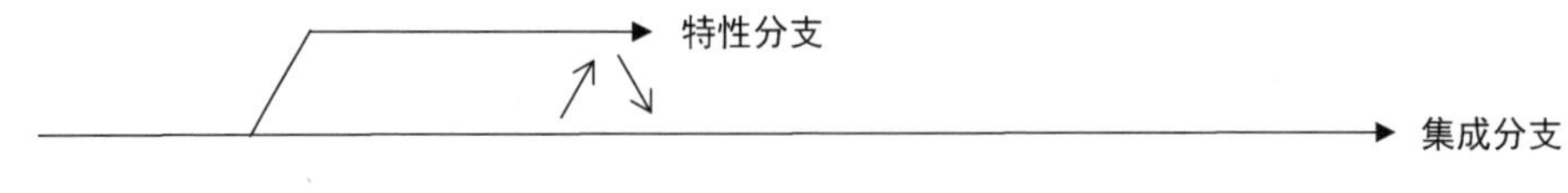

图 17-14　从集成级分支向特性分支合并

方法三，先从集成级分支拉出一条专为解决本次代码合并冲突的短分支，把特性分支合入这条短分支，解决合并冲突。再通过合并请求，把短分支合入集成级分支，如图 17-15 所示。这个方法没有风险，但是比较麻烦。

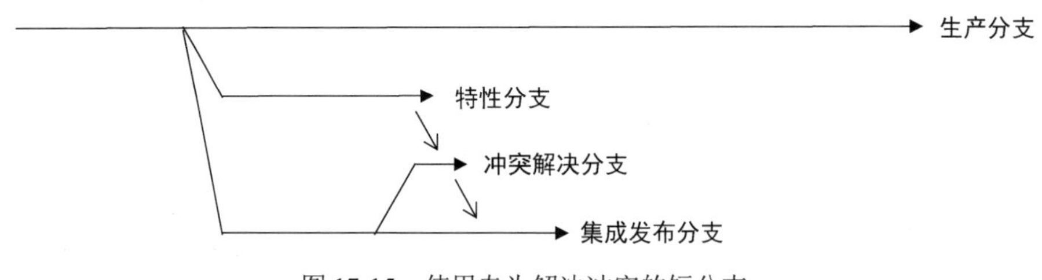

图 17-15　使用专为解决冲突的短分支

方法四，合并请求工具内置了解决合并冲突的功能。在合并请求中进行合并时，如果遇到冲突，就让开发人员在图形界面中操作，完成每个合并冲突的处理。这是最理想的情况，但是需要工具提供相应的功能。

17.4.3　在已提交的特性上继续改动

如果已经把特性分支合入一条集成级分支，但是在随后的自测或测试过程中发现该特性的实现引入了一个缺陷，那么应该在哪条分支上修复这个缺陷呢？有三种方法，如图 17-16 所示。

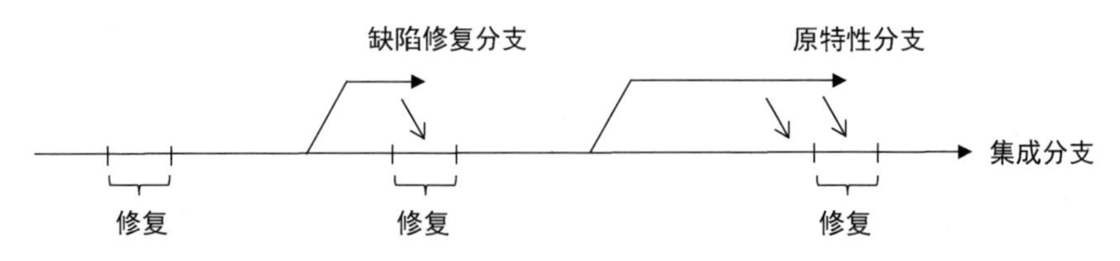

图 17-16　对已合入集成级分支的特性继续改动的三种方法

- 在集成级分支上直接修复。
- 先新建一条缺陷修复分支，在其上修复缺陷，再把这条缺陷修复分支合入集成级分支。
- 先在原来的特性分支上修复，再把这条特性分支再次合入集成级分支。

该使用哪种方法呢？如果该代码库使用一条长集成分支，那么使用哪种方法都可以，但各有一些要注意的地方。方法一简单，但是需要集成级分支的写权限。在使用方法二时，注意在统计测试或发布版本的内容时不要真把它当成一个新特性。如果使用方法三，就不能在特性分支合入集成级分支后随即把该特性分支删除。此外，不论使用哪种方法，如果将来因为质量或业务原因要摘除这个特性，那么需要把与该特性相关的所有改动都摘除。

如果代码库使用从最新发布版本拉出短集成级分支的方式，那么推荐使用方法三，在原特性分支上修复缺陷。这样，该特性所有的改动都在这条特性分支上，便于随时与其他特性分支（重新）组合。

17.4.4　如何摘除特性

使用版本控制工具提供的功能可以比较方便地把特性对应的代码改动从集成级分支上摘除。以 Git 为例，可以使用 git revert 命令回退特性分支合入产生的那个提交，它对应了该特性所有的改动。也可以在 GitLab、GitHub 之类的工具的图形界面上操作，点击合并请求页面的回退（Revert）按钮。总之，可以执行版本控制操作，从集成级分支摘除特性分支对应的改动，即使在这条特性分支合入集成级分支之后又合入了新的特性分支。这样的摘除操作，本质上是在集成级分支上添加了欲摘除改动的反向改动，如图 17-17 所示。

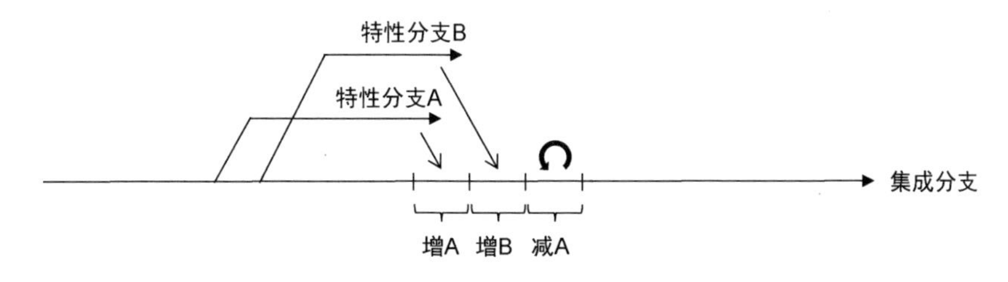

图 17-17　使用添加反向改动的方法摘除特性

除了上述摘除特性的方法，当项目使用短集成级分支时，还可以使用重建短集成级分支的方法来摘除特性。具体来说，如果你想从一条短集成发布分支或短环境分支上摘除一个特性，那就废弃当前的短集成级分支，先重新从最新发布版本拉出一条短集成级分支，再把所有你想要的特性对应的特性分支再次合入这条新的短集成级分支，如图 17-18 所示。

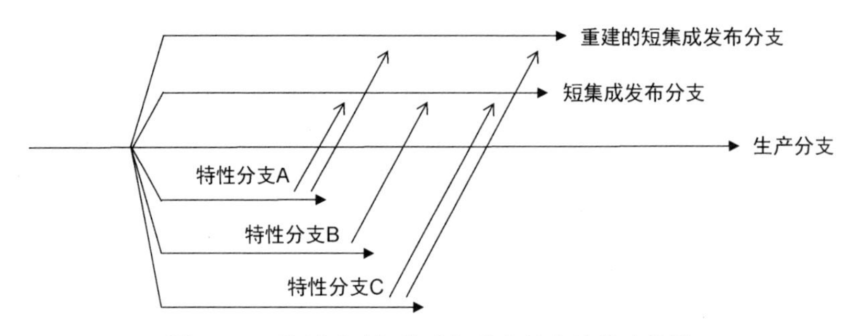

图 17-18 使用重建短集成级分支的方法摘除特性

注意：这个方法也有副作用。每次重新拉出一条短集成级分支，就意味着不少特性分支要再次合并，合并冲突要再解决一遍。如果特性分支比较多，或者要花不少精力解决合并冲突，那么这个方法就不太适合了。

17.4.5 何时删除特性分支

如果项目使用短集成级分支，那么特性分支应该保留到包含它的版本已经发布后再删除，这样才能随时组合不同的特性分支。

而当项目使用长集成分支时，特性分支在合入这条长集成分支后就可以删除了，因为它已经“上车”了，即使将来有什么变数，也是使用这条长集成分支进行处理，如摘除这个特性。这些操作不需要原特性分支本身。当然，如果就想在原特性分支上进行与该特性相关的缺陷的修复（详见 17.4.3 节），那么要晚点儿删除原特性分支。

不论什么时候删除特性分支，都应该做到自动删除，或者可以一键批量删除所有符合条件的特性分支。如果需要开发人员在相关页面上或使用命令行一条一条地删除分支，那就太麻烦了。

17.5 版本序列级分支

前文说过，版本序列级分支准确地说是使用分支支持版本序列的方案。使用一套分支方案（一条分支或若干种类型的分支相互配合）支持一个版本序列（如 1.x），让它能与其他版本序列（如 2.x）并存。下面详细介绍。

17.5.1 支持多个版本序列间的交叠

不同的版本序列，如 1.x 序列和 2.x 序列，可能在并行演进，分头生长，形成交叠。有的处于维护状态，生长得慢；有的在活跃开发中，生长得快。此时，不同的版本序列就需要使用不同的分支来支持。那么，如何使用分支支持多个版本序列并存呢？

当需要同时维护多个版本序列时，**每个版本序列都是一个相当独立的小世界**，在这个小世界里，可以使用前面提到的各种分支，如图 17-19 所示。在同一个代码库中，可能有的小世界使用了特性分支、长集成分支、短发布分支，而有的小世界只使用一条分支，所有代码改动都被直接提交到这条分支，然后我们把这条分支上的内容送去测试和发布。活跃的、开发量大的版本序列，其分支方案通常比较复杂；处于维护状态的、开发不活跃的版本序列，往往只使用一条分支作为其主干。

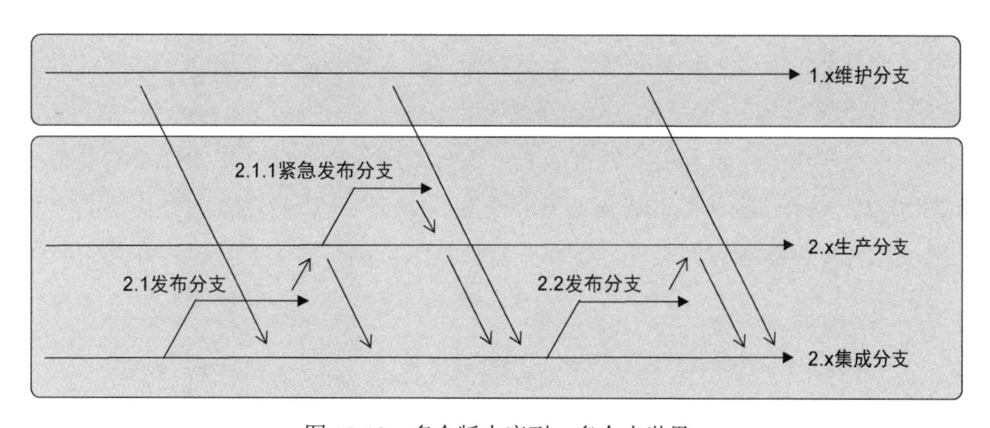

图 17-19 多个版本序列，多个小世界

当多个版本序列同时演进的时候，总体的分支方案通常是最活跃的版本序列位于主干，而维护状态的、不活跃的版本序列从中分叉出来，如图 17-20 所示。例如，先使用主干承载 1.0 版本的开发；1.0 版本发布后，从 1.0 版本拉出 1.x 维护分支，在上面继续开发和发布 1.1 版本、1.2 版本等，而主干则承载 2.0 版本的开发；将来还会从 2.0 版本拉出 2.x 维护分支，而主干则承载 3.0 版本的开发，以此类推。

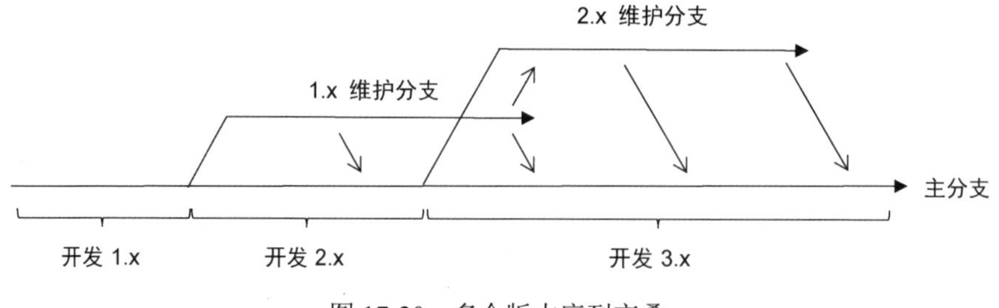

图 17-20　多个版本序列交叠

不同的版本序列之间存在着代码改动的同步。维护状态的、低版本的版本序列中的修改，会被同步到活跃的、高版本的版本序列。具体方法可能是整体合并，也可能是挑挑拣拣，部分合并。一般来说，高版本序列中有低版本序列中的所有内容。

相反方向就不是这样了，高版本序列中的很多改动都不应该同步到低版本序列。由于种种原因，有时会有缺陷先在高版本中修复，随后我们判定它在低版本中也值得修复，于是我们把这样的缺陷修复挑挑拣拣地同步到低版本序列。

17.5.2　支持多个变体

如 13.2 节所述，变体是指软件的不同版本之间有很多相同的地方，但也各有不同，并且不（完全）是继承关系。支持变体有多种方法，使用分支支持是“最后一招”。那么，如何使用分支支持变体呢？

应该**在主干上开发和发布标准版本，而分支则承载变体版本的开发和发布**，如图 17-21 所示。应该尽可能在主干上开发不止一个变体应具备的公共功能，而在分支上开发变体独有的功能。变体分支应该尽可能从主干上拉出，并且它应该尽可能短。

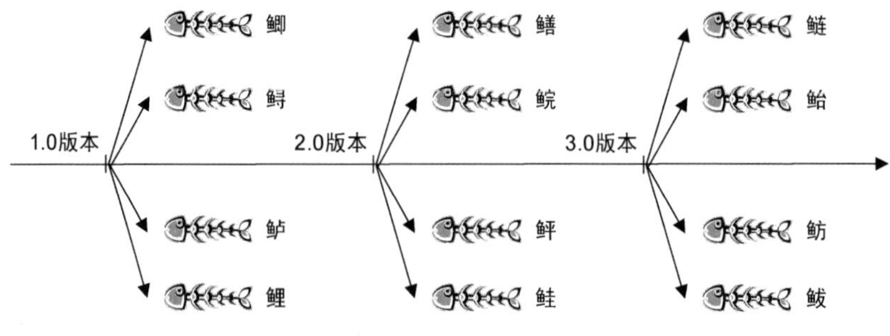

图 17-21　使用分支支持变体

主干上标准版本在不断演进，其不断演进的内容常常需要同步到变体版本所在的分支，或者基于主干上的新版本拉出变体的新分支。这是主要的同步方向。

如果一些公共内容因为种种原因先在变体版本上实现了，那么我们也要及时把它们挑挑拣拣地同步回标准版本所在的主干，以尽可能复用公共代码，防止在各个变体版本中重复开发相同的功能。

如果没有使用上述方式，经常基于已有的变体开发新的变体，从变体分支上再拉出变体分支，随着时间的流逝，开枝散叶，分支图会成为一棵枝繁叶茂的树，如图 17-22 所示，那么会有越来越多的代码改动需要在不同的变体分支之间同步来同步去，或者在不同的变体分支上重复开发相同或相似的功能。这本质上也是一种技术债，影响了软件的不断演进。

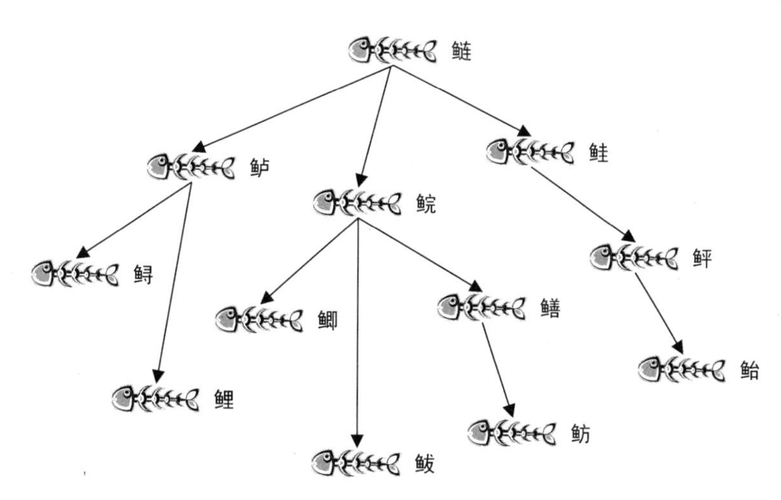

图 17-22　基于已有的变体开发新的变体

总之，应该多把精力放在标准版本的演进上，让所有公共内容都出现在标准版本中，以最大限度地避免重复开发。

17.6 典型分支策略分析

下面看几个典型的分支策略。

17.6.1 Git Flow

Git Flow[①]是一个经典的分支策略。下面分析它使用了哪些分支。

master 分支和 develop 分支是 Git Flow 中最基本的两条分支，是必选项。master 分支是生产级分支，总是代表最新发布版本。develop 分支是长期存在的集成分支，用于集成甚至发布。

Git Flow 支持“长集成分支+短发布分支”方式。在 Git Flow 中，release 分支就是这样的短发布分支。如果当前版本的测试和发布需要与下一个版本的持续集成同时进行，那么我们就从 develop 分支拉出 release 分支，最终在 release 分支上发布。当然，如果没有必要，那就不必拉出 release 分支，在 develop 分支上直接发布就好。release 分支是可选项。

在 Git Flow 中，紧急发布时使用的短分支被称为 hotfix（热补丁）分支。Git Flow 中的生产级分支和集成级分支如图 17-23 所示。

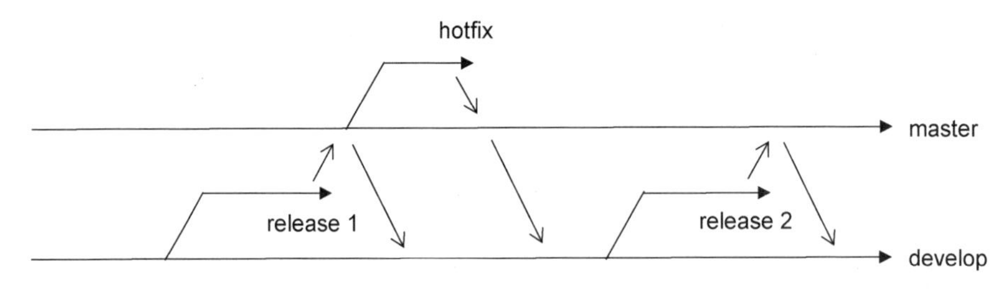

图 17-23　Git Flow 中的生产级分支和集成级分支

以上介绍了 Git Flow 中的生产级分支和集成级分支，接下来分析特性级分支，如图 17-24 所示。特性级分支在 Git Flow 中被称为 feature 分支。

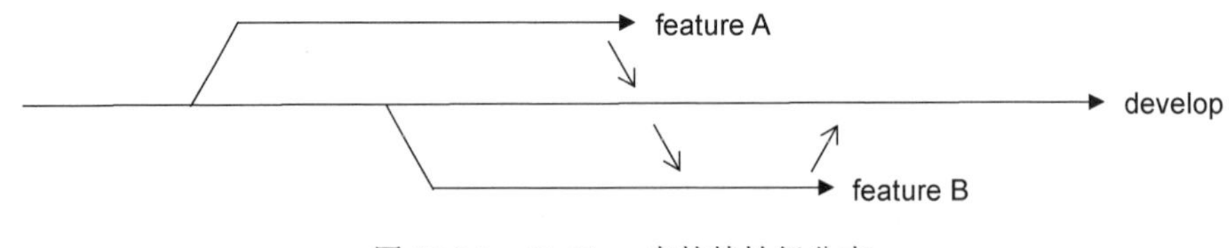

图 17-24　Git Flow 中的特性级分支

当我们需要 feature 分支时，从 develop 分支拉出 feature 分支[②]。在 feature

① 链接见资源文件条目 17.1。

② 在 Git 等分布式版本控制工具中，feature 分支可能只是本地分支。细节不再展开介绍。

分支开发完成后，feature 分支合入 develop 分支，随后就可以删除这条 feature 分支了。

feature 分支是可选分支：如果只是少量修改，那么也可以直接提交到 develop 分支，而不需要创建 feature 分支。

此外也可以仅在开发人员本地使用 feature 分支。本地 feature 分支合入本地 develop 分支后，把本地 develop 分支的内容推送到服务器端 develop 分支，而本地 feature 分支则无须在服务器端出现。

Git Flow 没有版本序列级分支，不支持多个版本序列并存的情况。如果在实际项目中有这方面的需求，那么分支策略就需要基于 Git Flow 做进一步的补充设计。

17.6.2 GitHub Flow

GitHub Flow[①]并不是一个完整的分支策略，它只谈及特性分支的使用。事实上，GitHub Flow 的重点不是分支策略，而是一个特性的开发和提交流程，以及在此过程中如何使用 Git 和 GitHub。

下面从分支策略角度分析一下 GitHub Flow。在 GitHub Flow 中，当要修改代码时，就从集成分支拉出一条特性分支。当在特性分支上开发完成且进行了代码评审等质量保证工作后，把特性分支合入集成分支，如图 17-25 所示。

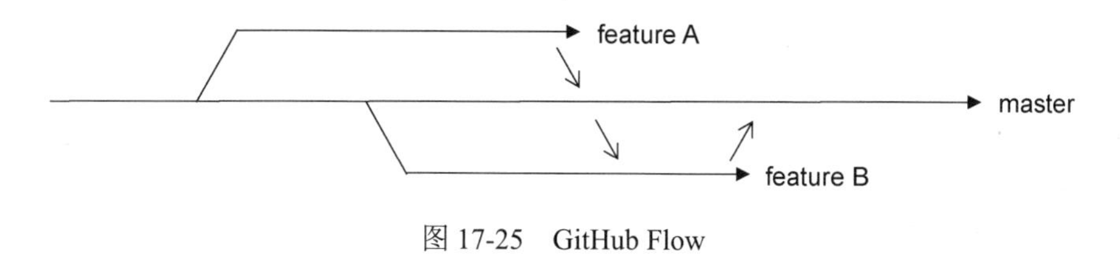

图 17-25 GitHub Flow

GitHub Flow 缺乏对集成分支的描述。在实际使用时，一般把 master 分支作为集成分支，这条集成分支长期存在。

17.6.3 GitLab Flow

下面分析 **GitLab Flow**[②]这个分支策略。我们还是按四个分支层级，并按这个

① 链接见资源文件条目 17.2。

② 链接见资源文件条目 17.3。

顺序——生产级分支、集成级分支、特性级分支、版本序列级分支来考查。在此过程中，我们对 GitLab Flow 和 Git Flow 进行比较。

GitLab Flow 使用 production 分支作为生产级分支，代表最新发布版本，而不是像 Git Flow 那样使用 master 分支。

下面介绍集成级分支。GitLab Flow 使用的是“长集成分支+长发布分支”的方式。长集成分支的名字是 main（旧称 master），而不像 Git Flow 那样是 develop；长发布分支的名字是 stable（或其他名字）。从 main 分支向 stable 分支合并，随后进行测试并最终发布，并且将 stable 分支合并回 main 分支，如图 17-26 所示。

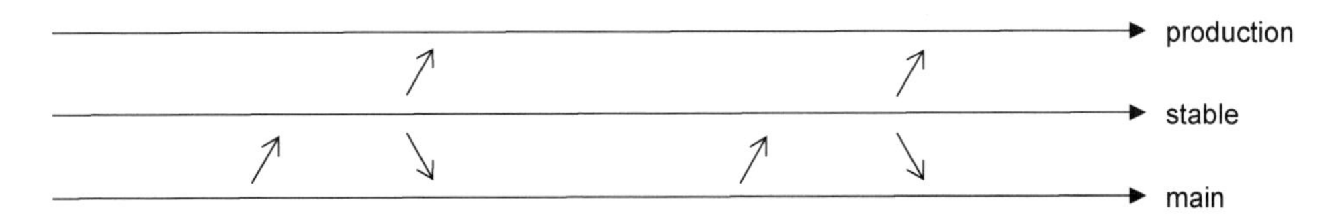

图 17-26　GitLab Flow 中的生产级分支和集成级分支

GitLab Flow 也使用特性级分支，它从 main 分支拉出，并且在开发完成后合并回 main 分支，如图 17-27 所示。

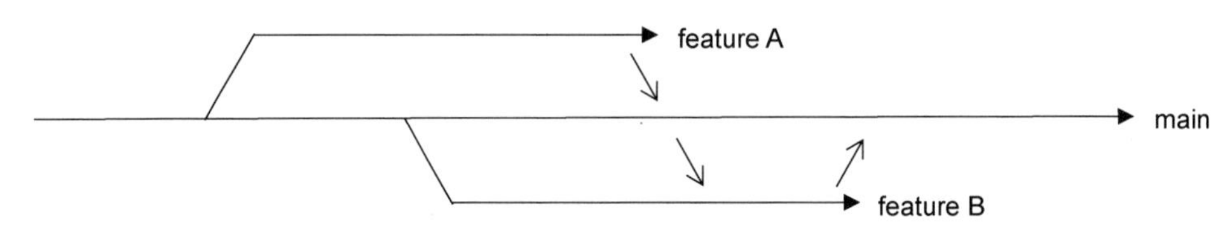

图 17-27　GitLab Flow 中的特性级分支

GitLab Flow 支持多个版本序列。每个版本序列对应一条分支，GitLab Flow 称之为 release 分支。release 分支通常从 main 分支拉出。在 main 分支上的代码改动会被挑挑拣拣地复制到 release 分支上。图 17-28 中的 v1、v2 就是这类分支。

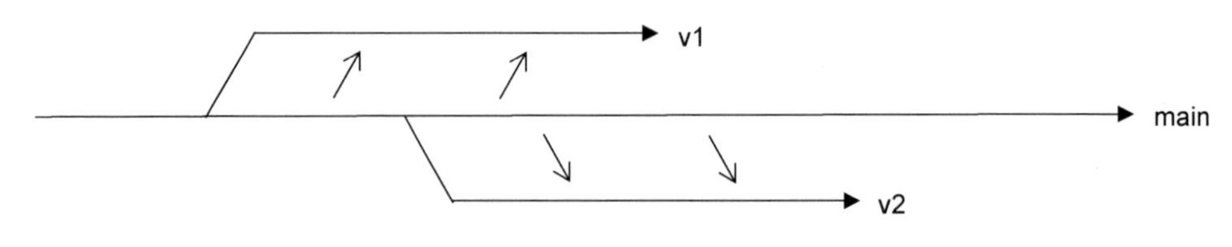

图 17-28　GitLab Flow 对多版本序列的支持

17.6.4 Aone Flow

Aone Flow①是阿里巴巴内部长期广泛使用的一个分支策略。下面按四个分支层级分析 Aone Flow。

master 分支是生产级分支，代表最新发布版本。

在集成级分支这个层级，Aone Flow 基本上使用短环境分支这种方式，这种方式灵活性最高。短环境分支被称为 release 分支，一条 release 分支对应一个测试环境，有时候也可以对应一个流程阶段。例如，一条名为 test 的 release 分支对应集成测试环境，另一条名为 prod 的 release 分支对应本次要发布的内容，在它上面走完发布上线的过程。

每条 release 分支都从 master 分支拉出。一条 release 分支如果用于发布，那么工具在发布前会自动检查它是否基于 master 分支，发布后会把它自动合入 master 分支。

特性级分支从 master 分支拉出，将来合入 release 分支。首次合入后，可能会因为缺陷修复而再次合入，这是短环境分支这种方式所需要的。从 release 分支摘除一个特性的方法是重新创建 release 分支，并且把其余想要的特性再次合入，如图 17-29 所示。

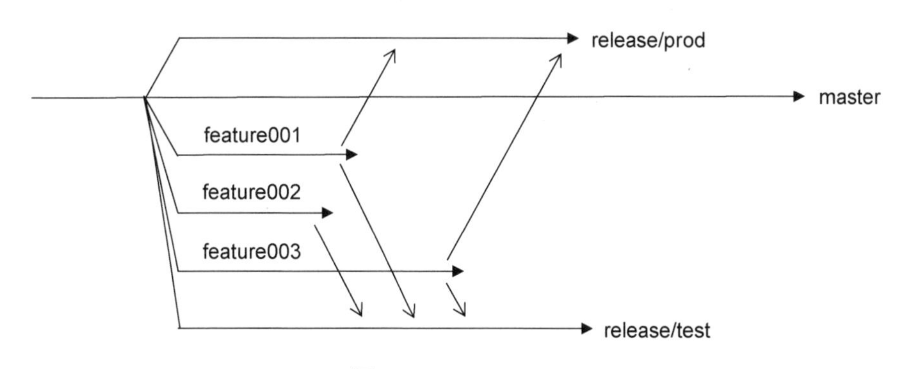

图 17-29 Aone Flow

Aone Flow 目前不支持多个版本序列。

Aone Flow 得到了工具平台的强有力的支持。这样的工具平台名为 Aone，它是阿里巴巴内部支持软件开发和交付的协同工作平台，阿里云公有云上的云效是它的对外版本。

---

① 参见 Aone Flow 的介绍文章《在阿里，我们如何管理代码分支？》（链接见资源文件条目 17.4）和《阿里正在使用一种灵活独特的软件集成发布模式》（链接见资源文件条目 17.5）。

第 18 章 使用制品管理工具

专司版本控制的工具有两类，一类是 Git、SVN 这样的版本控制工具，另一类是 Nexus、Artifactory 这样的制品管理工具。第 16 章介绍了版本控制工具，本章介绍制品管理工具。

18.1 制品、制品库与制品管理工具

制品（Artifact）这个概念在不同上下文中的含义差异很大，容易让大家各说各话。

最广义的制品包括软件开发过程中所有的“东西”，架构模型、源代码、可执行文件、各类文档都是制品。Rational 统一软件开发过程（Rational Unified Process，RUP）采用这个定义。

较广义的制品是指生成物，也就是对源代码、配置等“原生”内容进行加工处理得到的输出，既包括可执行文件、构建中间产物，也包括测试报告、构建日志。

而狭义的制品只包括从源代码构建得到的，将来用于安装部署的东西，以及供继续构建使用的构建的中间产物。前者如安装包、Docker 镜像，后者主要指静态库。测试报告不在此列，因为它是与测试相关的内容。构建日志也不在此列，因为它只记录过程。

源代码、配置等“原生”内容应该纳入版本控制以记录不同版本，并且支持对比内容差异，而生成的制品的不同版本也要适当存储，但我们一般不会直接对比不同版本之间的内容差异，而是找到对应的“原生”内容进行对比。

狭义的制品通常有名称和版本，我们经常根据名称和版本来直接获取这样的制品，而不是必须根据某次构建、某次测试、某次流水线运行记录来找到相应的

制品，因为我们使用制品时并不关心产生它的过程。这个意义上的制品，一般纳入**制品库**（Artifact Repository）进行管理。

制品库可以简单到就是一个 FTP 服务再加上一些规范约定，当然最好还是使用成熟主流的**制品管理工具**来管理制品库。就像版本控制工具一样，制品管理工具独立于构建工具、测试工具、流水线工具。

一些较广义的制品也可以考虑存储到制品库中，但这不是必需的。对于构建日志、测试报告等内容，如果构建工具、测试工具、流水线工具的内置功能能够妥善存储它们，做好备份，并且让使用者能够从某次构建、某次测试、某次流水线运行记录中顺藤摸瓜找到它们，那就挺好。

18.2 “正式”制品必须来自流水线上的构建

存储到制品库中的制品，不论是供部署使用的安装包，还是供继续构建使用的静态库，如果它们是组织内部产生的而不是外来的，那么它们都必须是通过在流水线上执行构建，在服务器端的构建环境中生成的，而不能是开发人员在个人开发环境中构建生成的。从权限的角度来看，开发人员也不应该有把制品上传到制品库中的权限。

这个基本原则是为了保证构建的可重复性：维护服务器端的构建环境的一致性，比维护不同开发人员的个人开发环境的一致性要容易得多。而从构建参数和方法的一致性的角度来看，在服务器端构建时的情况也比在不同开发人员的 IDE 中构建时的情况好很多。

18.3 制品库间的层次结构

版本控制工具中的存储结构总的来看分为两层，下层是在每个代码库中存储众多文件，上层是在版本控制工具的服务器端存储众多代码库。类似地，制品管理工具的存储结构总的来看也分为两层，下层是在每个制品库中存储众多制品，上层是在制品管理工具的服务器端存储众多制品库。而版本控制工具与制品管理工具的区别是，前者的每个代码库都有它的整体版本、整体分支，而后者的制品库没有整体版本、整体分支。

本节介绍制品存储的上层结构：如何划分制品库，应该把各个制品分别存储在哪些制品库中。我们通常按照下面几个角度来划分。

- 企业内部构建产生的制品和来自企业外部的制品应该存储在不同的制品库中。
- 如果希望某个子公司/产品线/开发部门的制品只能由该子公司/产品线/开发部门的人员（和其他指定人员）查看和使用，那么需要为不同的子公司/产品线/开发部门建立各自的制品库，并且配置相应权限。而那些子公司/产品线/开发部门都可能需要下载的制品，应该存储在一个公共的制品库中。
- 不同类型的制品一般存储在不同的制品库中。例如，JAR 包和 Docker 镜像就应该存储在不同的制品库中。不同类型的制品对制品管理工具的功能要求也不同。
- 可以考虑把不同质量级别的制品存储在不同的制品库中。于是制品晋级就意味着把特定制品的特定版本从一个制品库“复制”到另一个制品库。

18.4 制品库内的层次结构

本节介绍在一个制品库中如何存储众多制品及其众多版本。

为了管理众多制品，每个制品都应该有特定的名称，这个名称在这个制品库中应该是唯一的。制品名称在必要时可以分为多段，不同段之间使用下画线、短横线等特定字符相连，于是这样的制品名称本身也就体现了一定的层次结构。

一个制品库中的一个制品通常有众多版本。如果这些版本属于不同的质量级别，那么建议按不同的质量级别划分这个制品的下一级目录，在特定质量级别的目录下存储达到（或超过）该质量级别的各个版本。于是制品晋级就意味着把特定制品的特定版本从一个目录“复制”到另一个目录。而如果这些版本都属于同一个质量级别，或者不打算使用目录来区分不同的质量级别，那就把这个制品的各个版本直接存储在这个制品对应的目录下。

注意：不同类型和来源的制品，其相应存储结构和管理方式或多或少有些不同。例如，作为静态库的 JAR 包通常直接使用 Maven 坐标的层级结构来存储，还会使用 Maven 特有的 SNAPSHOT 型版本，而当它是外来制品时，就使用其原

Maven 坐标或进行简单变换后存储。又如，对 Docker 镜像的存储会使用 Docker 镜像的名称和版本标签，包括 latest 标签。

18.5 记录制品的属性信息

一个制品的一个版本有若干属性值得记录，如构建所使用的流水线的执行实例的链接、源代码版本、生成时间、质量级别等。如何记录这些属性信息呢？

一种方法是靠制品本身记录这些属性信息。例如，在构建打包生成制品时，放入一个特定格式的文件，该文件中包含了这个制品的若干属性信息；或者像 RPM 包那样，制品文件本身有一定的格式，在实质内容之前，在文件头部写入若干属性信息。这种方法的优点是，只要拿到了制品，就能得到相关的信息。而缺点是解析起来稍慢，因为需要先拿到制品。此外，如果制品的某些属性信息是随着时间变化的，如制品的质量级别，那就很难使用这种方法记录了。

另一种方法是在制品库中记录这些属性信息。制品库不仅存储制品本身，也存储制品的属性信息，后者通常以键值对的形式存储。这种方法的优缺点刚好与第一类方法相反：优点是获取属性信息快，而且属性信息可以随时间变化；缺点是制品不再是自解释的，即使手里有制品，但是如果不能通过网络访问制品库，那就得不到这些属性信息。

18.6 避免重复存储

为节省存储空间，同样的内容应该只存储一份。下面介绍应用这个原则的几个地方。

第一，Docker 镜像中的公共层只存储一份。一个 Docker 镜像是由从下往上的若干层叠加而来的，其中，越靠下的层越有可能是其他 Docker 镜像也包含的，或者是 Docker 镜像的其他版本也包含的。将 Docker 镜像存储在制品库或本地时，工具会尽可能让这样的相同内容只存储一份。

第二，不同的版本标识指向相同的制品版本。例如，初始时这个版本是使用 123456 这样的构建顺序号来标识的，后来它被选中送去测试时，又被标识为

20-05-02，即 2020 年第 5 次迭代第 2 次送测的版本。如果它通过了测试并准备发布，又被标识为 20-05，即 2020 年第 5 次迭代的发布版本。尽管 123456、20-05-02、20-05 是不同的版本名称，但其实它们指向同一个物理上的实体，这个物理上的实体只需在制品库的磁盘上存储一份。

第三，制品晋级。达到不同质量级别的制品存储在不同的制品库或同一个制品库的不同目录下。当制品晋级时，它看起来被复制到下一个级别所在的制品库或目录下。但是实际上它并不是真的又占了一份存储空间，只是加了个“指针”而已，类似于 Linux 系统中的文件链接或 Windows 系统中的快捷方式。

第四，跨网访问。有些企业由于生产网络和测试网络是隔离的，于是建立了两个制品库，分别位于两个网络中，工具持续同步两者的差异，并且进行校验以防止任何不一致的情况发生。应该考虑只使用一个制品库，并且建立特定的通道，让两个网络中的构建、部署等工具都可以访问它。这样一来，不但可以降低存储空间的消耗，而且简单，不容易出现不一致的问题。此时要特别注意两件事情：一是，方案是否满足关于开发与生产网络隔离的监管和合规性要求；二是，由于是同一个制品库，相应的账号和 IP 地址访问权限要管理好，防止绕开管控手段，直接从生产网络获取内部制品、内部版本的情况发生。

18.7 制品的尺寸

如果制品的尺寸过大，那么将有以下几个方面的不利影响。

- 传输制品的时间较长。
- 在制品库中存储制品时耗费的空间较大。
- 制品运行时耗费的内存等资源较多。
- 在生产环境中，随着用户使用量的增长，可能在一个制品中仅部分功能需要扩容，但是不得不把一个制品作为整体扩容，造成了浪费。

那么，如何减小制品的尺寸？

思路一，把大制品拆分为若干个小制品。典型地，把一个大型单体应用拆分成若干个微服务。于是每次版本升级、版本更新时，只需要更新相关的一个或几个微服务。

思路二，让底层制品供若干个上层制品复用。这样，底层制品版本更新一次，大家就都受益了，不用重复更新多次。Windows 系统中的动态链接库（Dynamic Link Library，DLL）就是这样的典型代表。而 Docker 镜像的内建分层机制在本质上也有类似的作用。

思路三，去除制品中无用的内容。如果程序中的某些代码永远不会被调用，那么它就不应该出现在程序中。例如，在构建一个程序时，作为输入的静态库中包含了很多方法和函数，其中有不少方法和函数在这个程序运行时肯定不会被调用，因为在源代码中就没有调用它们的语句。那么，能不能够避免把那些不会被调用的方法和函数构建打包到制品中去呢[①]？

18.8 加速制品存取的方法

为提高制品的下载和上传的速度，除了控制制品的尺寸，还可以考虑使用以下方法。

- 使用更好的硬件，以获得更快的磁盘读写速度和网络传输速度。
- 在构建服务器上建立构建依赖内容的缓存。
- 在运行服务器上建立部署内容的缓存。这在生产环境版本回滚时特别有用。
- 在生产环境中部署时，如果要把某个安装包或镜像传输到众多服务器上，那么可以考虑采用对等网络（Peer-to-Peer，P2P）、多级分发等技术加速分发。

18.9 制品清理策略

如果不清理制品库中的制品版本，任由它们堆积，那么制品库会膨胀得很快，耗费大量的存储资源。我们应该制定适当的制品版本清理策略，清理已经没什么价值的制品，释放空间。

常见的制品清理策略如下，这些策略可以组合使用。

---

① 有些语言的编译器在编译时会剔除它认为无用的代码。此外也有一些单独的工具可以让制品“瘦身”，如 ProGuard。

- 只保留制品最近一段时间上传的版本。
- 只保留制品最近上传的若干数量的版本。
- 只保留制品最近一段时间被下载的版本。
- 制品晋级方案中级别越低的制品版本，保留的时间越短、保留的制品版本数量越少。
- 用户可以标识有特殊需求的版本，以避免被清理。

制品清理策略应该是在一次性配置好后，长期自动执行的。

第 4 部分
程序形态的转化

第 19 章 构建

构建是一个“古老”的话题，几十年前，是构建让穿孔纸带变成可运行的程序。本章介绍构建。

19.1 什么是构建

构建是一个模糊的概念，人们提到这个概念时，根据当时场景的不同，其可能具有不同的含义。

从狭义上讲，构建指的是对源代码进行加工转换，生成可执行程序的过程，或者这个过程的一部分。以 C 语言为例，构建是指对每一个源代码文件进行编译，分别生成对应的目标文件，并且把这些目标文件链接在一起形成可执行文件。而在 Java 中，把源代码编译生成供其他源代码构建时所依赖的静态库，即 JAR 包，也属于构建。

基于上述含义进一步扩展，制作安装包、制作 Docker 镜像等工作通常也属于构建。有时我们打包的不是 C 语言这样的编译型语言的编译结果，而是 Shell 语言这样的解释型语言的源代码本身，或者是几个 SQL 脚本文件，但因为要把这些内容打包作为制品来存储、传播和使用，所以也统称为构建。

构建通常发生在部署之前，因为部署的内容是构建产生的，但也有其他一些情况。例如，基于安卓操作系统的移动端应用，在测试后、发布前可能会对 APK 包进行加固、混淆等构建操作，为了适应各个渠道，还可能需要进行更换 ICON 图标等构建操作。

再进一步扩展，编译构建时“顺便”做的一系列自动化工作，如代码扫描、单元测试，也被认为是广义的构建的一部分。甚至，只要是工具支持的，编排在一起一口气自动化完成的事情，都算作构建。这里所说的工具是指 Maven 这样的构建工具，以及 Jenkins 这样的运行于服务器端的流水线工具。

在本书中，我们所说的构建指的是相对狭义的构建，是指对源代码进行加工转换，生成可以安装、运行或供其他构建使用的制品的过程。也就是说，编译、打包、生成容器镜像、生成静态库都属于构建。但代码扫描、单元测试等测试活动，不属于本书中的构建的概念。

第 20 章要介绍构建环境，构建环境中的构建二字则是指广义的构建，因为构建环境除了支持编译打包，也支持代码扫描和单元测试。

19.2 构建的可重复性

构建的可重复性意味着，重复过去的某一次构建，所得到的产出物在功能和效果上和以前相同，它并不要求产出物的每一个字节都和以前完全相同，因为产出物中可能包含时间戳等，它要求的是功能和效果完全相同。

那么，如何做到构建的可重复性呢？

19.2.1 构建的原材料不变

源代码是构建的原材料，它应该和上一次构建时相同。这通常通过以下方法来实现：先记录上一次构建的源代码的版本（如提交 ID），再取出这个版本的源代码供本次构建使用。

构建的原材料还包括构建依赖的静态库，如 Maven 构建时在 pom.xml 文件中指定的 JAR 包。这个地方容易出问题。Maven 的 SNAPSHOT 版本并不是一个定格的快照，而是浮动的、不断变化的，它始终指向制品的某些版本中最新上传的那一个版本。如果在 pom.xml 文件中直接或间接地指定 SNAPSHOT 版本的 JAR 包，那就不能保证下一次构建和这一次完全相同。开发人员进行开发和联调时，使用 SNAPSHOT 这样的浮动版本能带来方便，避免频繁维护版本名称，但是如果要构建的制品将被送去做比较正式的测试且可能随后发布到生产环境中，那么在构建时就不要使用浮动版本作为原材料[①]。

此外，如果是从不同的制品库中获取的构建依赖的静态库，那么即使制品名称相同、版本名称相同，其存储的实际内容也有可能不同。一般应始终使用相同的制品库。在 Maven 中，可以通过在所有场景中都使用相同内容的 settings.xml 文件来保证这一点。

构建的原材料还可以包括构建依赖的源代码库或包，例如，在做 Go 语言和 Rust 语言的构建时，构建的原材料中就包括构建依赖的源代码库或包。此时，与依赖制品的情况类似，也要保证记录依赖的固定版本，并且总是从同一个地方获取依赖的源代码。

19.2.2 构建的工具和方法不变

以上是对构建的输入进行的分析。构建过程也要和上一次相同。首先，构建所使用的各种工具的版本要一致，至少是大版本要一致。以 Maven 为例，不仅 Maven 本身的版本要一致，而且 JDK 的版本也要一致，因为 JDK 中有基础的 Java 编译器和打包工具。

其次，构建描述文件也要相同。Maven 的 pom.xml、Make 的 Makefile 这类构建描述文件一般和源代码放在一起，以保证相同的源代码版本总是会使用相同的构建描述文件。

最后，构建的命令行及其参数也要相同。其一般被记录在流水线配置中。

构建既发生在流水线上的构建环境中，也发生在个人开发环境中，这两种环境中的构建都要具有一致性。

19.3 加速构建

不仅构建要尽量快些，部署、自动化测试等活动也要尽量快些。我们以构建为例，看看都有哪些思路可以加速构建，这些思路也大多可以用在其他活动的加速上。

---

① 理论上有一种方法，既使用了 SNAPSHOT 这样的浮动版本，又能保证构建的可重复性：总是记录构建时浮动版本实际指向了哪个固定版本，并且在确有必要再次构建时指定使用这个固定版本。

19.3.1 基本方法

在流水线上，在服务器端的构建环境中，构建是一个漫长的过程。

（1）排队等待构建服务器空闲。

（2）下载源代码所在的整个代码库。

（3）分析并下载所有依赖的静态库。

（4）全量构建。

（5）按照 Dockerfile 的描述，一步一步生成 Docker 镜像。

（6）把 Docker 镜像上传到制品库中。

按以上步骤逐项分析，这里可能有不少改进空间。例如：

（1）提供充足的构建环境资源，避免排队。

（2）不要下载整个代码库所有文件的所有历史版本，只更新发生变化的部分。对于 Git，就是要尽量避免执行 git clone 命令下载整个代码库，尽量在本地已有代码库中执行 git fetch 命令，以获取与上次下载相比发生变化的内容。在必须执行 git clone 命令时，也使用适当的参数以避免下载所有文件的所有历史版本。

（3）构建所依赖的静态库应该在本地缓存。于是，以前下载过的，这次就不用重新下载了。

（4）尽可能利用上次构建的中间成果。增量构建，而不是每次都从头开始全量构建。

使用类似的思路分析构建 Docker 镜像的过程，能得到 Docker 构建特有的优化措施。

（1）构建基础镜像等 Docker 镜像时的依赖应该在本地缓存。

（2）改进 Dockerfile，使每次构建时工具只需要执行 Dockerfile 中的最后一两步，产生 Docker 镜像最上面的一两层。而其他层与上次构建时相同，因此不必重新构建。

（3）在传输 Docker 镜像时，只传输发生变化的层。

其中，（1）和（3）是 Docker 的工具集本身就提供的功能，（2）是使用者需要考虑优化的。

此外还有一些难度不大的优化方法。

- 使用性能更高的硬件。由于构建需要大量、频繁地读/写存储设备，硬盘I/O性能成为影响构建速度的关键因素，它通常比CPU性能更重要。因此应使用固态硬盘而非机械硬盘。另外，构建时静态库等内容是通过网络下载的，因此网络带宽也是一个重要因素。
- 在流水线上进行构建时，控制每台构建服务器上并行执行的构建任务的数量。过多的并行执行会让每个构建任务的执行速度明显变慢。
- 使用并行构建的方法。把构建任务分解为多个子任务，分配给多个线程或进程，并行完成。

19.3.2 探索：从程序形态转化全过程的视角优化

构建可以有多快？它可以是一眨眼的事。不少IDE都具有这样的能力：在调试过程中，修改少量源代码之后[①]，点击一个按钮，源代码就“立刻”生效了，运行中的程序继续执行时，执行的已经是修改后的源代码了。

从道理上讲，构建进而部署就该这么快。既然只修改了一点儿源代码，那么生成的二进制格式的可执行程序应该也只发生了一点儿变化，随后只要局部更新运行中的程序就可以了。这就应该在眨眼间完成。

然而，在服务器端，从构建到程序运行起来是一个漫长的过程。

（1）构建生成可执行程序。

（2）构建生成Docker镜像。

（3）把Docker镜像上传到制品库中。

（4）测试环境中的服务器从制品库下载Docker镜像。

（5）根据Docker镜像生成Docker容器。

（6）让程序在Docker容器中运行起来。

参考在个人开发环境中的“一眨眼的事”，我们可以尝试在服务器端进行一些优化。

- 考虑把Docker镜像直接上传到测试环境中的服务器上，而不是通过制品库中转。可以把存入制品库这个步骤与部署并行执行，而不是让部署依赖它。如果还没使用Docker容器技术，那就把安装包直接传送到测试环境

① 这里有一些特定的限制，如只能修改函数或方法内部的逻辑，不能新增函数或方法。

中的服务器上，而不是通过制品库中转。

- 考虑构建环境与测试环境合一：在哪里构建，就在哪里运行。
- 考虑不通过重新生成 Docker 镜像这种方式部署新版本，而是直接替换 Docker 容器中的程序。
- 考虑只更新程序中发生变化的部分，而不是整个程序。
- 考虑在程序运行时局部更新它，而不是停止运行、整体替换、再次启动。

19.3.3　探索：一些高端方法

第一，分布式构建。前面讲过并行构建：把一个构建任务分解为多个子任务，在一台机器的多个线程或进程上同时构建。通常构建工具本身就能提供在一台机器上并行构建的能力。而进一步的优化是把构建任务分解为一系列子任务，把这些子任务分配在多台机器上并行执行，即分布式构建。分布式构建与集中在一台机器上构建相比，在效果相同的情况下，硬件总体造价会低很多。若干台运行 Linux 系统的普通个人计算机可比一台有几十个 CPU 的服务器便宜多了。

第二，全局性的增量构建。前面讲过增量构建："自己"做过的事情避免重复做。推而广之，"别人"做过的事情也应该争取复用。12.3 节介绍过，使用静态库的一种典型场景是众多静态库在一起组成一个应用程序，以避免一个模块在众多开发者的个人开发环境中反复构建，在服务器端构建环境中反复构建。沿着这个构建复用的思路，还可以进行更多的优化。当将构建复用这个能力内化到构建工具本身时，就不再是"分成模块-构建静态库-基于静态库构建整体系统"这样显式的方式了，而是简单地把所有源代码作为输入，让构建工具自己来分析、存储和复用构建的各种阶段性成果。典型地，谷歌每次构建时都基于几乎包含了其全部源代码的代码库，而且还构建得飞快。其原理是，构建工具在经过自动分析后，只调用版本控制工具下载与本次改动相关的源代码，随后只进行与本次改动相关的构建。

构建加速的最终目标是，在服务器端的流水线上也实现一眨眼就能完成构建并看到运行效果。这看似离我们当前的情况还很遥远，有各种技术上的困难。然而，既然在理论上能实现，那么我们就朝着这个目标努力吧！

19.4 源代码、构建、制品之间的关联关系

源代码的特定版本作为输入，经过流水线上的构建，产生了制品的特定版本并作为输出。特定代码库中的特定提交、特定流水线上的特定运行实例、特定制品库中特定制品的特定版本，这三者之间存在关联关系，如图 19-1 所示。应该做到从其中任意一条记录出发，都能查到并前往另外两条记录。

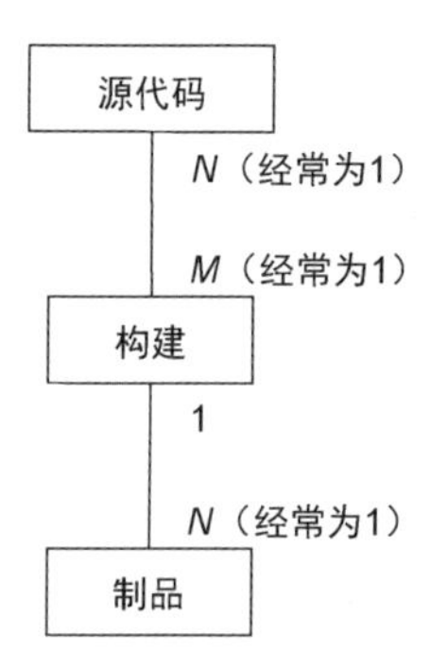

图 19-1 源代码、构建、制品之间的关联关系①

下面讨论常见的实现办法。

- 从构建记录到源代码版本：在流水线的一次运行的记录中，应该记录了相应的源代码版本，并且可以点击前往相应的 Web 页面查看该版本的内容。
- 从构建记录到制品版本：在流水线的一次运行的记录中，应该记录了相应的制品版本，并且可以查看该制品版本的属性信息，或者下载该制品版本。
- 从制品版本到源代码版本：如果制品版本的某个属性中包含了源代码版本，那么查看源代码版本。如果该制品版本在代码库中有同名的标签，那么也可以获取相应的源代码版本。
- 从制品版本到构建记录：如果制品版本的某个属性中包含了指向这次构建的链接，那么可以点击前往查看。
- 从源代码版本到构建记录：这个有点儿麻烦，一般通过查看各条流水线运

① 一次构建经常只取一个代码库中的源代码，但也有取多个代码库中的源代码的情况。源代码的一个版本经常只构建一次，随后反复使用构建生成的制品，但也有源代码的一个版本构建多次的情况。一次构建的产物经常是一个制品，但也有产出多个制品的情况。

行记录中对应的源代码版本，找到使用这个源代码版本的流水线。

- 从源代码版本到制品版本：如果源代码上有标签，那么可以根据标签名称在制品库中查找相应的制品版本。而如果制品版本的某个属性中包含了源代码版本，那么可以使用这个源代码版本在制品库中搜索。

严格地讲，构建的输入不仅包含源代码，也可能包含静态库这种制品，它们一起构建产生了新的制品，可能是安装包，也可能是静态库。因此上述关联关系其实更复杂：构建时使用的静态库是另一次构建产生的，而另一次构建可能又使用了其他静态库。这就构成了一张有向无环图。

对于大型、复杂、多层次的构建场景，可以考虑在一个统一的地方以规范的形式记录每次（每步）构建时构建的输入、构建、构建的输出这三者的关联关系，于是不论想根据什么查找什么，总是可以通过这个系统快速查找。

第 20 章 构建环境

构建环境不只是用来构建的环境。在构建环境中可以做好几件事，所以本书使用单独的一章来介绍构建环境。

20.1 什么是构建环境

构建环境（Build Environment）是指进行构建活动，以及代码扫描、单元测试等自动化测试活动所需要的环境。这些活动只需要一台机器或一个容器，并不需要完整的测试环境。工具在为流水线创建或分配一个构建环境后，流水线就能在此构建环境中完成上述一系列自动化活动。由于构建环境和流水线紧密相关，流水线工具通常自带管理构建环境的功能。

开发人员的**个人开发环境**通常位于他的个人计算机中，此外也可能是在云端。不论在哪里，个人开发环境除了支持开发人员在其中编写代码，也支持进行构建、代码扫描、单元测试等活动，所以它也是一个构建环境。当然，个人开发环境也是一个运行环境。

20.2 构建环境标准化

对构建环境的支持和管理，首先要实现构建环境的标准化，以支持构建、代码扫描、单元测试等活动的可重复性。为此主要有三种方法。

第一种方法，使用镜像。可以将流水线上的构建环境做成 Docker 镜像，Docker 镜像中包含了构建等活动所需的特定名称和版本的工具软件，以及与工具相关的配置。以 Maven 构建为例，Docker 镜像中不仅包含 Maven 和 JDK，还包含 Maven 的配置文件 settings.xml。使用这样的 Docker 镜像创建的 Docker 容器就是标准的构建环境。类似地，使用虚拟机的镜像来创建虚拟机，通过这个方法也可以方便地获得标准的构建环境。

组织级的提供构建环境支持的团队，通常只负责维护少数几个标准的构建环境镜像。如果个别开发团队有特殊需求，那么可以由该开发团队自行提供其所需的构建环境镜像。

开发人员的个人开发环境，特别是像云桌面这样的云端个人开发环境，也应考虑使用类似于容器镜像、虚拟机镜像这样的模板方法来创建，以保证其标准化。

第二种方法，自动化创建。例如，每一台构建服务器都是通过执行一个标准脚本来进行初始化的——自动安装各种相关的工具软件，并且自动完成其配置。当构建环境难以使用镜像创建时，建议使用这种方法。典型地，构建 iOS 应用的构建环境就难以使用容器镜像、虚拟机镜像等方法创建，建议使用标准化脚本自动化创建。

第三种方法，使用文档。把创建和配置构建环境的方法记录在文档中，严格按照文档中的描述一步一步创建构建环境。这是兜底的方法。使用这种方法创建个人开发环境尚能接受，而对于流水线上的构建环境，则建议使用前面介绍的第一种或第二种方法创建。

20.3 构建环境资源池化

构建环境资源池化是把云计算的关键思路——通过动态分配资源来满足动态需求，以充分利用资源——应用到了构建资源的管理上。下面详细介绍。

20.3.1 构建环境资源池化的价值

如果为每一条流水线都分配一个固定的构建环境，那么这个固定的构建环境大概在很多时间都是空闲的。从资源利用的角度来看，这很不划算。

如果据此进行改进，为多条流水线分配同一个固定的构建环境行不行呢？这样一来，空闲时间确实变少了，从资源利用率的角度来看改善了很多。然而这可能会造成不同流水线之间时不时需要相互等待，为此排队[①]。

要想资源利用得更充分，排队现象就会增多；要想避免排队，很多资源就会经常空闲，造成浪费。这真是“按下葫芦浮起瓢”啊！那么有没有更好的解决方法呢？有的，把构建环境资源池化。

构建环境资源池化的基本思路是，流水线与构建环境之间的对应关系并不是固定的。当一条流水线要运行时，工具按一定的算法动态分配给它构建环境。运行完成后，工具再回收该构建环境。由于有很多条流水线，哪条流水线何时运行近乎是随机的，这种动态分配的方法既能充分利用资源，又能避免排队。

这样的资源池越大越好，越大越能有效地平抑统计上的涨落。最好是把整个企业的构建环境资源都使用一个资源池集中管理，甚至把这个资源池放到公有云上，让这个资源池可伸缩。

20.3.2 保障构建所需缓存

在构建环境资源池化后，某条流水线上的构建不再总是发生在一台固定的机器上，于是一些缓存机制就会失效。如果忽视不管的话，那么将导致构建速度变慢。

构建时有两种典型的缓存：**一是对构建所依赖的静态库的本地缓存**，例如，在使用 Maven 构建时，本地的.m2 目录；**二是对构建所需源代码的本地缓存**，例如，在使用 Git 时，本地的代码库。如果换了机器或容器，那么这些缓存就没有了，需要重新下载。

如何解决这类缓存问题呢？一般有以下方法可以考虑。

- 尽量使用上一次构建或以往构建使用过的构建环境。只有当使用过的构建环境被占用了时，才更换其他构建环境。
- 如果构建环境是 Docker 容器，那就考虑把.m2 目录、本地 Git 库放在容器所在的服务器上，以卷的形式挂载到容器上。这样一来，只要使用的还是

---

① 其实即便为每一条流水线都分配一个固定的构建环境，也有可能需要等待和排队。具体来说，有些时候会希望一条流水线上的多个运行实例同时运行。例如，流水线一次运行需要 5 分钟，第一个提交触发了流水线运行，过了 3 分钟后，又有一个提交，此时最好是立刻启动该流水线的一个新的运行实例，与刚刚启动的流水线运行实例并行运行。而此时如果这条流水线只对应一个固定的构建环境，那就不得不等待：等这个构建环境空闲了，才可以再次启动该流水线。

这台服务器上的容器，即使换了容器，缓存也仍然可以使用。

- 使用 NAS（Network Attached Storage，网络附接存储）等技术，把缓存放在可以快速读取的公共区域，而不是放在构建所在的容器或服务器上。在构建时将缓存挂载到构建服务器或容器上，即便换了容器或服务器，缓存也仍然可以使用。

注意：不同的缓存内容处理起来也有区别。例如，.m2 目录是可以供若干个构建同时使用的，只要保证.m2 目录只从制品库下载制品，在构建时不会写入本地新生成的内容就行。而本地 Git 库在某一时刻一般只提供一个源代码版本，供一个构建使用。

第21章 部署

部署（Deployment）就是把微服务、移动端应用之类的东西安装好或升级好，并且让它运行起来。部署本身的含义不难理解。下面我们看看部署的要点。

21.1 自动化部署

部署的自动化程度分为好几个层级，下面一级一级介绍。

第一级，为了一个微服务的版本升级，登录一台服务器，输入命令行，执行一个命令或脚本。执行完成后，输入命令行，再执行另一个命令或脚本。这样的方式虽然也在一定程度上实现了自动化，但还不够。

第二级，通过执行一行命令或点击一个按钮，就能让部署工具自动完成全套操作，完成一台服务器上的部署，实现单机部署过程的全自动化。典型的单机部署过程包括：在一台服务器上自动关闭监控、切断流量、把新版本的安装包复制过来、停止原版本程序的运行、启动新版本程序、访问特定网址确认已成功启动、导入流量、恢复监控。

第三级，不仅单机部署过程应该是全自动的，当这个微服务涉及多台服务器时，部署工具也应该根据一定的部署策略，自动分期分批地在所有目标服务器上执行这样的单机部署过程，最终完成所有服务器上的部署。也就是说，点击一个按钮就能自动完成这个微服务在所有服务器上的部署。

第四级，当若干个相关的微服务需要一起部署的时候，当还有 SQL 变更、应用配置参数变更的时候，我们甚至希望点击一个按钮就自动完成所有内容的部署和变更。

21.2 部署策略

什么是**部署策略**（Deployment Strategy）？坦率地说，本书作者给不出一个足够通俗易懂的定义。但这不影响大家理解这个概念，只要读完本节就理解了。

21.2.1 生产环境的部署策略

最简单粗暴的部署策略是先停下正在运行的旧版本的微服务运行实例，再安装并启动新版本的运行实例。这种方案最明显的弱点是会造成对外服务的中断：用户忽然访问不了网站了。我们要努力做到对外服务不中断，也就是**零停机部署**（Zero Downtime Deployment）。

使用**蓝绿部署**（Blue-Green Deployment）可以基本实现零停机部署。蓝绿部署是指在保持当前旧版本的运行实例正常运行并提供服务的同时，安装新版本的运行实例，但并不接入流量，所以用户感知不到。在新版本的运行实例运行起来并进行了适当的测试后，再把流量从当前对外提供服务的旧版本的运行实例切换到正在空转的新版本的运行实例，于是用户感知到程序升级到新版本了，如图 21-1 所示。

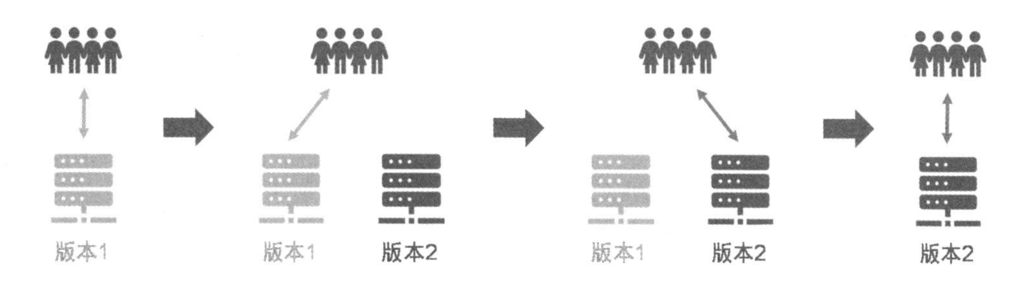

图 21-1　蓝绿部署

蓝绿部署基本解决了对外服务中断这个问题，它还可以通过切回流量的方式快速回滚，因此降低了发布的风险。不过它也有不够完美的地方。一是蓝绿部署通常意味着需要两倍的资源并行运行。如果使用的是云化资源那还好，在部署时临时用用，用完就归还。而如果使用的是传统方式，那就一直要使用两倍的资源了。二是当新版本接入流量后发现问题时，问题已经影响所有用户了。

可以考虑先让少量用户使用新版本，看看效果，确认没问题了，再扩大到所有用户。具体来说，先在一台或少数几台服务器上部署新版本的程序，切过来少量流量，观察观察，没问题了，再把其余服务器上的程序更新为新版本，随后把流量完全切过来，完成全部部署工作。这种部署策略被称为**灰度部署**（Gray Deployment），又被称为**金丝雀部署**（Canary Deployment），如图 21-2 所示。

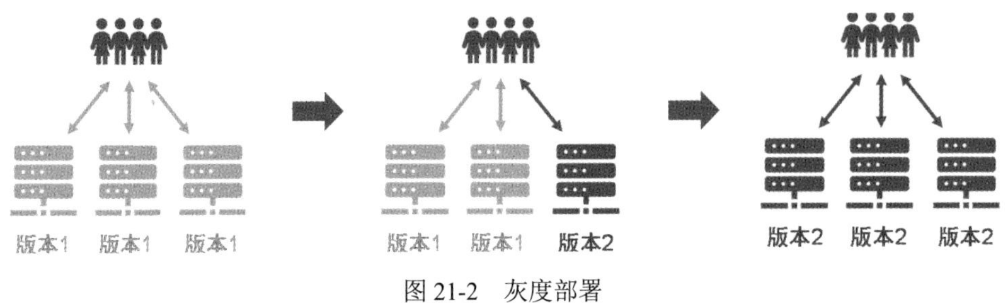

图 21-2 灰度部署

我们有时候也会听到灰度发布这个词，它的含义就更广泛了，不仅包括灰度部署这个场景。灰度发布的本质是在生产环境下的某种测试，本书后文讲到生产环境测试的时候会详细介绍它。

滚动部署（Rolling Deployment）比灰度部署更进一步。灰度部署是分两批部署，例如，先让 2%的用户使用新版本，再让剩余 98%的用户使用新版本。而滚动部署分更多批部署，把所有要更新版本的服务器分成若干批，一批一批地来，如图 21-3 所示。例如，把部署分为 6 批，每批的用户比例分别为 2%、18%、20%、20%、20%、20%。滚动部署比灰度部署更平滑。当然，滚动部署的分批也不要过于细碎。如果批次太多，那么部署的总耗时就比较长了。

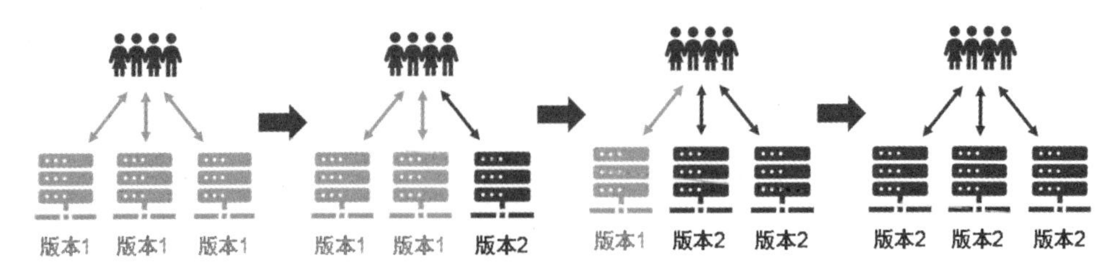

图 21-3 滚动部署

为了缩短部署的总耗时，可以考虑让不同的部署批次适当交叠：在上一批还没有启动新版本的运行实例时，下一批已经开始复制新版本的安装包了。

21.2.2　测试环境的部署策略

生产环境的部署要考虑对外服务的连续性，不能中断。那测试环境是不是就不用考虑服务的连续性了？不是这样的。测试环境也要考虑服务连续性，要保证正在进行的测试不会被测试环境中某个微服务的版本更新打扰。

那么，什么时候不会被打扰呢？如果你想在某个测试环境中测试某个微服务的新版本，为此要先部署这个新版本，那么这不算打扰测试，因为部署是测试的前提条件。

如果某个开发团队负责的一组微服务总是一起送测，在测试前先把各个微服务升级到最新版本，那么这也不算打扰测试，原因同上。

而如果在测试过程中，这组微服务运行所依赖的另一个子系统的某个微服务开始进行版本更新，并且因此中断了服务，那么会打扰正在进行的测试。

类似地，如果测试人员进行的人工测试与每次提交自动触发的自动化冒烟测试共用一个测试环境，在人工测试过程中，某个微服务的版本自动开始更新，以便随后进行自动化冒烟测试，并且版本更新导致了服务中断，那么也会打扰正在进行的测试。

总之，不同类型、不同目的、不同测试对象的测试，如果它们同时使用一个测试环境，而此时，某个微服务为了某个测试而部署新的版本，造成了服务中断，那就会打扰其他正在进行的测试。

如果这种情况有可能出现，那么我们在这个测试环境中就应该像在生产环境中那样，使用一定的部署策略，以保证服务的连续性。

如果为了避免版本更新打扰正在进行的测试，而对测试或版本更新进行某种时间上的约束，那么往往得不偿失。例如，在有的企业中规定，测试环境只可以在每天上午部署新版本，下午和晚上的时间则留给测试。此时，如果一个微服务在下午刚开始的时候提测，那么此时无法进行测试，不得不等到第二天上午把这个微服务部署到测试环境中后，才能开始测试。这种人力资源等待机器资源的情况，是软件交付过程中要尽力避免的，因为人力资源比机器资源贵多了。

21.2.3　客户端的部署策略

不仅服务器端的部署需要考虑部署策略，客户端（如移动端应用）的部署也需要考虑部署策略，其中最重要的考虑因素是**减少对用户的打扰**。如果隔三岔五就要求用户升级，每次升级都让用户等半天，什么事情也做不了，甚至还有一堆确认操作，那么用户会很烦。

而如果每次升级对用户的打扰很小，用户点击一个按钮就能完成升级，并且升级所需时间较短，那么用户会比较舒服。

更好的情况是，用户无须显式升级到客户端的新版本，就能使用新功能。为此可以考虑尽量使用服务器端的功能更新代替客户端的功能更新，也可以考虑让客户端像网络浏览器下载网页一样自动从服务器端下载内容，以完成客户端的功能更新。这些都需要移动端应用架构方面的改进。

21.3 判断部署成功完成的方法

怎样算部署完成？怎样算部署成功完成？

最粗糙的办法是，在启动微服务后，等待一个固定的时间，如 5 分钟。5 分钟时间一到，就认为部署完成了，于是流水线继续往下走，进行测试等活动。

保险一点儿但是也费力一点儿的方法是，访问这个微服务提供的一个特定的网页，如果返回的状态码是正常的，那么微服务大概率部署成功了。也可以是这个微服务提供特定的 API，如果访问它返回的状态码是正常的，那么微服务大概率部署成功了。这种方法被称为**健康检查**（Health Check）或**完好性检查**（Sanity Check）。

21.4 发布与部署分离

发布与部署分离是一个近年来被反复宣传的实践：生产环境部署并不意味着用户立刻感知到部署的新功能。要想让用户感知到，需要拨动某个配置开关，或者把流量切过来，这样用户才能使用新功能。

在一些特定情况下，这个方法很有必要。例如，限时大促等重要的功能需要在精确的指定时刻生效，不能早也不能晚。在这种情况下，我们就不能等到指定时刻再部署，因为部署本身有失败的风险，并且时间也没法控制到秒。此时最好是预先部署好，在指定时刻激活。

在一般情况下，发布与部署分离，也是一个可选择的实践，它带来以下好处。

- 技术人员不再关注具体何时发布，只需要及时部署。随后由业务人员根据市场和业务自行控制何时发布。
- 在部署后，可以只让特定用户感知到新功能，因此可以在生产环境验证新功能，而此时广大用户不会受影响，也可以据此实现灰度发布、A/B 测试。
- 有些特性比较大，也可能涉及多个子系统，可以陆续部署相应的改动，都部署完成后再发布。

当然，发布与部署分离，也有其代价：它让事情变复杂了。需要为各个新特性引入特性开关并管理它们，或者需要增加运行资源的投入。所以基本的建议是，**在确实需要分离发布与部署时，再去分离它们。**

21.5 快速回滚

就像构建要关注速度一样，部署也要关注速度。正常的版本升级要关注速度，而版本的降级也就是部署的回滚，更要关注速度，要尽快完成，因为部署回滚往往是因为在生产环境中出现了严重问题，需要尽快解决。下面我们看一看如何实现部署的快速回滚。

方法一，我们可以考虑在启动新版本的微服务运行实例并把流量切到新版本后，**让旧版本的微服务运行实例保持运行一段时间**，只是没有流量给它而已。如果在此期间发现新版本有问题，那么可以瞬间切回旧版本——只要把流量切回来就好了。这是最快的方法，但需要额外的运行资源支持旧版本的微服务运行一段时间。

方法二，如果想省一点儿资源的话，那么可以**在服务器上存放旧版本的安装包**，在需要时再运行旧版本。当然，这样的话回滚的时间会长一些，因为需要启动旧版本。

这两种方法可以配合使用：先使用方法一部署升级，此时随时可以迅速回滚。在稳定运行了一段时间，风险降低到一定程度之后，改为使用方法二。

以上讨论的是工具在收到回滚的指令后，如何尽快完成回滚。要想快速回滚，还要考虑工具操作本身是否方便。如果在紧急情况下操作者还需要四处寻找回滚按钮，那可真让人着急。如果找到了回滚按钮，却还需要人工一个字一个字地输入回滚到的版本的名称，那也够让人着急的。所以在回滚场景中，如何让操作者便捷地操作，也是必须精心设计的地方。

具体来说，进行发布操作的页面应该同时提供回滚功能，并且可以让操作者在一个版本列表中选择回滚到哪个版本，而不需要人工输入，因为人工输入既慢又容易出错。此外，版本列表中的默认值应该是上一个发布版本，因为最常见的情况就是回滚到上一个发布版本。

最后，工具不仅应该支持在部署完成后随时回滚，而且应该支持在部署过程中随时终止当前的部署进程并回滚。

21.6 制品、部署、环境之间的关联关系

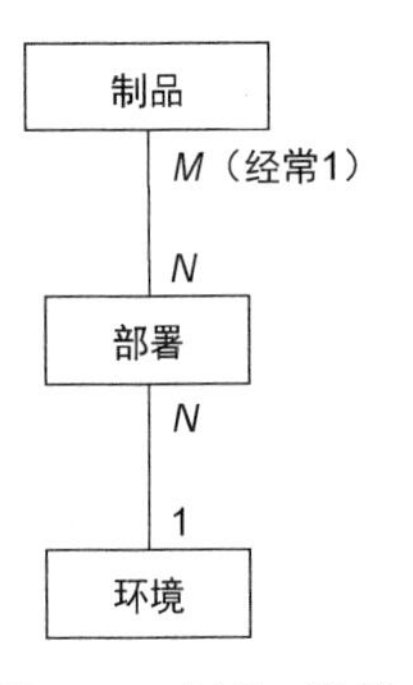

图 21-4 制品、部署、环境之间的关联关系

如 19.4 节介绍的，源代码的特定版本经过流水线上的一次构建，产生了制品的特定版本，所以源代码、构建、制品这三者之间存在关联关系。类似地，制品的特定版本会被部署到特定环境中，所以制品、部署、环境这三者之间也存在关联关系，如图 21-4 所示。

至少应该记录某次部署是把什么制品的什么版本部署到哪个环境中的哪几台服务器上。这样的记录应该可以方便地查看。

进而还应该提供更多的查询能力，以了解当前的情况。例如，查询各台服务器上分别部署了哪个微服务的什么版本，或者反过来查询某个微服务或它的某个特定版本当前被部署到哪些服务器上。

此外，历史记录也应该可以查询。例如，查询在特定时间某台服务器上运行的是程序的什么版本。工具在这方面的能力，对出错时进行排查及事后进行追溯都有帮助。

第 22 章 运行环境

在日常沟通交流中，当说到环境这个词的时候，通常指的不是个人开发环境，不是流水线上的构建环境，而是运行环境。下面先来介绍运行环境的概念。

22.1 什么是运行环境

程序不能凭空运行，它运行在一定的环境中，我们姑且把这个环境称为**运行环境**。生产环境、测试环境都是运行环境。开发人员的个人开发环境，不仅是编写代码的环境，也是构建环境，还是运行环境。

狭义的运行环境是指**运行时环境**（Runtime Environment），如 Java 的运行环境（Java Runtime Environment，JRE）。我们肯定不是只关注到这个意义上的运行环境。

程序的运行不仅需要运行时环境，而且需要在本地安装和配置更多的基础软件，如至少需要先安装操作系统，这样才构成了**本地运行环境**。本地运行环境可以是一台实体机提供的环境、一台虚拟机提供的环境或一个容器提供的环境，让程序在其中运行。

只有本地运行环境往往是不够的。一个微服务通常还需要与其他微服务交互，才能实现它的功能，完成它的使命。所以其他微服务构成了这个微服务所在的环境。此外，可能还需要服务注册与发现、消息中间件等中间件的支持，可能还需要数据库的支持。所有这些加在一起，就是这个微服务所在的**整体运行环境**。

这是从一个微服务的视角看到的整体运行环境，这个微服务在这个环境中运行。还有的时候，当我们说到整体运行环境的时候，也包括了这个微服务。换句话说，其实说的就是运行中的整个系统。

整体运行环境的一个运行实例通常被称为一套环境。每种环境可能有多套，如集成测试环境就可能有多套。

以上说的都是软件。严格地说，**运行环境也包括硬件**。本地运行环境也包括这台服务器本身，整体运行环境也包括各台服务器和网络设备等。

22.2 运行环境管理的内容

我们关心三个层次的事情。

第一个层次，如何把本地运行环境管理好，正确安装和配置各个基础软件。例如，使用容器镜像的方式，先根据 Dockerfile 生成 Docker 镜像，再根据 Docker 镜像生成 Docker 容器。

第二个层次，如何让这个微服务在整体运行环境中运行起来，能与整体运行环境中的其他部分相互配合。这意味着要为这个微服务申请和分配资源，例如，申请几台虚拟机或找地方生成几个容器，并且做好服务依赖配置，如使用哪个账户名什么密码连接哪个数据库，等等。典型地，在 Kubernetes 中，容器和 Pod 级别的 YAML 描述文件大体上描述了相关内容，Kubernetes 据此自动创建和管理。而应用配置参数则可以交由应用配置参数管理工具来管理。

第三个层次，如何管理整套环境。这包括如何规划各类各套环境，如何新增和销毁一套环境，如何保证一套环境中各个微服务都部署了正确的版本等，此外，还有旨在提高环境资源利用效率的各种方法。

下面我们按照这三个层次分别介绍。

22.3 管理本地运行环境

下面介绍如何管理一台机器（实体机、虚拟机或容器）上基础软件的安装和配置。

22.3.1 声明式

我们希望在同一套环境中，同一个微服务的多个运行实例的本地运行环境相同。进而，我们希望在不同的环境中，这个微服务的本地运行环境也相同。总之，要避免形成难以维护的**雪花服务器**（Snowflake Server）[①]。

那如何做到这一点呢？可以使用**声明式**（Declarative）方法，先声明它应该是什么样的，再让工具按照这样的声明，自动把服务器变成那样。不管当前是什么样的，最终都要变成声明的那样。

Ansible、Puppet、Chef、SaltStack 等服务器配置管理工具就是这样的思路：先由人来定义本地运行环境应该是什么样的，应该安装哪些基础软件的什么版本，应该使用怎样的配置；再由服务器配置管理工具来分析当前服务器的情况，自动计算如何变成期望的样子，并且自动付诸实施。

这种方法可比传统的管理方法好多了。传统的管理方法需要分别登录微服务所在的各台机器，输入命令进行一些操作，如修改某个配置，或者给某个基础软件升级。如果遗漏了某台机器，或者在某台机器上没有输入统一的命令，那么这台机器就和标准的情况有了些许差异。长此以往，日积月累，就变成雪花了。

22.3.2 只换不修

如何让一个微服务的多个运行实例标准化？一种方法是声明式，另一种方法是只换不修。后者还有一个高大上的称呼：**不可变基础设施**（Immutable Infrastructure）。它的核心思路是，当你想升级本地运行环境时，不要去修改它，而是直接使用一个新版本去替换它。

以 Docker 为例，一个 Docker 镜像中既包括由源代码构建生成的主体程序，也包括该程序运行所需的基础软件等。于是，部署根据该 Docker 镜像产生的 Docker 容器，就意味着既部署了主体程序，也部署了该程序运行所需的本地运行环境。而当你想升级主体程序或想升级本地运行环境时，不是“钻”到各个 Docker 容器中去进行某种修改，而是根据新版本的 Docker 镜像生成新版本的 Docker 容器，使用新版本的 Docker 容器来替换当前版本的 Docker 容器。这就是典型的不可变基础设施。

---

① 参见 Martin Fowler 的文章 *Snowflake Server*，链接见资源文件条目 22.1，网上亦有译文可参考。

当使用虚拟机方式而不是容器方式时，也可以使用类似的思路。可以先制作虚拟机镜像，再基于虚拟机镜像生产一台或多台虚拟机，以此来实现本地运行环境的一致性。注意：与 Docker 方案的区别是，这里的虚拟机镜像一般不包括微服务主体程序本身。升级微服务的方法是，通过部署工具使用微服务的新版本替代旧版本，而无须更新虚拟机镜像。不仅是微服务，如果本地运行环境中还有其他一些经常发生变化的内容，那么也不建议将这些内容放入虚拟机镜像，而是考虑使用其他方法管理，如使用前面介绍的服务器配置管理工具。

22.4 让微服务在整体运行环境中运行

通过 22.3 节介绍的方法，我们已经可以管理好一个微服务的本地运行环境了，保证它的内容正确。本节将介绍如何让这个微服务在整体运行环境中运行起来，能与整体运行环境中的其他部分相互配合。

22.4.1 资源的申请与实现

如果微服务在虚拟机或实体机上运行，那么要想增加服务器，常见的做法是先提交环境资源申请，等待审批通过。不仅在生产环境中需要走申请审批流程，在测试环境中可能也要走申请审批流程。

这样的申请审批流程，应该尽量减少审批步骤，降低审批级别，缩短审批时间。当然，最好取消申请审批流程本身。此外还可以考虑这样的方法：在申请到一个资源配额后，配额内的资源就无须逐笔申请了。

在审批通过后，如何实现呢？最好是自动实现，也就是说，无须运维人员查看审批通过的申请单，据此进行一些神秘操作，运行一些神秘脚本。在审批通过后，工具就自动分配好相应的服务器资源，并且自动安装和配置好服务器的本地运行环境。

如果微服务在容器中运行，资源的申请和实现就比较容易了。一般无须申请，工具可以根据编排文件自动产生合适的容器。

22.4.2 基础设施即代码与 GitOps

一个项目如果使用了容器，那么通常也会使用容器编排工具，如 Kubernetes。

在容器编排工具中，使用几个容器实例、如何与其他服务连接等容器编排信息，是通过代码化的方式定义的。定义好的编排交由工具自动实现。不论是微服务初次上线还是版本更新，工具都能动态产生适当的容器，并且将其融入整体系统。

这种使用类似于源代码的形式定义环境的方法被称为**基础设施即代码**（Infrastructure as Code，IaC）[①]。使用这种方法可以把环境描述文件放入代码库；在特性分支上修改环境配置；发起合并请求，请人评审以保证质量；主分支上的变化触发真实环境中的变化；在紧急情况下，主分支上的代码回退，触发真实环境中的回滚。这就是 **GitOps** 的核心思想。

22.4.3 封装以降低认知负荷

对于一个企业内的或构成一个软件系统的众多微服务，直接写 Kubernetes 的配置文件可能会导致不必要的灵活和发散。同时，要求广大开发人员深入掌握 Kubernetes 似乎也不太合适，毕竟开发人员的主要关注点应该是程序编写本身。

所以要考虑对 Kubernetes 这类工具进行一定的封装，以便对各种选项、各种可能性进行一定的约束，同时通过图形用户界面等方式提高易用性，降低对使用者知识和能力的要求。

事实上，在有些企业中，连定义本地运行环境的 Dockerfile 都不是直接写的。

22.5 管理整套环境

一套环境就是指系统整体运行环境的一个运行实例。下面讨论如何管理它。

22.5.1 何时需要再搭建一套环境

运行环境可以分为生产环境、预发布环境、功能测试环境、性能测试环境、开发联调环境等，每种环境可能有不止一套。运行环境要供应充足，不要发生想做某种测试却因为没有相应的测试环境而做不成的情况，也不要发生时常需要等待“别人”用完了才能用的情况。

① 参考《基础设施即代码：云服务器管理》一书。

那么，到底需要准备几套运行环境，各做什么用途呢？下面详细介绍下。

当某种类型的测试对测试环境有特别的要求时，它需要有相应类型的测试环境。例如，有些团队的预发布测试环节，需要使用生产环境的数据库，那么它就不能与其他种类的测试一起使用同一个测试环境。

当某种类型的测试时常会干扰其他测试或被其他测试干扰时，它就需要有单独的一套测试环境。例如，在性能测试期间，系统可能会响应慢，可能会崩溃，于是其他测试没法开展，因此性能测试要有自己单独的测试环境。又如，开发人员的自测联调和测试人员的正式测试通常发生在两种不同的环境中，以避免前者较低的程序质量影响到后者的测试工作。

当需要同时在不同的版本上测试时，需要多套环境。例如，如果前一次迭代的集成分支和后一次迭代的集成分支都需要在某一种测试环境中测试，那么这种测试环境就需要有不止一套，以避免相互等待。

反之，如果（基本）没有上述问题，那么不同类型、不同目的、不同测试对象的测试就可以共用同一套测试环境。例如，一套测试环境，可以既用于特性分支合入集成分支触发的持续集成流水线上的自动化冒烟测试，又用于针对新功能的持续的人工测试，只要能保证流水线部署新版本的时候不会引起服务中断，干扰人工测试就好。

22.5.2 整套环境的自动生成与分配

测试环境一般对应集成级分支。每类集成级分支通常只有一到两条。因此每种测试环境，常备一套或两套通常就够了。

而当特性分支需要测试环境时，情况就完全不同了。需要的特性测试环境的数量是不固定的，随时可能需要更多的特性测试环境。当需要一套新的特性测试环境时，最好可以很快很方便地创建出来。这就要求创建过程是自动化的，而且不需要烦琐的审批流程。当某开发人员需要它时，应该点击一个按钮就能获得。

更进一步，考虑到创建毕竟还是需要一些时间，最好总是保持少量几套已创建好且空闲的测试环境，随时可以分配，用完就回收。

22.5.3　实现在整体系统中自测

这里的自测指的是开发人员在提交代码改动前，在个人开发环境中运行程序，进行自测，特别是人工自测。这时候的自测应当是测试一个微服务在整体系统中运行时的表现，而不是使用 Mock 把它包围起来。这就好像，我们不仅要测试一个零件是否符合规定，而且要测试将这个零件安装到机器上能否发挥作用，机器能不能转起来。

如何实现在整体系统中自测呢？如果整体系统是由众多微服务组成的，那么在个人开发环境中就难以复现整个系统。常见的思路是，让开发人员的个人开发环境连接到一套整体测试环境，甚至成为其一部分。

如果个人开发环境中的微服务是调用链路的上游，它调用其他下游的微服务，那么把个人开发环境中的这个微服务简单连接到一套公共测试环境，调用那里的微服务就可以了。

而如果在一条调用链路中，个人开发环境中的微服务不是位于最上游，而是被其他微服务调用，但它的上游只有一个或少数几个微服务，那么可以考虑把那个（些）上游微服务也部署到个人开发环境中。例如，如果要测试微服务 B 上的改动，需要由微服务 A 调用微服务 B，那就在个人开发环境中同时运行微服务 A 和微服务 B，如图 22-1 所示。

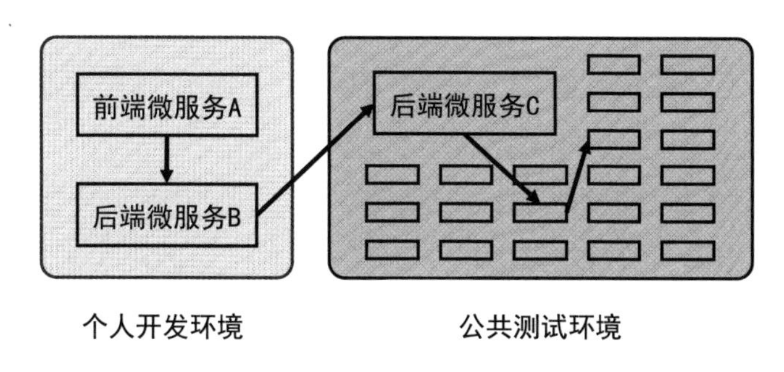

图 22-1　将个人开发环境连接到公共测试环境

如果使用这个解决方案时，有太多的微服务需要在个人开发环境中运行，个人开发环境从资源角度无法支持，那就要考虑更高级的技术方案了，详见 22.5.4 节的介绍。

为了把个人开发环境和整体测试环境相连接，根据项目实际情况，可能需要解决办公网络和测试网络不互通、本地网络地址不固定以至于难以从测试环境访问等具体技术问题。

22.5.4 探索：虚拟独占方式

22.5.3 节讲到，当整体系统包括众多微服务时，单靠个人开发环境无法运行起整个系统，这是一个困境。其解法是，只在个人开发环境中运行必要的微服务，由它（们）调用整体测试环境中的其他微服务。此时，个人开发环境中的微服务和整体测试环境中的其他微服务组成了一套环境，这套环境中的所有资源仿佛是这名开发人员独占的，不会被其他人使用和干扰。我们姑且把这类方式称为**虚拟独占方式**，如图 22-2 所示。

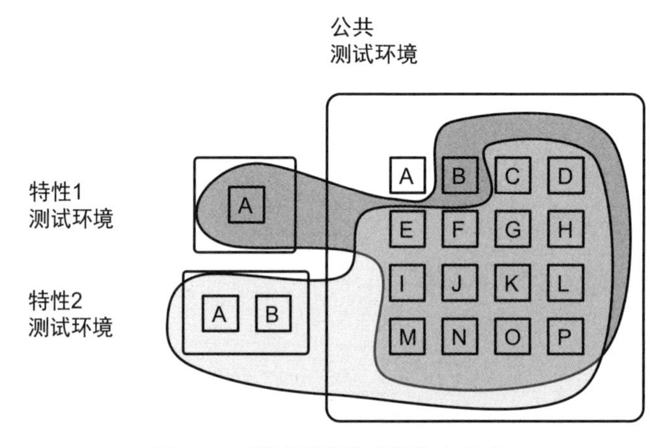

图 22-2 测试环境的虚拟独占方式

这种虚拟独占方式，不仅可以用来解决个人开发环境资源有限，无法运行起整个系统这个困境，也可以用来解决下面这个困境：如果系统规模比较大，微服务比较多，那么搭建一套测试环境的成本就比较高。如果每一条特性分支都对应一套特性测试环境，那么总成本就会很高。而虚拟独占方式可以大大降低一套特性测试环境的成本：只需要在一套特性测试环境中部署那些为该特性做了修改的微服务就可以了，没有修改的微服务，可以直接使用公共测试环境中的。

虚拟独占方式容易实现吗？在这样的场景中容易实现：调用链路的上游是本次修改的微服务，由它调用使用虚拟独占方式的下游。而当调用链路的下游是本次修改的微服务，由使用虚拟独占方式的上游调用它时，就需要克服更多的技术上的困难：技术上具体如何实现，与具体系统使用的微服务架构有关，不能一概而论[①]。

22.5.5 测试环境和生产环境的一致性

测试环境和生产环境之间要尽可能相似。于是，程序只要在测试环境中运行没问题，大概率在生产环境中运行也没问题。为了让测试环境和生产环境尽可能相似：

- 各环境的架构和管理方式应该相同。例如，如果生产环境使用的是某种容器编排方式，如使用 Kubernetes 管理 Docker 容器，那么测试环境也应该使用这种方式，而不是在虚拟机上直接运行微服务。
- 测试环境和生产环境中，部署工具和过程应当保持一致[②]。
- 测试环境和生产环境中，环境管理工具、应用配置参数管理方案、SQL 变更管理方案，应当保持一致。
- 测试环境中使用的数据库、中间件等基础服务，操作系统等基础设施，其品牌、版本甚至配置都应该尽可能与生产环境中的保持一致，这是为了在测试时就能够发现系统使用这些基础服务时的功能和性能问题。
- 如果整体系统依赖某些外部的、第三方的系统和服务，那么在测试环境中也要尽量使用这些系统和服务，这是为了在测试时就能够发现与这些系统和服务之间配合的问题。只有在不得已的情况下，才使用 Mock 代替它们。
- 测试环境中的各个微服务要部署合适的版本。除了本次改动的微服务，其他微服务应该使用当前生产环境的版本。

测试环境与生产环境的环境方案和管理方式的差异，往往是因为两种环境由不同部门负责造成的：运维部门负责生产环境的搭建和维护，测试部门负责测试环境的搭建和维护。更好的职责划分方式应该是由统一的部门负责运维工作，管理所有运行环境的基础资源、基础设施、运维工具，供各类场景使用。而具体为每个项目、每个微服务所做的配置和执行的操作，也就是常被称为应用运维的部分，则应该由各个开发团队自主完成。

---

① 《在阿里，我们如何管理测试环境》这篇文章介绍了阿里巴巴的解决方案，链接见资源文件条目 22.2。

② 当然，部署多少台机器、滚动部署的部署批次之类的参数的值可以不一致。

22.5.6 数据隔离

本节讨论一下数据隔离这个话题。

大体来说，不同环境（指整套环境）的数据要相互隔离，避免相互干扰。但是还有一些特殊之处。

预发布环境存在的目的是尽可能接近生产环境，所以它经常和生产环境共用数据库、数据表。但是要尽量让数据记录各有所属，如测试账户和真实用户要使用不同的用户 ID，并且避免在汇总统计时将测试数据计算在内。

在灰度发布后，少量真实用户试用新版本新功能，此时一般应该使用生产环境的数据库、数据表，读/写其中的数据。网络游戏领域有一个专门的词，叫"不删档内测"，说的就是这个场景。

当各个特性分别有其专属的一套特性测试环境，供特性分支合入集成分支之前使用时，理论上各套环境应该有各自独立的表结构和数据。然而，这样做的成本比较高，所以经常共用一套数据库，使用相同的数据表。此时，如果想为新特性修改表结构，那么必须小心操作：要保证兼容性，不影响其他特性的测试。而对于已确定废弃的特性，要进行相应的清理，恢复表结构。

对于不同的个人开发环境运行实例，如果它们在测试时连接到了某个测试环境，那么也有类似的问题需要解决。除了上述解决方法，也可以考虑使用内存数据库等轻量级方法：牺牲了一点儿环境一致性，但是方便验证和调试。

第 23 章 SQL 变更

在运行环境中有两类特殊的内容需要特殊对待，一类是数据库，另一类是应用配置参数。本章介绍数据库相关的内容。

23.1 什么是 SQL 变更

运行中的软件系统大体上是由程序和数据两部分组成的，而这两部分有两个显著的区别。第一个区别是，程序一般是无状态的，而数据则通常是长期存在的，它的生命周期常常比特定版本的程序的运行时间长很多。程序启动/停止、容器迁移、软件版本升级，都意味着特定版本的程序实例消失不见，而数据却保留了下来。第二个区别是，相同版本的程序，不论在哪个运行环境实例中都一样，而数据则属于特定的运行环境实例。

数据一般以一定的结构存储。典型地，关系数据库中的数据表就是以一定的结构来存储数据的。要想让程序运行起来，先要创建这样的数据存储结构，可能还需要填充一些基础数据。而在程序运行时，程序会不断读写数据存储结构中的数据。当我们升级程序的版本时，可能也需要对数据存储结构做相应的调整，对已有数据做相应的调整。由于数据通常存储在关系数据库中，对数据存储结构和基础数据的调整通常使用 SQL 语言，所以我们把这类调整不严格地称为 **SQL 变更**。

SQL 变更需要像对源代码的修改一样经过软件交付过程，依次部署到各个测试环境中，最终部署到生产环境中。在此过程中，需要和源代码的交付过程相互协调、配合。这是从软件交付的视角我们要关心的内容。

在系统运行期间，业务数据的不断变化不属于本章关心内容，那是软件系统本身的行为。对测试数据的管理也不属于本章关心内容，本书会在讲解测试时介绍。

23.2 自动执行 SQL 变更

这是一个基本要求：在 SQL 变更时，不应该登录数据库管理终端界面，输入 SQL 命令或把 SQL 命令复制和粘贴过来执行，这样做是有风险的。在生产环境中输入 SQL 命令，意味着这些 SQL 命令不一定“原汁原味”地在测试环境中执行和验证过；在复制和粘贴时，可能会因为少复制了关键内容，如 where 条件子句等，而导致出错。

正确的做法是，先把 SQL 变更脚本编辑好并作为制品存储起来，再在不同的环境中通过工具自动读取它们并执行，以保证在生产环境中执行的脚本就是在测试环境中验证过的。常见的做法是使用流水线把这些步骤串联起来，自动执行。

23.3 确保 SQL 变更质量

SQL 变更在技术上可以做到运行 SQL 脚本就能完成。然而，编写 SQL 脚本就去生产环境中执行，实在是太冒险了。应该对 SQL 变更进行适当的质量控制。基本的思路是，**同样一个 SQL 脚本，先在测试环境中执行，没问题了再在生产环境中执行。**

需要在所有的测试环境中都这样做吗？最好是这样。在为一个新特性拉出特性分支并在其上编写源代码时，就应当同时编写相应的 SQL 脚本，并且将其提交到特性分支。随着特性分支合入集成级分支，其触发的持续集成流水线除了自动把最新的代码部署到某个测试环境中，也应当自动对该测试环境中的数据库进行 SQL 变更。

随后的流程也类似，当通过流水线把程序的新版本部署到某个测试环境中时，同时应当在该环境中由流水线驱动自动进行相应的 SQL 变更，然后进行测试。当通过所有的测试，发布上线时，再把程序的新版本与相应的 SQL 变更一起部署到生产环境中。

23.4 程序与数据存储结构的版本匹配

当一次软件升级既涉及程序新版本的部署，又涉及 SQL 变更时，通常的做法是，在该环境中先进行 SQL 变更，包括对数据存储结构的改变，以及对已有数据的处理。在完成 SQL 变更后，旧版本的程序与新版本的数据存储结构相互配合，再分批滚动升级程序本身，逐步变为新版本的程序与新版本的数据存储结构相互配合，如图 23-1 所示。

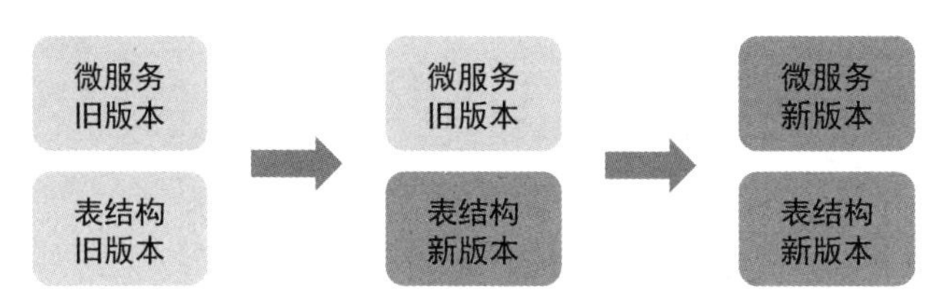

图 23-1 程序部署与 SQL 变更的顺序和兼容性

为此需要让新版本的数据存储结构保持对旧版本程序的兼容性，所以通常是在已有的数据表中增加字段，而很少删除字段。

当程序回滚到旧版本时，回滚 SQL 变更并不是必需的，数据存储结构通常保持其已发布上线的新版本即可。这是因为，旧版本的程序与新版本的数据存储结构是兼容的，而且程序的新版本经过改进说不定很快就又部署上线了。此外，并不是每个 SQL 变更都适合回滚。例如，如果 SQL 变更是新增加一个表，随后这个表已经写入了用户数据，那么回滚这个 SQL 变更就不妥当，这个表的删除会导致相应用户数据的丢失。

当某次 SQL 变更还是有回滚的可能性时，相应的回滚 SQL 脚本应当提前编写好，并且与正向升级的 SQL 脚本放在一起，纳入版本控制。回滚 SQL 脚本应该在测试环境中进行测试，确保它可以正确地回滚。

23.5 管理 SQL 变更的特别之处

SQL 变更与源代码变更的不同之处在于，源代码变更是我们告诉工具平台，某个微服务的新版本的全量是什么样的，然后使用全量的源代码进行构建打包进而部署，替代旧版本。而 SQL 变更通常是我们告诉工具平台，增量是什么：想通过 SQL 脚本做出什么样的改变。

这是 SQL 变更的特别之处，它带来了一系列挑战。

23.5.1 管理 SQL 变更的挑战

由于我们告诉工具平台的是数据存储结构要如何改变，而非数据存储结构本身，这就带来了一系列挑战。

- 如何保证在一个环境中，该执行的 SQL 脚本都被执行一遍，并且仅被执行一遍？
- 如何保证在一个环境中，SQL 脚本的执行顺序是正确的？
- 如果在测试时或上线后发现某个 SQL 脚本有错误，那么在已经执行过该脚本的环境中，如何消除它的影响？在还没有执行过该脚本的环境中，如何保证将来执行的是修正后的版本？
- 在创建一个全新的环境时，如何初始化数据库表结构和基础数据？

23.5.2 应对挑战的常见方法

下面介绍如何应对 23.5.1 节列出的各个挑战。

应对第一个挑战的第一个方法是，分目录存放，并且在必要时人工挑选要执行的 SQL 脚本。

在代码库中，按迭代划分目录并存放相应的 SQL 脚本。每次发布上线都对应一个这样的目录。在每个目录下，有若干个 SQL 脚本。在生产环境中执行 SQL 变更时，执行当次发布上线对应目录下所有的 SQL 脚本即可，它们都从未在生产环境中执行过。

而在某个测试环境实例中执行 SQL 变更时，由于在该环境中可能已经执行了该目录下的一些 SQL 脚本，所以在必要时需要人工挑选出尚未执行的 SQL 脚本，并且据此自动执行。

应对第一个挑战的第二个方法是自动判断在特定环境的数据库中哪些 SQL 脚本执行过，不需要再次执行了，哪些 SQL 脚本没执行过，需要执行。使用 Flyway、

Liquibase 等工具可以进行这样的自动判断。其原理是，工具自动记录在特定环境的数据库中已执行过哪些 SQL 脚本，据此自动计算出还有哪些 SQL 脚本没有执行，随后自动执行没有执行的 SQL 脚本。

应对第一个挑战的第三个方法是把 SQL 脚本写成幂等的。如果 SQL 脚本可以反复执行而不会出错，那么也就没必要担心 SQL 脚本被执行不止一次了。因此，把 SQL 脚本本身改造成可以反复执行的，具备幂等性，就可以在测试环境中的每次 SQL 变更时，都执行当前迭代对应的目录下的所有 SQL 脚本，而无须挑选了。

应对第二个挑战常见的方法是在这些SQL脚本的名称中加上编号，以便将SQL脚本部署到各环境中时都按编号顺序依次执行。而如果这些 SQL 脚本是按照迭代分目录存放的，那么编号只要能体现该目录下各 SQL 脚本的执行顺序就可以了。

对于第三个挑战，首先介绍在生产环境中发现 SQL 脚本有错误时如何处理。在理想情况下，每个 SQL 脚本都应该有相应的回滚 SQL 脚本，回滚 SQL 脚本在测试环境中进行过验证，证明它能完全消除影响，也不会带来其他问题。如果发现 SQL 脚本有错误，那就先执行相应的回滚 SQL 脚本，再执行经过修正的 SQL 脚本。

然而现实中技术上并不一定存在这样的回滚 SQL 脚本，特别是在执行 DDL 语句时。当无法回滚时，常见的一种处理策略是，不进行回滚，而是执行一个补丁 SQL 脚本来修复问题。在执行补丁 SQL 脚本之前，最好先在测试环境中验证它。

接下来介绍在测试环境中发现 SQL 脚本有错误时如何处理。测试环境数据库中的数据远没有生产环境数据库中的数据重要，通常可以通过执行回滚 SQL 脚本，让数据库表结构回滚到 SQL 变更之前，即便为此丢失了数据也没关系。随后执行经过修正的 SQL 脚本。

对于第四个挑战，理论上可以在新建一个测试环境时，把历史上所有的 SQL 变更脚本都按顺序执行一遍。不过，在实践中常常使用一个更简单的方法：先把生产环境数据库的表结构（及基础数据）导出，再导入新建的测试环境的空白数据库。

23.5.3 探索：声明式

SQL 变更的挑战都来源于管理数据存储结构和管理程序源代码存在的根本性差异之一：前者是使用 SQL 语句写出来要想改变该怎么做，描述的是如何变化；

而后者是使用源代码表达程序是什么样的，描述的是全量。

那么，能否消除这个根本性差异，让 SQL 变更的方法和源代码变更的方法一样呢？也就是说，能否在代码库或特定管理工具中，定义表结构要变化成什么样，而不是如何变化。甚至对基础数据也这么做，定义基础数据要变成什么样，而不是如何变化。于是，当把表结构和基础数据的新版本部署到某个环境实例中时，让工具自动根据其与当时环境实例中的表结构和基础数据的差别，生成相应的 SQL 语句，自动执行这样的 SQL 语句。

这样一来，上面提到的四个挑战就都不存在了。

在一些大型企业中，自主研发的工具已经（部分）实现了上述方法，并且与代码评审流程及集成-测试-发布流程相结合，实现了完整的闭环。这是一个很好的探索方向，相信将来会有越来越多的团队使用这样的方式。

第 24 章 应用配置参数

应用配置参数是运行环境中另一类需要特殊管理的内容。本章讲解应用配置参数相关的内容。

24.1 什么是应用配置参数

应用配置参数大体上可以分成两大类：系统配置参数和业务配置参数。下面分别介绍。

我们在介绍运行环境管理时讲到，要让测试环境尽量与生产环境一致，这样在生产环境中可能遇到的问题，才能尽可能在测试时就暴露出来。这里说的一致，是指工具、基础设施等方面的一致，如使用相同的 JDK 版本、数据库软件。

而很多配置参数没必要一致。例如，数据库名称和地址，测试环境中的和生产环境中的是不一样的；数据库账户名称和密码，为安全起见，测试环境中的和生产环境中的一般也是不一样的。这些配置参数让系统得以运行起来，我们姑且称之为**系统配置参数**。

注意：这里我们说的系统配置参数是供每个微服务的主程序读取的。至于在本地运行环境中安装的各个基础软件本身需要进行的配置，不是这里关注的内容，而是本地运行环境管理要考虑的事情，例如，在 Dockerfile 中安装某个基础软件的命令行中，指定合适的安装参数。运行环境中的数据库服务等中间件服务也是需要管理其配置的，这也不是这里要关注的内容。

除了系统配置参数，还有业务配置参数。例如，特性开关用来控制某个特性对用户是否可见，甚至可以细分到对特定用户群是否可见。又如，在网上购物场景中，从拍下商品到完成付款有一个最长等待时间，这个值也可以作为一个配置参数，于是改动它就无须修改程序源代码。这类与业务和功能相关的配置，我们姑且称之为**业务配置参数**。

不论是系统配置参数还是业务配置参数，这些应用配置参数在不同的环境中可以有不同的值，而且可能在设置后还会调整。

一个应用配置参数通常表现为一个键值对，其中，键是应用配置参数的名称，值是应用配置参数的值。前者对于同一个软件版本是固定的，后者可能随不同环境、不同时间而不同。如果做得更好的话，那么可以使用某种层次结构来组织这些键值对，如把它们分成几组，每组若干个键值对，这样更有利于查找和管理。

24.2 应用配置参数的管理

我们这里所说的**应用配置参数的管理**是对系统配置参数和业务配置参数的管理。它们有什么要管理的呢？

把一个微服务的配置文件简单地存储在该微服务所在的各台服务器上，在需要时登录各台服务器人工进行修改，肯定是不行的，又麻烦又容易出错。应用配置参数就像源代码一样，也需要进行版本控制。有适当的机制，在统一的地方进行存储、修改。应用配置参数就像源代码一样，也需要有某种变更过程，让新的参数值在特定环境实例中生效。也需要有集成-测试-发布流程，以汇聚不同开发人员的修改，确保发布质量。

应用配置参数管理的特殊之处在于，**参数的值可能随着环境实例的不同而不同，而且可能会随时发生变化**。不同类型的参数要使用适合它的管理机制。一方面，尽量避免为不同的环境实例人工重复进行相同的配置和修改，要让与软件演进相关的配置改动自动传播；另一方面，尽量避免死板僵化的流程，争取想变就能变，不要调整什么都要跟源代码一起去执行集成-测试-发布流程。要同时做到这两方面并不容易。

24.3 如何设置应用配置参数

设置应用配置参数有多种方式，我们需要在具体情景中做出合理的选择。下面详细介绍。

24.3.1　设置应用配置参数的方式

如何设置、何时设置这些应用配置参数呢？

最“靠前”的实现方式是在构建前设置，让应用配置参数参与构建，成为构建产物的一部分。典型地，在 Java 中使用 Spring Boot 框架时，默认读取 application.properties 配置文件，该文件在构建时被打包进安装包中。于是，当不同环境或不同时期需要不同的参数值时，需要重新构建。比这种方式省点儿时间的方式是，先构建出“裸包”，再适时为不同场景、不同需求注入相应的应用配置参数，形成最终交付物。这样一来，构建速度会快很多，而且一致性更有保证。还有一种方式是在打包时把所有环境的应用配置参数都打包进去，当把安装包部署到具体环境中时，让该环境对应的那组应用配置参数生效。

也可以把设置时点向“后”挪，在程序启动前设置，让程序在启动时读取应用配置参数。例如，在安装一个安装包的命令行中加上应用配置参数，于是在程序启动运行时，就读取应用配置参数。再如，在部署过程中，启动 Pod 时，通过传参来修改 Pod 中程序的配置文件。让程序在启动时读取应用配置参数，意味着可以简单地通过重新启动程序来加载新的应用配置参数，而无须重新构建。典型地，在 Java 中使用 Spring Cloud 框架时，使用 Spring Cloud Config 配置中心管理应用配置参数，而让程序总是在启动时读取一遍应用配置参数。

再进一步向“后”挪，那就是在程序运行时随时修改应用配置参数。例如，让运行中的程序定时询问配置中心，如果有更新就会在此后生效。而做到极致是当修改了应用配置参数后，立即把它们自动同步到各相关程序并立即生效。典型地，携程的 Apollo 配置中心，可以发送配置发生变化的消息给运行中的程序，于是运行中的程序就可以在监听到这样的消息后采取行动。

还有的时候，管理业务配置参数本身会成为业务系统的一个功能，具备用户界面（UI），供管理员等特定用户角色进行配置和管理。

24.3.2　自动执行

作为最基本的要求，在定义了应用配置参数的键和值后，**应该让它们“一键”就能自动生效**。它的反例是，使用命令行把配置文件复制到程序所在的一台台服务器上，在将来需要修改时，登录每台服务器进行人工修改。这样做是不合格的。

具体怎么实现“一键”自动生效呢？如果把配置文件打包进安装包，那么应用配置参数就会随着安装包自动部署到各个环境中并生效。如果是在部署时或程序运行时读取配置文件，那要么把该配置文件存储在网络上的唯一位置，要么把它自动分发到各台服务器。如果是在程序启动时读取配置信息，那么要实现应用配置参数发生变化后自动重新启动微服务的各个运行实例。这通常是分批滚动进行的。还可以做成在应用配置参数发生变化时自动通知微服务的各个运行实例，这当然就更好了。

24.3.3 设置方式的选择

我们何时使用哪种设置方式呢？总体来说，越希望应用配置参数的变化能随着软件交付流程自动从个人开发环境流转到各个测试环境中，再流转到生产环境中，就越要让设置靠前；而越希望应用配置参数灵活变化，随着环境的不同而不同，随着时间的不同而不同，脱离软件交付流程的束缚，就越要让设置靠后。

我们先来分析系统配置参数。那些在不同环境中取值相同的系统配置参数，通常比较稳定，其变化频率远低于源代码的变化频率，因此把它们与源代码放在一起一同构建是很方便的。这样就自然而然地维护了系统配置参数与源代码版本的对应关系。在变更时，变化也能自然而然地流转到各个环境中。

对于随着环境的不同而不同的系统配置参数，如果环境的数量有限，系统配置参数的值也不会经常发生变化，那么仍然可以把它们与源代码放在一起并纳入构建过程。而如果环境的数量是不定的，如有若干个特性测试环境实例动态生成、分配、回收和销毁，那就要看系统配置参数是随着环境类型的不同而不同，还是随着环境实例的不同而不同。如果是前者，那么该系统配置参数仍然可以与源代码放在一起，因为环境类型的数量有限；如果是后者，那么该系统配置参数应另行管理，当然最好是自动生成该系统配置参数的值。

在系统配置参数中，如果有些系统配置参数的值经常发生变化，即使软件版本没变，这些系统配置参数也会经常发生变化，那么这样的系统配置参数就不适合跟源代码放在一起进行构建，而是应该向“后”挪。

接下来分析业务配置参数。不论是特性开关还是一些数值型的参数，业务配置参数通常需要具备在不同环境中取不同值的能力，并且需要具备在源代码未发生改变时发生变化的能力。因此，业务配置参数一般不应与源代码放在一起，而是另行管理，如使用配置中心，在程序运行时变更业务配置参数。

24.3.4　探索：键值分离

24.3.3 节的总体思路是，当应用配置参数主要是随着软件的演进而变化时，就把它们和源代码放在一起管理，让应用配置参数的变化随着源代码的改动从开发流转到集成、测试、发布上线。而当应用配置参数主要是随环境或时间变化时，就重点考虑如何保持应用配置参数的独立性和灵活性，让它们可以随时随地发生变化。

这样的方法基本够用，但是并不完美。随着软件的演进而需要改变、随着环境或时间的不同而不同，这两种变化是会同时存在的，所以对它们的管理需求也是同时存在的，而这又是相互矛盾的。

例如，我们随着软件的演进要相应地增加一个应用配置参数，而这个应用配置参数的取值又随着环境的不同而不同。我们一方面希望增加一个应用配置参数这件事能够随着源代码的改动从开发流转到集成、测试、发布上线，另一方面又要为不同环境设置这个应用配置参数的值。如果我们把这个应用配置参数和源代码一起管理，那么当我们为某个测试环境设置相应的值时，我们可能不知道在生产环境中应该把值设置成什么。而如果我们单独管理这个应用配置参数，让它随时随地可以修改，那么又缺乏机制保证在测试环境添加了这个应用配置参数后，在生产环境不会忘记添加它。

在软件设计模式中有一个核心的设计原则：分离变与不变的部分。或者说，分离不同类型的变化，分别进行处理。下面我们来尝试把这两种变化（随着软件的演进而变化、随着环境或时间变化）进行分离。

第一种变化，大体体现为键值对中的键（及其默认值）。不同版本的程序，需要不同的配置项。此外，也可以带上默认的参数值——如果在某个环境中不必特别设置某个配置项，那就使用它的默认值。宜把应用配置参数的键（及其默认值）与源代码放在一起，进而一起构建打包。

第二种变化，大体体现为键值对中的值。应用配置参数的值随着环境或时间变化。宜把应用配置参数的值设置成在具体环境实例中可以随时修改。

在程序运行时，程序所感知到的键值对，应该是以上两者的叠加，如图 24-1 所示。

- 有键有值：第一种变化中的键，如果有默认值，或者在第二种变化中有对应的值，那么它们就可以匹配在一起让程序看到。如果既有默认值，又在第二种变化中有对应的值，那么取后者。

- 有键无值：第一种变化中的键，如果既没有默认值，在第二种变化中也没有对应的值，那么在程序部署前要自动拦截，因为这种情况不应该发生。
- 无键有值：第二种变化中的值，在第一种变化中还没有键。这通常是由于在某个环境中部署程序的新版本前，提前设置了新版本所需要的键在该环境中的值，此时它不应该影响正在运行的程序，也就是旧版本的程序。

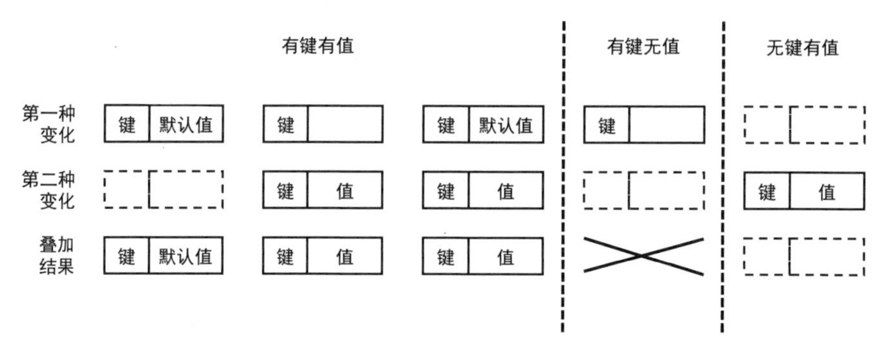

图 24-1 程序所感知到的键值对

下面是在程序中引入一个新的键值对的典型过程，如图 24-2 所示。

- 在配置文件中定义这个键（及其默认值），将配置文件与源代码放在一起进行构建打包。
- 在把程序的新版本部署到某个运行环境中之前，先设置该键的值，此时正在运行的程序看不到它。
- 在该运行环境中部署程序的新版本。程序获得该键的值。

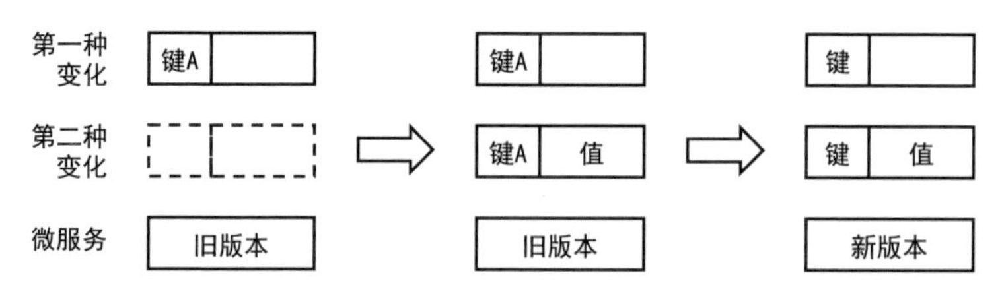

图 24-2 引入一个新的键值对的典型过程

这个方案目前在具体项目中还不常见。这是一个值得探索的方向。

24.3.5　探索：减少人工设置内容

如果应用配置参数列表很长，那么设置起来还是挺麻烦的，因此要尽量让这个列表短一些。

首先，在软件开发中有一个原则，**约定优于配置**（Convention over Configuration），也被称为按约定编程。这是一种软件设计范式，旨在减少软件开发人员做决定的数量，而又不失灵活性。Maven 就是应用这个原则的典型代表。我们也应当把这个原则应用到应用配置参数的设置上——只有“特别的”配置、与约定不符的配置，才需要明确地设置。

其次，考虑分层复用。有些应用配置参数在系统级、子系统级等级别设置一次就够了，不需要为每个微服务都设置相同的值。我们可以考虑让具体微服务中这个参数的值是合成的——如果在系统中设置过，而在这个微服务中没有进行过特别的设置，那就使用系统中设置的值；如果在这个微服务中进行过特别的设置，那就使用这个特别设置的值。

类似地，同一个微服务的不同类型的运行环境，其应用配置参数的值有很多是相同的，可以考虑抽离出这些相同的内容，只定义一次。同一类测试环境的不同实例，其应用配置参数的值也有很多是相同的，可以考虑抽离出这些相同的内容，只定义一次。

最后，真的需要人工设置吗？例如，当自动新建或分配到一套特性测试环境时，就不应该再人工设置各种应用配置参数了，它们应该是自动准备妥当的。

24.4　质量和安全

应用配置参数的管理也要注意质量和安全。下面详细介绍。

24.4.1　确保变更质量

应用配置参数的变更在技术上可以做到拨个开关、按个回车键就能完成。然而，在生产环境中，因为应用配置参数错误导致的故障可不少。因此不能随意变更应用配置参数，而要进行适当的质量控制。

当应用配置参数与源代码存储在一起，随源代码的演进而变化时，它们应该随源代码一起经过整个开发-集成-测试-发布流程。这可以保证，随着软件版本的升级而对某项应用配置参数做出的调整，将在测试环境中得到测试，并且最终在生产环境中生效。

而如果应用配置参数不与源代码存储在一起，应用配置参数的值可以在特定环境中随时改动，那么需要做到以下几点。

- 随着软件版本的升级而对某项应用配置参数做出的调整，需要确保其流转到各个环境，特别是生产环境中，不能遗漏。考虑在流程上想想办法，如在发布前的检查列表中添加一项。
- 应该对该应用配置参数取值的每种情况或每种等价类进行相应的测试。
- 在具体环境中实际执行应用配置参数变更前，考虑进行人工评审，或者由两人共同完成。

24.4.2 程序与应用配置参数的版本匹配

如果程序和应用配置参数是分别管理的，如应用配置参数是放在配置中心中的，那么当一次软件升级既涉及程序的升级，又涉及应用配置参数的变更时，就需要进行一定的协调。通常的做法是，在该环境中先变更配置参数到新版本，再分批滚动升级程序本身，逐步变为程序的新版本与应用配置参数的新版本相互配合，如图 24-3 所示。

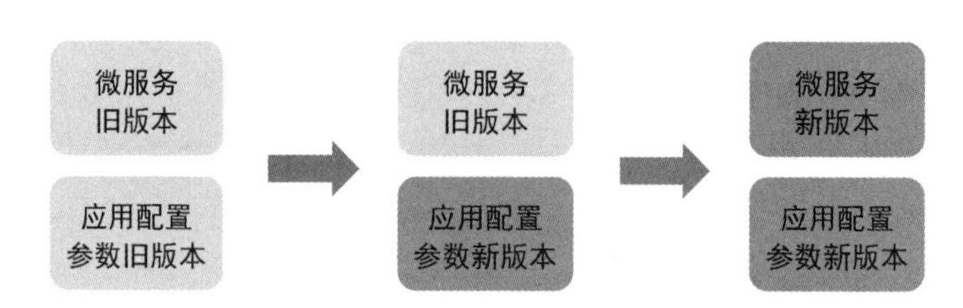

图 24-3 程序部署与应用配置参数变更的顺序和兼容性

为此需要让新版本的应用配置参数保持对旧版本程序的兼容性。所以我们在变更应用配置参数时，通常是增加参数项，而很少删除参数项。

24.4.3 敏感信息管理

在系统配置参数中，有密码、token 等敏感信息，应该对这些敏感信息提供额外的防护，防止它们泄露，造成安全风险。

具体的防护方法通常是对敏感信息进行加密后再存储。这样，即使是在配置参数列表中看到了该参数的值，也无法直接使用它。具体实现可参考 Kubernetes 的 Secret 等工具。

第 5 部分

程序质量的提升

第 25 章 静态测试

要想提升程序的质量，确保它达到可发布的水平，就要做各类测试，并且修复测试发现的问题。2.3 节简单介绍了各种各样的测试。而在“程序质量的提升”这部分，我们将详细介绍各种类型的测试，以及不同类型测试的通用方法和策略。本章介绍静态测试，也就是不需要运行程序就可以做的测试，包括代码扫描、代码评审、软件成分分析这几种测试方法。

25.1 代码扫描

代码扫描（Code Scanning），或称**静态代码分析**（Static Code Analyze）、**静态程序分析**（Static Program Analyze）等，是指通过对源代码[①]进行静态的而非运行态的自动分析，从多个角度考查源代码的质量。

集成了 PMD、CheckStyle、FindBugs 等一系列工具的 SonarQube 是代码扫描工具平台的主流选择，从工具功能上来说它十分强大。

25.1.1 什么情况下要做代码扫描

各类测试，各有所长，需要综合运用。本书在介绍每种测试时，将介绍这种测试擅长发现的问题。这样我们就能知道，应该在什么情况下使用这种测试方法。下面分析代码扫描擅长什么。

代码扫描主要根据预先定义好的明确的规则来发现问题，如违反代码规约的问

---

① 严格地讲，代码扫描工具有时扫描的不是源代码而是制品。如下文提到的 FindBugs，它扫描的是 Java 字节码，也就是*.class 文件。

题。这些问题既然能够使用工具自动找到，那就没必要靠人来发现。所以在做人工的代码评审之前，应该先做代码扫描。于是，在做人工评审时就不用再关注缩进使用的是空格还是 Tab 键之类的“简单”问题，也不用再跟进这类问题的修复。

代码扫描能发现有可能有错的地方，例如，定义了一个变量却没有使用，或者在进行条件判断时，不同的条件分支中，执行完全相同的步骤。这些蛛丝马迹都意味着有可能存在问题。近年来代码扫描也越来越多地借助人工智能算法发现潜在的问题。

代码扫描还能发现程序写得可能不够好的地方。它关心代码的复杂度、重复度、耦合程度和单元测试脚本的代码覆盖度等。这些指标的值不够好，就意味着程序有可能写得不够好。如果程序写得不够好，有“坏味道”，那么在此基础上继续编写代码时，编写效率就会比较低，并且容易写错。只有对源代码本身的扫描和分析可以发现这类潜在的问题，各种动态测试无法发现。

下面分析代码扫描的成本。代码扫描的准备成本是很低的，不需要编写测试案例或开发测试脚本，这些一次性投入成本为零。代码扫描每次执行的成本也是很低的，它是自动的，还可以和流水线集成，自动触发执行。修复代码扫描发现的问题的成本也是比较低的。由于它指出了（潜在）问题发生的具体位置，精确到代码行，所以容易修复。

总之，代码扫描的成本很低，收益不少，而且在某些方面无法被动态测试代替，所以**在绝大多数软件的开发过程中都应当进行代码扫描。**

那么代码扫描有没有力所不能及的地方呢？当然有。最重要的是，它采用的规则和算法，都是与具体业务无关的。源代码是否正确地反映了业务逻辑，是否实现了代码编写的意图，那就是代码扫描爱莫能助的事情了。所以，代码扫描很有用，但不能全指望它，不能做了代码扫描就把程序发布上线。

25.1.2　什么时候做代码扫描

代码扫描很便宜，也很有效果，所以应当频繁地开展，在软件交付过程的早期就开展。

它应当出现在集成分支提交触发的流水线上，也应当出现在特性分支提交触发的流水线上。开发人员在提交代码改动前，在他的个人开发环境中就应该随时进行代码扫描，甚至打开实时扫描开关。

25.1.3 必要时定制规则

尽管近几年人们开始探索在代码扫描中应用人工智能技术，但是当前代码扫描的主要方式还是机器根据预先定义好的明确的规则来扫描，分析并判断是否符合编程规范、是否有潜在的问题等。代码扫描平台中自带的规则集或广泛流行的规则集并不一定完全适合特定的领域、特定的产品，可能需要裁剪。裁剪意味着：

- 把不关心的代码规则去掉，以免每次都扫描出很多不想改的问题。
- 把不太关心的代码规则调整到低优先级，反之调整到高优先级。
- 增加新规则。

裁剪不等于裁减，但很多时候，对于规则做“减法”是比做“加法”更有效的手段。

25.2 代码评审

代码评审（Code Review）是指由其他开发人员来评审编写的代码，看有没有问题。这个定义中有两个要点。第一个要点，它是由别人评审，不是自己评审自己。当然，在提交代码改动前或特性分支合入集成分支前，先自己检查一下，这是一个好习惯。第二个要点，它是人工评审而不是自动分析。如果由机器自动分析检查源代码，那就是代码扫描了。

25.2.1 什么情况下要做代码评审

代码评审擅长发现什么问题呢？我们把代码评审和代码扫描放在一起做个比较。所有自动的代码扫描能发现的问题，理论上都可以通过人工的代码评审发现。但是反过来，并不是所有人工的代码评审能发现的问题，都可以通过自动的代码扫描发现。这是因为只有人才知道一段代码本应实现什么功能，现在是不是真的实现了，而自动的代码扫描对此无从判断。这么看来，不能因为做了代码扫描就不做代码评审了。

我们再把代码评审和各种动态测试放在一起做个比较。它们都能在一定比例上发现程序中的缺陷。很多缺陷是两类方法都能发现的。但是存在一些缺陷，如果只使用其中一类方法，那就会漏过。所以如果想要更高的质量，那就两类方法都使用。

代码评审的价值不仅体现在发现问题、保证质量上，也体现在促进开发人员之间相互交流和学习上。代码评审既能提高开发人员的一般性开发能力，也能使其更熟悉特定业务的特定程序。前者的价值自不必说，后者也很重要。

以上介绍了代码评审的价值。下面从投入成本的角度分析代码评审。代码评审的成本不低，它需要代码评审者（可能不止一人）逐行阅读代码并仔细分析思考。如果发现可疑的地方，那么还需要代码评审者和代码作者之间沟通讨论。在代码作者改正问题之后，评审者也需要再次确认。

这样看来，做代码评审要考虑投入产出，考虑值不值得。**代码评审并不总是值得做的**，什么情况下要做代码评审，由谁做代码评审，**需要根据实际场景制定合适的策略。**

一般来说，对于质量要求没那么高的模块上的代码改动、编写简单不太容易出错的代码改动、已经磨合很久的团队成员做的代码改动，我们应当少做甚至不做代码评审。反之，如果某个模块软件质量要求很高、编写容易出错，或者新员工、团队新成员做的代码改动，那就得仔细看看，多找几个人看看。

25.2.2　代码评审的颗粒度

一次代码评审应该包含多少代码改动？这主要从两个方面考虑。一方面，代码改动量不能太大。代码改动量很大时，评审需要花费很多时间。此时如果认真评审，那么会造成长时间的等待。更有可能发生的是，代码改动量太大导致评审者不愿意认真评审了，敷衍一下了事。另一方面，代码改动量不能太小。代码改动的内容应该是一个完整的“段落”，它是一个改动的逻辑单位，这样才容易评审。

特性这个颗粒度刚好满足这两点：一个特性通常不是很大，几人天的工作量；代码改动的内容也是一个完整的对用户有意义的单元。所以**代码评审一般以特性为单位**，经常是开发人员在特性分支上完成了一个特性的开发后，发起合并请求，评审者在合并请求中进行代码评审。

当某个特性确实比较大时，就要考虑能不能分几次进行代码评审。例如，把这个特性拆分成几个开发任务，每个任务完成后就进行一次代码评审。不少工具的合并请求功能都提供了一个名为WIP（Work In Progress，正在开发中）或Draft（草稿）的选项[1]，勾选了这个选项后，即便代码评审通过，工具也不允许进行代码合并。于是在一个特性的开发过程中就可以放心地多次进行代码评审，而不必等到开发完成后一起进行代码评审。

代码评审能否以代码改动提交记录为单位，而不是以特性为单位呢？也可以。但是此时要特别注意，为方便代码评审，每次提交的代码改动本身要形成一个完整、有逻辑意义、达到了一定目的的内容，而不要过于细碎。

25.2.3 事前评审和事后评审

从流程的角度来看，代码评审通常被分为事前评审和事后评审。

事前评审（Prior Review），是指代码改动只有通过了代码评审，才能提交或合入，流程才能继续。例如，Gerrit 中以代码改动提交记录作为代码评审的颗粒度，只有通过了代码评审，代码改动才会最终出现在服务器端代码库的特定分支上。又如，合并请求以特性作为代码评审的颗粒度，只有通过了代码评审，才能提交这个特性的改动，也就是把该特性分支合入集成分支。

事后评审（Post Review）则相反，是在提交或合入之后做代码评审，而做不做代码评审，一时并不会阻塞后续流程。例如，先把代码改动提交到集成分支，再适时进行代码评审就好。是否通过了代码评审，并不影响其他开发人员从集成分支上获取这个代码改动，也不影响开发人员在集成分支上联调。当然，事后评审最终也会遇到流程卡点。例如，在验收测试之前必须完成代码评审，或者在发布上线前必须完成代码评审。

那么，是事前评审好，还是事后评审好呢？各有利弊。事前评审容易带来等待，等待代码评审通过才能往下走流程。而事后评审意味着如果查出了问题，那么需要在修改后重新走流程。

其实无论是选择事前评审还是选择事后评审，关键是要把代码评审放在软件交付过程中，各种活动之间的哪个位置。一般来说：

- 可以自动化完成的测试活动，应该尽量在代码评审之前完成。这些测试成本很低，发现的问题容易修复，能靠它们解决的问题，就不要劳烦代

① 以GitLab为例，早期版本使用WIP标记，当前版本使用Draft标记。链接见资源文件条目25.1。

码评审。典型地，构建、单元测试、代码扫描，都适合放到代码评审之前来完成。

- 可以由开发人员自己完成的测试活动，应该尽量在代码评审之前完成。代码评审要不同的开发人员之间相互配合，要等别人的时间，要沟通交流。如果开发人员通过自测就发现并解决了问题，那就没有这些麻烦事了。所以应当先做自测。典型地，开发人员先自己进行人工测试，把功能调通。
- 要避免代码评审影响继续开发。如果需要等待前一条代码改动提交记录通过了代码评审，才能进行接下来的开发工作，那就太耽误时间了。
- 需要开发之外的其他角色如测试人员做的功能测试、非功能测试，其安排、交流比代码评审更麻烦，如果发现了问题，修复和验证也更麻烦，所以一般应该在通过代码评审之后再做。

这么来看的话，**如果是以整个特性为颗粒度进行代码评审，那就最好选择事前评审**，也就是合并请求的通常用法。它可以满足上述四个原则：通过了提交代码改动或新建合并请求触发的构建、单元测试、代码扫描再进行代码评审；开发人员对特性进行自测之后进行代码评审；特性之间通常相互独立，代码评审不影响其他特性的开发；代码评审通过了，特性才会合入集成分支，由测试人员进行测试。

而**如果特性比较大，需要缩小代码评审的粒度，在特性开发的过程中多次进行代码评审，那么此时最好选择事后评审**。此时，把特性分解为多个开发任务，每当一个开发任务完成，相关改动都提交到特性分支后，就进行代码评审。而在代码评审的过程中，可以继续为下一个开发任务编写代码。这样做也可以满足上述四个原则：通过了提交代码改动触发的构建、单元测试、代码扫描再进行代码评审；开发人员对代码改动进行自测之后进行代码评审；代码评审不影响这个特性继续开发；代码评审通过了，等将来整个特性合入集成分支，才会由测试人员进行测试。

25.2.4　代码评审的形式

常见的代码评审有两种典型的形式。**第一种形式是代码作者与评审者一起开会**，可以是面对面的会议，也可以是远程会议并共享屏幕。在这样的评审会上，大家通过交流和讨论，确定要修复的问题。理论上，阅读本次代码改动的环节应该在开会前完成，但实际上可能顾不上。也有团队干脆就在开会时一起阅读代码改动。而修复问题则是在开会后完成。有必要的话，完成后再开一个会讨论通过。

这种代码评审形式存在的一个主要问题是人难约，特别是当邀请的评审者比较多，或者评审者位于不同的地区时。为此可能把代码评审会议设置为定期举行，如每周的一个固定时间，而这样做就会带来等待：周一就把代码写好了，却要等到周五才能进行代码评审。

这种代码评审形式存在的另一个问题是，在代码评审时有些评审者可能跟不上节奏，特别是那些在开会前没有阅读代码改动的评审者。

总之，让多人在同一时间做同一件事，挺不容易的。而如果参与者分布在地球的各个角落，那就更不容易了。

第二种形式是使用代码评审工具分头进行代码评审。这种形式目前越来越常见。借助代码评审工具，各位评审者可以分头完成代码评审，而不需要约在同一个时间。任何评审者都可以随时在评审工具中进行代码评审，并且留下评审意见。代码作者逐条阅读研究和回复，通过代码评审工具与评审者（反复）交流。随后代码作者对代码进行修改，改正那些确实有问题的地方。修改后提交代码改动，再次进行代码评审。如此往复，直到通过代码评审。

这种代码评审形式存在的一个主要问题是沟通效率低。评审者和代码作者之间的沟通效率很低，解释问题是什么、讨论是不是问题、讨论该怎么改、改完后看是不是改对了，等等，这些活动都需要人和人之间的沟通。如果通过代码评审工具来交流沟通，那么一来一回，说不定几天的时间就过去了。在开源世界中，这个问题更严重，花费几个星期是常事，花费几个月也有可能。

最好是两种代码评审形式相结合。阅读代码由各位评审者分别独自完成，而讨论则由评审者和代码作者两人肩并肩地看着代码进行，或者两人在远程会议中看着共享屏幕讨论，而不必等所有评审者凑齐了再一起来讨论，也不必非要通过代码评审工具一来一回地交流。

另外，当两个人肩并肩地讨论时，对于特别简单的几秒就能改好的问题，可以随时修改并确认，以免来回折腾。

以上讨论的是以保证本次改动的质量为主要目的的代码评审。而如果某次代码评审的主要目的不是确保这次代码改动的质量，而是学习和交流以提升编程能力、形成统一的编程风格、就何时需要进行单元测试形成共识等，那就可以一起开会讨论，甚至可以设成定期会议，每次选择几段代码一起看一看。

25.2.5　代码评审的内容

代码评审都评审些什么呢？要看代码改动是否满足了需求，有没有带来缺陷。要看是不是有非功能方面的问题，如安全漏洞或对性能产生严重影响的问题。还要看代码写得好不好维护：是否易读、不容易错、容易扩展等。也就是说，要看综合质量。

代码评审不仅是逐行查看源代码改动。从评审对象的角度看来，不仅要评审源代码的改动，只要是人工完成的改动，就要考虑是否也应当由其他人来逐字逐句地看一下。

从交付过程的角度来看，覆盖范围至少还包括：

- 自动化测试脚本，如单元测试脚本的添加和修改。不仅要看写得对不对，而且要看该写的是不是都写了。
- 人工测试用例。
- 各种软件开发与交付工具中的各种配置的改动。
- 环境配置的变化。
- SQL 变更脚本。

从评审方法的角度来看，不仅要看文本改动本身，也要看自动扫描工具、其他测试工具给出的分析和结果：

- 查看代码扫描出的新增且尚未解决的问题，判断是否能够接受把它延迟到后续流程中解决，并且确保对此有明确的跟踪。
- 查看自动化测试（如单元测试）的结果，对于失败且尚未修复的情况，判断是否能够接受把它延迟到后续流程中解决，并且确保对此有明确的跟踪。
- 查看自动化测试脚本（如单元测试脚本）对代码改动的覆盖情况。不仅关注增量覆盖率，也要看具体覆盖了哪些代码改动，覆盖得是否足够全面。

从工具功能的角度来看，应该能从代码评审的界面中方便地前往查看代码扫描和其他测试的情况。

不仅由他人进行代码评审时应该关注这方面的内容，而且在自己回顾检查自己的代码改动时也应该关注这些内容。

25.2.6 代码评审的方法：检查清单

在做代码评审时，需要注意方方面面的问题，例如：

- 代码的架构合理吗？有没有进一步优化的空间？
- 代码是否符合团队的编程规范？
- 在代码中，对变量、方法等的命名容易理解吗？
- 是否添加了适当的注释？
- 是否有适当的单元测试脚本？
- 是否有适当的日志和埋点？

以上仅仅是举例，实际需要注意的问题有很多，所以最好是把要从哪些角度检查都列出来，作为一个**检查清单**（Checklist）[①]。在做代码评审时，要把检查清单中的条目都过一遍，以避免遗漏。使用检查清单是代码评审的一种有效的方法。

不仅在别人评审代码时可以使用这样的检查清单，在写完代码后，提交前自己进行检查时，也可以使用检查清单。

25.2.7 探索：代码评审时更方便地查看相关代码

如果在代码评审工具中只能看到修改的代码或修改的代码所在的文件，那么这对评审者来说不够方便。评审者时不时需要查看在这个源文件之外的更多的内容，如需要查看函数或方法的定义、类或接口的定义，而它们可能与调用它们的代码不在同一个源文件中。

最好是能够看到这个代码库中所有的文件。而且最好是能够方便地跳转到相关内容，比如方法的定义、方法的实现和方法的使用这三者之间应该能相互跳转。如果在代码评审工具中没有提供这些能力，那么评审者会觉得不方便，甚至有些评审者会因此拒绝使用代码评审工具。

那么，如何让代码评审工具具备这样的能力呢？第一种思路是，既然 IDE 通常具备这样的能力，那就考虑把代码评审功能融入本地或云端 IDE，这通常以插件的形式实现。第二种思路是，把 IDE 的这些能力内置到代码评审工具中，于是在做代码评审时就可以方便地到处跳转。相对而言，第一种思路更容易实现些。

---

① 可参考谷歌的代码评审规范，链接见资源文件条目 25.2，网上亦有译文可参考。

25.3 软件成分分析

静态测试，要么是分析源代码，要么是分析源代码构建产生的制品。分析源代码，人工分析就是做代码评审，自动分析就是做代码扫描。而在分析制品时，就没法进行人工分析了，只能进行自动分析，这被称为**软件成分分析**（Software Composition Analysis，SCA）①。

当前常见的软件成分分析工具有 JFrog 的 Xray、奇安信的开源卫士、OWASP 的 Dependency-Check 等，一些开源镜像仓库中也有相应的容器镜像扫描工具。目前使用软件成分分析工具的开发团队还不太多，软件成分分析还不是软件交付过程中的主流活动。有鉴于此，这里我们只大体介绍软件成分分析的概念，更多细节内容请读者自行研究尝试。

25.3.1 什么情况下要做软件成分分析

软件成分分析有什么独特的价值呢？它能提供分析源代码不能提供的信息吗？制品是由源代码经过构建得到的，所以只要分析了源代码不就可以了吗？

这里有一个逻辑上的漏洞。构建活动的输入通常并不仅仅是源代码，还有静态库。源代码和若干个静态库共同作为输入，构建得到新的制品。新的制品可能是可以部署运行的安装包或镜像等，也可能仍然是静态库。这样就形成了递归关系。假如某个开源社区提供的静态库 A 有问题，那么以它为输入而构建得到的静态库 B 就有问题，以此类推，最后结论是，在构建时直接或间接使用了静态库 A 的微服务 X、Y、Z 都有问题，如图 25-1 所示。

所以我们需要对制品进行构建依赖的分析，一层一层分析出它到底直接和间接包含了哪些制品的什么版本。同时我们需要有一个数据库，用于记录所有主流的开源制品的各个版本是否有问题，以及有什么问题。于是，我们就能知道被分析的这个制品，是否因为使用了这些开源制品（的特定版本）而存在问题，以及存在什么问题。这就是软件成分分析的核心机制。

---

① 尽管软件成分分析工具通常分析制品，看它直接或间接包含了哪些静态库，但也有一些软件成分分析工具分析源代码，看它直接或间接引用了哪些静态库。

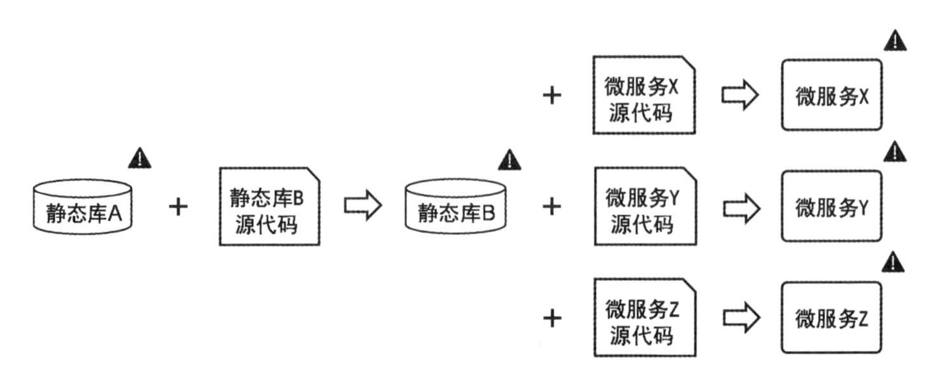

图 25-1 问题在制品间传播

上面我们说的“有问题”，可以包括功能上的缺陷、性能上的问题、安全漏洞、许可证方面的问题等，其中，安全漏洞通常是软件成分分析工具最关注的问题。

只要是构建时使用的制品，只要是构建产生的制品，都应当进行软件成分分析。

25.3.2 什么时候做软件成分分析

首先，在构建完成一个静态库或一个微服务，将该制品上传到制品库中时，应该自动触发软件成分分析。于是，当我们通过分析得知制品库中的一个制品（如静态库、安装包）有问题时，就可以在制品库中把它标记出来，告诉大家，不要再使用这个静态库作为输入进行构建了，或者不要发布这个安装包。当然，也可以先判断一个制品是否有问题，如果有问题，那就不要上传到制品库中了。

其次，外来制品应该经过软件成分分析后，再在内部使用。

再次，如果某个开源制品最近爆出有安全漏洞，那么在企业内部的制品库中，不仅要标记出来这个制品，还要查出所有在构建时直接或间接依赖它的制品并尽快处理。

最后，除了以上事件触发的软件成分分析，还可以把定期对全部制品进行分析作为补充，查缺补漏。

第 26 章 动态测试

本章介绍动态测试。动态测试是指对运行中的程序进行测试。我们平时提到测试的时候，其实主要就是指动态测试。这既包括自动化测试：单元测试、接口自动化测试、UI 自动化测试，也包括人工测试。我们将分别介绍它们。

不论是自动化测试还是人工测试，测试步骤和过程的基本单位都是**测试用例**。人工测试人工执行各个测试用例，自动化测试的每个测试用例对应一段自动化**测试脚本**的执行。人工测试通常有或多或少的文字[①]描述一个测试用例。而自动化测试通常没有文字描述，测试脚本本身就说明了。

26.1 单元测试

单元测试（Unit Testing）是对软件中的最小可测试单元，通常是一个微服务，在与软件其他部分相隔离的情况下进行的测试。单元测试是通过直接调用程序中的方法（Method）或函数（Function）进行的，而不是通过访问 API 或 UI 进行的。同时，在单元测试时通常只需要运行一个微服务，这个被测试的微服务不访问数据库，也不调用其他微服务，而是使用 Mock 代替它们。单元测试可以在构建环境中进行，也就是说，在流水线上，可以在编译构建后随即“原地”运行它，而无须考虑如何把被测试的微服务部署到一个精心管理和维护的整套测试环境中。

① 在探索性测试中，通常描述文字较少，并且以脑图等方式体现。

26.1.1 什么情况下要做单元测试

尽管单元测试有其他方面的好处，如它充当了方法或函数的使用说明，它还帮助开发工程师改善代码的设计与实现，但是它最重要的目的是保证局部代码的质量。单元测试是很严格的软件测试手段，它是动态测试中最接近代码底层实现的验证手段。

打个比方，一辆汽车由众多零部件组成，不能等造好一辆汽车后再做检测，而是应该先对零部件进行检测。对应到软件测试上，单元测试就是软件的“零部件”。单元测试擅长发现这个“零部件”本身的问题：它是否符合要求。

至于对这个“零部件”的要求本身是不是合理，单元测试发现不了。例如，把某个零部件的尺寸定为 10 厘米，单元测试就是使用卡尺测量，是不是真的是 10 厘米。然而这个 10 厘米长零部件可能塞不进汽车中为它预留的空间里。

所以只做单元测试是不够的。把零部件组装成发动机之后，还要把发动机再测一测。把发动机安装到整车上之后，还要把整车再测一测。接口测试、UI 测试，就是做接下来的这些测试。

单元测试是测这个“零部件”本身有没有问题。那什么时候应该多写点单元测试脚本，什么时候可以少写一点儿单元测试脚本甚至不写呢？**如果一段代码，它本身的算法比较复杂、逻辑比较密集，容易出错，那就要多写点单元测试脚本，覆盖各种情况。**反之，如果只是些数据转发之类没什么“滋味”的代码，那么相对来说就不太需要做单元测试。

26.1.2 什么时候做单元测试

开发人员在完成了一个方法或类的代码编写或修改后，就应该编写或修改相应的单元测试脚本，并且执行脚本看能否运行通过[①]。都没问题了，再把业务代码的改动和测试脚本的改动一起提交到代码库。

在此后的很多场合也都会有单元测试的身影，例如，在特性分支上和集成分支上的提交触发的流水线，在合并请求的质量门禁。因为单元测试执行一次的时间成本和硬件成本都很低，所以单元测试可以被频繁执行。

① 你想到了测试驱动开发？别着急，本书后面章节会介绍。

26.2 接口自动化测试

顾名思义，**接口测试**（Interface Testing）是指调用微服务提供的接口进行测试。而接口自动化测试就是自动执行的接口测试。

对接口可以进行人工测试吗？可以。开发人员写好了一个接口，就会使用 Postman 之类的工具，对接口进行人工测试和调试。但是当我们想对大量的接口进行反复的回归性质的测试时，就需要自动化测试了：先定义一个测试用例的集合，这常被称为**测试套件**（Test Suite），再自动执行这个集合中的各个测试用例。

26.2.1 接口自动化测试的内容

接口自动化测试要测试各个层次的接口。一个比较大型的软件系统，通常是由众多微服务组成的。从它的架构来看，尽管最上层对用户暴露的通常是图形化的用户界面，如网页或移动端应用，但往下一层，就是接口。网页或移动端应用调用了这些接口。而再往下一层，还是接口，以此类推。一个外在表现的功能，背后就是靠这样的接口调用链路实现的。而接口测试就是测试各个层次上的接口和各个层次上的集成情况，最终测试到接近表层的地方。而从表层发起的测试，就是 UI 测试了。

对接口的测试，既包括了单个接口的单次调用，也包括了在一个使用场景中的调用。对接口的测试首先是对单个接口的单次调用，看接口返回的结果是否正确。但这不足以保证接口功能肯定是没有问题的，因为不同步骤之间的配合还可能有问题。除测试单次调用外，还应当在完整的使用场景中测试，如完成一次网上购物下单。期间，测试工具会按顺序调用不同的接口，以完成场景中的所有操作。

26.2.2 什么情况下要做接口自动化测试

接口自动化测试擅长找出什么样的问题呢？接口的问题？不，那是表象。如果只是拿出一个微服务，测试它的接口本身有没有问题，那么测试的范围只是比单元测试多一层接口封装而已，就和单元测试在相当程度上重叠了。

接口测试的真正价值是，通过对接口的调用，看看各个微服务之间能不能彼此配合好，各个微服务和数据库中的表结构是不是能彼此配合好，被测试系统和外部系统是不是能彼此配合好，等等。它测试的是系统的不同部分组装在一起之后，能不能好好工作，如图 26-1 所示。**接口测试的本质是集成测试。**

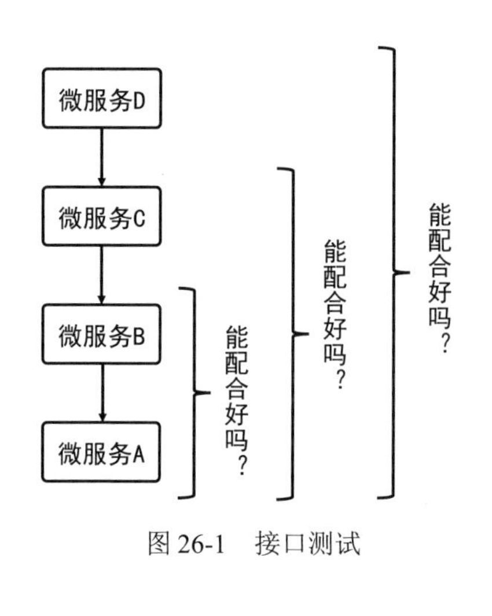

图 26-1 接口测试

说到接口自动化测试的成本，在测试脚本编写方面，相对单元测试脚本来说成本不高，因为编写一次接口调用，能测试一整条调用链路。相对 UI 自动化测试脚本来说成本也比较低，UI 自动化测试脚本通常比接口自动化测试脚本难写难维护。在测试执行方面，自动化测试执行成本很低。在缺陷修复方面，有明确的接口调用链路，问题也相对来说比较好定位。

因此综合来看，**接口自动化测试特别好用，可以多投入一些精力。**如果在动态功能测试方面，你的团队还没有引入任何自动化测试，那么应该首先考虑引入接口自动化测试。

26.2.3 什么时候做接口自动化测试

要频繁开展全量回归性质的接口自动化测试，反正执行一次很便宜。可以每天都在集成分支上执行一遍所有的接口自动化测试用例。如果这样执行一遍的时间不长，如只需要 5 分钟，那么甚至可以每当有代码改动提交或合入集成分支的时候，自动触发的流水线上就自动执行一遍所有的接口自动化测试用例。当然，如果把所有的接口自动化测试用例都执行一遍的时间比较长，那么在提交自动触发的流水线上，就只执行一些核心用例，作为冒烟测试。

要及时测试新编写或新改动的接口。每当一个接口开发完成，并且相应的测试脚本也开发完成的时候，就去测试它。不必等到本版所有功能都开发完成，所有接口测试脚本都开发完成后再进行测试。及早测试，及早反馈，便于修复。

26.2.4　探索：接口只在一处定义一次

在源代码中必然要有接口的定义，不然程序没法运行。**第一处，程序代码本身**。

第二处，接口相应的说明文档。接口说明文档说明接口的作用、各个输入参数、接口返回内容。如果接口说明文档靠人工维护，那么在源代码中做的事，就要再做一遍。这不仅要耗费不少精力，而且容易忘。

更好的思路是，将文档和代码写在一起，使用工具自动提取出来。典型地，支持 Swagger 的 Springfox 就是这样的工具。它的使用方法是，先使用特定的注解格式在源代码中写入接口相关信息，再自动扫描并生成特定格式的接口描述文件，进而生成阅读起来更友好的接口说明文档。

这样的自动生成工具应该与流水线集成，让开发者随时可以查看集成分支上最新代码对应的接口说明文档，让用户随时可以查看最新发布版本对应的接口说明文档。

第三处，接口的人工测试与调试工具中。在使用 Postman 这类的接口测试和调试工具的时候，也需要输入接口的名字，填写接口的各个参数及其取值。其中不少内容是在源代码中已经定义好的，或者是可以使用注解或注释的形式写在源代码中的。最好是让接口的人工测试与调试工具能够自动获得相关信息，而无须在工具中再次输入。

第四处，接口的自动化测试工具中。在使用批量执行接口测试脚本的接口测试工具时，需要先编写接口测试脚本，于是也需要先定义接口名称、接口的输入/输出参数。这些内容也应该是从源代码中自动提取的。进而，应该可以方便地查看给定接口被哪些接口测试脚本覆盖，以便判断接口测试是否足够全面，也便于随着接口变化持续维护接口测试脚本。

以上，我们都是假定首先在源代码中定义接口，然后在其他三处就不再重复定义。也有其他方法，如首先使用特定格式的文件定义接口，然后通过工具生成其他几处的定义。总之，**努力争取实现只在一处定义接口**，因为这样最省事。

26.2.5　流量回放

假定我们遇到了这样的场景：我们换了一种框架甚至换了一种编程语言，重写了某个微服务甚至是整个系统，现在想知道能不能使用它去替换生产环境中正在运行的软件，这该怎么测试？

传统的思路是编写覆盖足够全面的测试用例，不过无论是编写人工测试用例还是编写自动化测试脚本，都很费时间。

流量回放是一种新的思路：不再编写测试用例了，生产环境中真实发生的事情，就是测试用例。首先录制下来生产环境中真实发生的输入和随后真实产生的输出，然后在测试环境中向重写的程序提供同样的输入，看它产生的输出是否和生产环境中产生的输出相同。

流量回放不仅可以用于上述程序重写的场景。在软件日常迭代开发中，也可以使用这个方法。对比新版本的输出与老版本的输出不同的地方，判断新版本是否破坏了已有的功能。

26.3 UI 自动化测试

UI 测试（UI Testing）是指通过用户界面（User Interface，UI）操作软件来进行端到端测试的方法。UI 有命令行等多种形式，UI 测试一般是指通过图形用户界面（Graphic User Interface，GUI）进行的测试，这包括对网络浏览器所展现的网页的测试，也包括对移动端应用所展现的内容的测试。

UI 测试既可以自动化执行，也可以人工执行。本节介绍 UI 自动化测试后者。

26.3.1 什么情况下要做 UI 自动化测试

UI 自动化测试与接口自动化测试相比，简直一无是处。UI 自动化测试脚本的编写更复杂。而 UI 又经常会发生变化，使已有 UI 自动化测试脚本的维护工作变得比较繁重。

因此，**能使用接口自动化测试测的内容，就尽量不要使用 UI 自动化测试来测试。**对于大型分布式系统，UI 只是薄薄的表层，绝大部分内容都藏在下面，都是使用接口表达的。尽量使用接口自动化测试来测试这些接口，没必要都从 UI 进行操作。

UI 的自动化测试与人工测试相比，也不是很有优势。当网页显示有问题的时候，常常是人一眼就能看出来，而靠 UI 自动化测试脚本测试出来反而不容易。再考虑到 UI 自动化测试脚本的开发和维护成本，真是让人望而却步。

UI 自动化测试与人工测试相比，其最大的优势在于每次执行的成本比人工测试低很多。所以越是反复执行的内容，就越适合自动化测试。那么，在 UI 测试方面，什么类型的测试用例或测试脚本执行得最频繁呢？那就是冒烟性质的针对核心功能的回归测试。**程序最重要的那些功能、最高频的那些操作，其回归测试可以由 UI 自动化测试完成**。作为对比，对新功能的细致全面的测试，经常是人工开展而非自动化执行的。

以上分析都是基于一个前提条件，UI 自动化测试脚本的编写和维护成本比较高。如果把这个问题解决了，把成本降下来，那么自然结论就不一样了。如果采用了新技术，让 UI 自动化测试脚本的编写和维护成本的明显降低，那么自然就可以做更多的 UI 自动化测试。

26.3.2　什么时候做 UI 自动化测试

可以多频繁地做 UI 自动化测试，在很大程度上取决于 UI 自动化测试的误报情况。如果 UI 自动化测试不稳定，即便程序功能正确、脚本写得也对，还是会经常误报，如 100 个测试用例里误报 10 个，那就没法频繁执行，只适合到快发布的时候执行一下。

而如果 UI 自动化测试几乎没有误报问题，那么自然可以频繁执行，反正执行一次的成本很低。例如，可以每天晚上执行所有测试用例，而每当有代码改动提交或合入集成分支时，就在持续集成流水线上执行冒烟测试用例。

26.3.3　录制还是编写

UI 自动化测试脚本的开发有两种方法。一种是录制：人工完成测试，其间使用工具自动记录过程和步骤，将来复现。另一种是编写：直接人工编写 UI 自动化测试脚本。

从短期来看，录制的方法效率高，很快就可以生成 UI 自动化测试脚本。但这样做将来维护起来麻烦，只要有变动就得重新录制。

编写的方法则相反，虽然开发一个 UI 自动化测试脚本效率低，但维护起来容易，可以局部修改。此外，在 UI 自动化测试脚本架构良好，支持分层、抽象、复用的情况下，编写 100 个 UI 自动化测试脚本，并不需要 100 倍的时间，而是会节约很多时间。

在大多数场景中，**应该优先考虑编写 UI 自动化测试脚本的方法**。而录制的方法可以作为辅助和补充：先使用录制的方法自动生成执行一些步骤、操作之类的模块和片段，再加工并封装好，供编排串联整个场景时组合使用。

26.4 人工功能测试

这里所说的人工功能测试是指人工通过软件的用户界面（通常是 GUI）操作的，旨在验证具体功能的动态测试。在日常工作中，人工功能测试常被称为人工测试或手工测试。为表达清晰，本书不采用这样的称呼，在本书中，人工测试也包括其他内容，如静态测试中的代码评审。人工功能测试也常被称为功能测试。为表达清晰，本书也不采用这样的称呼，在本书中，功能测试也包括自动化的功能测试。

26.4.1 什么情况下要做人工功能测试

人工功能测试与 UI 自动化的测试相比，优势是不用花时间编写 UI 自动化测试脚本，只需要设计测试用例，这可省事多了。而人工功能测试的劣势是每次执行的成本比较高，执行 UI 自动化测试，不过是花费几分钱的电费，而进行人工 UI 测试，那是要耗费人力的。

因此，一个功能、一个测试用例，如果（可能）测试不了几遍，那么最好选择人工功能测试。例如，一个探索市场反应的最小可行性产品（MVP），还不知道它受不受用户欢迎呢，还不知道以后会不会保留甚至发展这个功能呢，那就先少写甚至不写 UI 自动化测试脚本，先人工测测就好。

而如果一个功能、一个测试用例需要被反复测试，那么最好选择 UI 自动化测试。例如，集成分支上每次提交代码改动触发的流水线上的对核心功能的冒烟测试，就应该把它自动化。同样的道理，如果从质量角度需要对各个已有功能进行更全面的回归测试，那么这样的回归测试也应该是自动化的。

26.4.2　什么时候做人工功能测试

由于有好几个角色都要做人工功能测试，下面按照不同角色梳理，应该什么时候做人工功能测试。

第一，开发人员要自测，这也包括开发人员自己做的人工功能测试。**开发人员的自测，一定发生在交给测试人员之前。**如果能在提交代码改动前，在个人开发环境中做测试时，就能在整体系统中自测，看改动的微服务在整体系统中的表现，那是最好的。如果做不到，那就到特定的联调环境中自测。

第二，测试人员做人工功能测试，以验证程序的质量、发现其中的缺陷。**测试人员做人工功能测试，应该有新特性开发完成就去测试**，而不是非要等到本次计划发布的所有内容都开发完成，再开始测试。甚至有一些敏捷门下的观点认为，即便一个新特性还没有开发完成，也可以做一些测试：先测试其中已完成的部分功能。

第三，除了开发人员、测试人员做的人工功能测试，产品经理、产品负责人、业务代表等角色也会做人工功能测试，他们做测试的目的主要不是为了发现缺陷，而是确保软件满足产品设计的本意，这被称为**验收测试**（Acceptance Testing）。Scrum 迭代末的演示环节在很大程度上也是这样的验收测试。**正式的验收测试一般发生在新特性通过了测试人员的测试之后**，而且通常发现不了多少问题。如果经常发现问题，那就要反思是不是前面的工作没做好：是不是对产品需求没有充分沟通？UI 的交互设计稿是不是没给产品经理看？

26.4.3　探索性测试

传统的软件测试是严格的“先设计，后执行”的过程：根据需求详细地规划和设计测试，作为测试计划、测试用例记录下来，并且对此进行评审等活动。当这些都做完后，再做测试。这样一来，不但要写的文档比较多，流程比较长，而且在测试执行之前都是“空对空”。

而**探索性测试**（Exploratory Testing）是“边执行，边设计”。在大致了解了背景和需求后，一边测试，一边学习被测试的系统，一边基于对它的最新认识进一步设计测试。相应地，设计过程也不必那么复杂，顶多画个脑图、使用文字简单记一下要点，这样一来，效率就高多了。

探索性测试这个方法很值得尝试。

第 27 章
重要但容易被忽略的测试

我们已经介绍了常见的静态测试和动态测试。本章将把它们向两个方向扩展：一是从功能测试扩展到非功能测试，二是从发布上线之前的测试扩展到生产环境中的测试。这些测试也很重要，但是容易被忽略。

27.1 非功能测试

与前面介绍的各种**功能测试**（Functional Testing，FT）相比，各种**非功能测试**（Non-Functional Testing，NFT）往往更专业。本节对各种非功能测试进行简单的介绍，并且对何时做哪种非功能测试给出基本的指导。

27.1.1 测试内容：性能和容量

与性能和容量相关的测试有一大堆名字。下面我们就来看看它们实质上是在关注哪些事情。

第一，测试用户感知到的性能。对于 Web 类的软件和移动端应用，最重要的是看实际使用者真实感受到的端到端的响应时间——“我”才不管现在有多少用户在同时使用，“我”只关心按下按钮后多久系统能把“我”想要的东西给“我”。此外，也会看“我”感受到的它的单位时间处理量，或者通俗地称为“带宽”，如播放影音、下载文件时的传输速度。

有很多因素会影响用户实际感知到的性能，因此测试一般会分段进行，如分别测试取决于后端系统处理能力的系统响应时间、受客户端处理能力影响的前端展现时间，看看它们是否需要改进。当然，最终追求的还是用户在实际使用时感知到的性能情况。

第二，看看系统最多能承受多大的吞吐量（系统在单位时间内处理事务的数量）而不至于崩溃，与之相关的有容量测试、负载测试、压力测试等。得到这个值后，将其与当前实际值或未来预期值（如"双十一"促销时的值）进行比较，看看是不是够用了，要不要加资源。此外，它也用于软件实现的改进——基于给定的硬件条件，为什么这么点儿压力就崩溃了？是不是程序设计还有很大的改进空间？

第三，看看系统是否稳定、可靠，与之相关的是持久性测试、稳定性测试等。从使用者的角度来看，服务是一直可用的，还是时不时就会出现 404，或者发生付了款的订单消失这种问题。而从系统运维的角度来看，会考查丢包现象是否严重，是否会出现内存泄漏等。

性能与容量相关的测试往往会得到很多的统计数据。然而，我们真正关心的问题的是，现在这样的性能、容量、稳定性，服务我们的用户是否足够？有多大风险？这是完成测试后无论如何也要做的分析，并且放到测试报告中的结论部分。或者采用另一种方法获得测试结论：通过分析计算，预先设置某些统计数据的阈值，一旦执行测试得到的值超过了阈值，就视为测试失败。不经常执行的，不完全自动化的测试，通常采用前一种方法。在流水线中执行的自动化测试，通常采用后一种方法。

27.1.2 测试内容：安全性

我们通常从两个角度来考查安全性。

一个是黑客使用"魔法"攻击时，系统的抵抗能力。为此，看看有没有暴露的网络通信端口；输入恶意脚本、长字符串、超越数字边界时，会不会有问题；数据存储和传递是不是足够保密，等等。这些都需要做专门的安全测试。

另一个是有没有账户和权限相关的问题。例如，权限设置是否合理、是否生效，不同用户的数据是否做到了相互隔离，等等。这些测试常常在功能测试时就一并进行了。

对安全性的测试应当贯穿软件交付全过程。在做代码评审时，在检查列表中就应当有与安全相关的内容。在做代码扫描时，安全问题同样不能放过。典型地，

Sonar 扫描就包括与安全相关的规则，而奇安信的安全卫士这样的专做安全扫描的工具则包括更多与安全相关的规则。而运行时的安全测试，不仅在测试环境中要做，在生产环境中也要做。此外，运维配置和操作也要注意安全问题。

27.1.3 测试内容：兼容性

兼容性测试主要考查对各类基础设施的兼容性。例如，在使用浏览器访问网页这个场景中，主要看对不同浏览器、不同浏览器版本、不同窗口大小的兼容性；在移动端应用这个场景中，主要看对不同手机机型、不同安卓系统或 iOS 系统的版本、不同屏幕分辨率的兼容性，并且考查当网络带宽较低时软件的基本功能是否仍然可用。在不同的企业中部署而不是集中部署的系统，则主要看对不同企业中不同操作系统、不同数据库、不同云环境的兼容性。

除了考查对各类基础设施的兼容性，还可能需要考查其他方面的兼容性。例如，如果软件有中文、英文等不同语言的版本，那么还要考查多语言的兼容性。

27.1.4 测试内容：易用性

前面讲的几种非功能测试都是偏技术的考查，而易用性测试考查的则是产品设计，主要看产品是否好学习、好理解，操作起来是否简便。在开发完成后，可以请产品经理来看看新功能，请用户代表来体验一下新功能，这些都是易用性测试的表现形式。

显然，软件要想做到易用，不能只依赖于代码编写完成后进行的易用性测试，代码编写之前进行的软件产品设计、交互设计及其评审更为重要。

27.1.5 什么时候做非功能测试

与功能测试不同，并不是每个特性都要进行所有的非功能测试，也不是每次发布时都要进行非功能测试，**非功能测试通常使用定期进行和按需进行相结合的方式。**

定期进行是因为自从上次进行过非功能测试后，软件在逐渐演进，用户使用方式在逐渐发生变化，用户量在不断增长……这么多因素发生变化，当变化累积到一定程度时，软件的性能等非功能指标就可能与当初基线明显不同了，因此需要再次测试。

按需进行是指当分析认为一个新的功能对性能、安全性等可能存在比较明显的影响时，进行相关内容的测试。例如，假定完整的性能与容量测试有 100 个要测的数据指标，但是经过分析评估，本次修改只可能明显影响其中的 5 个，那就围绕这 5 个数据指标进行测试。

如果本次发布版本需要做非功能测试，那么通常的做法是在所有代码改动都被集成后再做，而且往往排在各类功能测试之后。这样做是可接受的，但是可能有更好的做法：如果已经预知哪些方面可能会出问题，那就尝试在开发过程中尽早做相关测试，即使那时先开展的不是很正式、很严谨的测试也可以，尽早发现问题，实现非功能测试的“左移”。

27.1.6　尽可能自动执行

以性能测试为例，不存在纯人工的性能测试，它必然是在一定程度上自动化的。然而，性能测试是否做到了完全自动化，那就是另外一回事了。是不是需要先人工输入并执行造数脚本，再向数据库中填充数据？性能测试的测试报告是不是人工填写的？等等。理想的情况是，在流水线上就自动触发且完全自动化地执行性能测试，并且完全自动化地完成执行性能测试之前的各种准备工作和之后的各种总结收尾工作。

让各类非功能测试具有更高的自动化程度，有利于更频繁地开展它们，进一步降低风险。

27.2　生产环境测试

本节讨论在生产环境中做的测试。事实上，这包括了风格迥异的三类测试。下面我们一一介绍。

27.2.1　先在小范围试用

没吃过的零食，第一次买，就少买点，先尝尝。这个浅显的道理也可以应用到软件交付过程，它本质上也是一种测试。

我们常听到**灰度发布**（Gray Release）这个词。为降低发布风险，提高发布质量，发布的内容先让一小部分用户也就是灰度用户实际使用，验证没问题了再让所有用户使用。

那么这种测试是要验证什么呢？在不同的场合中，灰度发布要验证的内容是不同的。例如，有的灰度发布是想验证软件的新版本能不能正常运行，资源能不能承受得住，别产生故障甚至崩溃这样的大问题。这样的灰度发布，经过比较短的验证时间就可以认为通过验证了。

而有的灰度发布，是想看一下从用户的角度能否发现一些在前面测试时没有测试到的缺陷或小问题，有的话就进行相应的调整。这样的灰度发布，需要的验证时间比较长，以便用户有足够的时间发现问题。

还有的时候，我们希望通过灰度发布看看用户对新特性的喜爱程度，以决定是不是真的要正式发布这样的新特性。这样的灰度发布，需要的验证时间也比较长，以便收集统计数据。它常常和上面讲的第二种目的的灰度发布合二为一。

以上说的是灰度发布的目的。下面介绍一下灰度发布的两类方法。

第一类方法是按新版本灰度发布，灰度用户可以看到新版本包含的所有特性，而其他用户看不到。试用版、体验版、尝鲜版都属于这类。实现这种灰度发布的方法通常是，同一个微服务的不同运行实例是不同的版本，把灰度用户引流到灰度版本，而其他用户仍然被引流到当前正式发布的版本。这样的方法被称为灰度部署。

第二类方法是按特性灰度发布，灰度用户可以看到具体某个新特性，而其他用户看不到。这就控制得更精细了。实现这种灰度发布的方法通常是，同一个部署实例在“接待”不同的用户时，表现出不同的行为：灰度用户访问时表现出这个新特性，而其他绝大多数用户则看不到这个新特性。这类方法背后使用的技术是特性开关，5.4 节介绍过特性开关的另一个适用场景。

与灰度发布这个概念相关的，还有 **β 测试**（β Testing），它也是进行小范围试用。β 测试是找外部用户试用。而如果明确地让用户知道他们在试用新版本、新功能，并且有明确的机制鼓励他们从用户角度出发，提出包括缺陷和改进建议在内的反馈，那就可以称为**众包测试**（Crowdsourced Testing）了。

此外，**A/B 测试**（A/B Testing）的本质也是小范围试用，它主要用来测试两个方案中用户对哪个更感兴趣、哪个效果更好。这里所说的效果，可以是用户更喜欢、购买金额更高等，根据具体情况来定。让少数用户看到 A 方案，另有少数用户看到 B 方案，如果 A 方案能有更好的效果，那么将来就把 A 方案正式发布，让所有用户使用；如果 B 方案能有更好的效果，那么将来就把 B 方案正式发布，让所有用户使用。

27.2.2 发布后的功能测试

毕竟测试环境与生产环境有差异，即使在测试环境中软件完全没问题了，也不能保证在生产环境中万无一失。所以适当进行生产环境的功能测试，能够进一步减少问题，降低风险。

在生产环境中部署了程序新版本之后，最简单和轻量的测试是自动访问一个特定的网页，并且判断返回的内容对不对，据此判断程序是不是正常运行。这通常算作生产环境部署过程中的一个步骤，本书在 21.3 节介绍过。

我们可以把上述方法算作最简单的冒烟测试。生产环境测试不仅可以有冒烟测试，还可以有更丰富的内容、更多的测试用例；不只是浏览，还应该操作；不仅是读，还可以写。这些测试内容，能自动化的就实现自动化，不能实现自动化的就人工操作。

这样的测试最好是端到端的，说明各个微服务之间、与中间件服务的连接、与外部系统的连接等都没有重大问题。

如果测试涉及写操作，那么还要特别注意产生的数据要与真实用户的真实数据相区分，特别是涉及金融交易的数据。

27.2.3 生产环境中的非功能测试

在性能测试方面，生产环境测试的典型例子是**生产环境全链路压测**。由于在测试环境中很难模拟全链路的真实情况，因此考虑在生产环境中模拟海量的并发用户请求和数据，对整个业务链路进行压力测试，以便找到所有潜在的性能瓶颈并进行优化。它的难点之一是区分测试数据和真实数据，使它们不要相互干扰。

在性能测试方面，另一个典型例子是 **Dark Launching**，也被称为 **Dark Testing**。如何在生产环境中模拟百万个用户同时使用一个新的功能，并且不影响当前众多用户的使用？Dark Launching 这个方法不对当前用户界面做任何改变，它通过一个隐藏的方法（如调用 API）访问后台服务，观察效果。这样做，即使后台服务出现了错误，也不会反映在用户界面上，影响当前用户的使用[①]。Dark Launching 和本书 5.4 节介绍的 Keystone Interface 的思路类似，都是通过不改变用户界面而隐藏了后台的功能。

高可用测试也可以在生产环境进行。典型地，**混沌工程**（Chaos Engineering）在生产环境中故意制造意外，看系统的反应，以此找出薄弱环节并加以改进，让系统更健壮。这就好像放进来一群猴子来捣乱，所以又称被为**猴子测试**（Monkey Testing）。为降低风险，此类测试也可以考虑先在测试环境中进行，等比较有信心了，再在生产环境中进行。

在安全性测试方面，在生产环境测试的典型的例子是请外部专业人员进行**渗透测试**（Penetration Testing），模拟黑客进行攻击，以期挖掘出系统中存在的漏洞，并且加以补救。

① 参见 Martin Fowler 的文章 *Dark Launching*，链接见资源文件条目 27.1。

第 28 章
测试通用要点

前面三章介绍了各种类型的测试，介绍篇幅都比较短，唯独代码评审的介绍篇幅比较长，是其他测试类型的好几倍。代码评审比其他测试都重要吗？不是，是它比其他测试特别。其他测试有很多通用要点，不必在介绍每种测试时反复介绍。这些通用要点，由本章介绍一遍就好了。

28.1 程序的输入：应对无尽的可能性

做测试，先要设计测试用例，再执行测试用例。我们就从测试用例的设计讲起。设计测试用例，首先要分析需要测试哪些情况。

28.1.1 正常、异常和边界情况

所有的代码都是在对数据进行分类处理，每一次条件判定都是一次分类处理，嵌套的条件判定或循环执行，也是在进行分类处理。如果有任何一个分类遗漏，都会产生缺陷；如果有任何一个分类错误，也会产生缺陷；如果分类正确也没有遗漏，但是分类时的处理逻辑错误，同样会产生缺陷。可见，要做到代码功能逻辑正确，必须做到分类正确且完备无遗漏，同时每个分类的处理逻辑必须正确。

在具体的工程实践中，开发工程师为了设计并实现逻辑功能正确的代码，通常会有如下的考虑过程。

- 如果要实现正确的功能逻辑，会有哪几种正常的输入。
- 各种潜在非法输入的可能性及如何处理。

- 各种边界输入。

下面介绍这三类输入的具体情况，以及如何应对其无限可能性。

28.1.2 使用等价类来应对

先研究正常输入。举个例子，有这样一个功能：用户在一个输入框中输入 1 到 100 这 100 个数字中的某一个，程序就告诉用户，这个输入数字大于 50、等于 50 还是小于 50。此时为了测试正确的功能逻辑，我们是否需要把 1 到 100 这 100 个数字依次试一遍？没必要。应该把输入分成若干**等价类**（Equivalence Class），每类中，只要有一个测试通过了，就说明其他输入也没问题了。在上面这个例子中，我们把这 100 个数字分成三组：1～49 作为一组，50 这个数字单独作为一组，51～100 作为一组。只要每组抽出一个数字并验证通过，就说明这些数字在作为输入时都不会有问题。

这些都是正常情况，还要测试程序在异常情况下的处理。例如：

- 如果输入了一个负数，程序会怎么处理？
- 如果输入了一个大于 100 的数字，程序会怎么处理？
- 如果输入的不是数字而是字符，程序会怎么处理？
- 如果输入的数字前面或后面有空格，程序会怎么处理？
- 如果什么都没输入，程序会怎么处理？

测试异常情况，也要运用等价类的思想，分成若干组，每组进行一次测试，否则永远也测试不完。

编写程序，在处理边界输入的时候往往比处理正常情况更容易出问题。什么是边界呢？49、50、51 这三个数字在边界上，容易出问题。0、1 也在边界上，应该一个报错，一个正常执行。类似地，100、101 也在边界上，应该一个正常执行，一个报错。这些边界输入应该额外多测一测。

28.1.3 输入数据不只是函数的输入参数

通常来讲，测试用例是一个“输入数据”和“预计输出”的集合。需要针对确定的输入，根据逻辑功能推算出预期正确的输出，并且以执行被测试代码的方式进行验证，用一句话概括就是“在明确了代码需要实现的逻辑功能的基础上，输入什么，应该产生什么输出”。但是，测试用例的“输入数据”和“预计输出”可能远比你想得要复杂得多。本节我们先重点看一下输入。

以单元测试为例，如果想当然地认为只有被测试函数的输入参数是“输入数据”的话，那就大错特错了。这里列出了几种“输入数据”，希望可以帮助大家理解。

- 被测试函数的输入参数。
- 被测试函数内部需要读取的全局静态变量。
- 被测试函数内部需要读取的成员变量。
- 函数内部调用子函数获得的数据。
- 函数内部调用子函数改写的数据。
- 在嵌入式系统中，在中断调用时改写的数据。

在划分前面所说的等价类时，要把这些情况都考虑进去，才能让测试无遗漏。

28.1.4　组合爆炸

至此，我们仍然有着雄心壮志：测试要无遗漏。然而在实际项目中，常常做不到测试无遗漏，甚至离无遗漏还差得很远。其主要原因是组合爆炸。

举个简单的例子，假定一个函数有 5 个输入参数，不算多吧。每个参数有 10 个等价类，也不算多吧。那么组合在一起，一共有多少个等价类呢？10 的 5 次方，10 0000 个等价类。测不起，肯定测不起！

为了应对组合爆炸，就需要一些策略和技巧，如两两组合代替完全组合。作为一本软件交付领域的科普小册子，本书在这里实在无法继续展开讨论了。

我们可以先记住一个基本结论，**测试很难做到面面俱到，**我们只能投入有限的精力，基于风险判断，运用合适的策略和技巧，**在有限的时间内尽可能发现问题，高效率地进行测试。**

28.1.5　测试覆盖率

测试很难做到面面俱到。那对于某个功能，现在究竟有多面面俱到，或者究竟有多少遗漏？也就是说，测试覆盖程度怎样？**测试覆盖率**这个指标能够在一定程度上反映测试覆盖程度。

例如，单元测试中的**代码覆盖率**（Code Coverage）是指在测试脚本执行时所覆盖的源代码占所有源代码的比例。代码覆盖率包括多种计算方法。以行覆盖率为例，如果100行源代码，各个测试用例在执行时覆盖了其中的80行，那么行覆盖率就是80%。行覆盖率是代码覆盖率中最浅显易懂、最流行的指标。平时谈到单元测试的覆盖率，默认就是指行覆盖率。

除了行覆盖率，单元测试还有分支覆盖率等覆盖率指标。下面是一个计算分支覆盖率的例子：如果一段代码中有5个条件判断，对应10条执行分支，各个测试用例在执行时覆盖了其中的8条执行分支，那么分支覆盖率就是80%。

对于接口自动化测试，首先要看的测试覆盖率指标是**接口覆盖率**。如果程序总共有100个接口，各个测试用例覆盖了其中的80个接口，那么接口覆盖率就是80%。

测试覆盖率还有全量和增量之分。**全量覆盖率**用来反映当前全部源代码被测试用例覆盖的情况。而**增量覆盖率**用来反映程序的两个版本间改动的部分被测试用例覆盖的情况。

28.1.6 用好测试覆盖率

各种各样的测试覆盖率都只是在一定程度上体现了测试覆盖程度。以接口覆盖率为例，对于一个接口，写一个测试用例就算覆盖了；写多个测试用例，把各种正常情况都覆盖了，也算覆盖了；写更多的测试用例，尽可能覆盖各种异常情况和边界情况，体现在接口覆盖率上，同样算覆盖了。从测试覆盖程度上看，它们的区别很明显，而从接口覆盖率的角度，却没有区别。

但测试覆盖率并非毫无价值，它在统计意义上是有价值的。一个接口，从没有测试用例覆盖它，到被一个测试用例覆盖，这是从0到1的差别，是从0到1的提升，值得对此进行统计。单元测试也一样，如果发现某个微服务的增量覆盖率与其他类似的微服务的增量覆盖率相比，总是明显降低，那么这时要请单元测试能力比较强的同事挑几个最近的改动看看，是不是该写单元测试的地方没有写。而如果某个微服务的全量覆盖率从一个很低的值开始持续地提高，并且在团队回顾会中大家都普遍认可，认为提高了质量和效率，那就说明做得很好。

不要单纯追求覆盖率指标，发现没有被覆盖的接口，就草草地编写一个测试脚本对付过去；发现单元测试覆盖率低，就去补充测试用例把代码都覆盖，也不管那些代码是不是值得使用单元测试保护起来。测试覆盖率是个重要的参考指标，它可以帮助我们发现可能的问题，帮助我们进行改进。但是千万不要把它作为工作的目标，真正的目标是有效率地发现问题，提高质量。

28.2 程序的输出：怎样写断言

测试有多充分，除了体现在测试覆盖程度上，也体现在断言上。断言是指判断程序的行为也就是程序的输出是否符合预期。没有断言等于没测试，但有断言也不意味着万事大吉：你写的断言可能不够充分。

28.2.1 程序输出的多种形式

以单元测试为例，程序的输出绝对不是只有函数返回值这么简单，还应该包括函数执行完成后所改写的所有数据。例如：

- 被测试函数的返回值。
- 被测试函数的输出参数。
- 被测试函数所改写的成员变量。
- 被测试函数所改写的全局变量。
- 被测试函数中进行的文件更新。
- 被测试函数中进行的数据库更新。
- 被测试函数中进行的消息队列更新。

28.2.2 对输出进行适当的校验

我们在测试一次函数或方法的调用时，经常检查函数或方法的返回值，看它是否执行成功。我们在测试一次接口调用时，经常检查接口的返回码，看它是否执行成功。这些是最基本的断言。这样的断言是有价值的，它说明程序能运行了。

然而这往往是不够的，程序不仅要能运行，还要正确运行，要分析函数、方法、接口返回的各项数据的值，看它是否符合预期。例如，查询订单金额的接口，返回的就应该是订单金额的实际值，如果返回的订单金额不对，此时即使接口的返回码表示执行成功，其实也没有执行成功。

如果调用函数、方法、接口是为了让系统发生某种变化而不是简单地进行查询，那么还要看是否真的发生了期待中的变化。例如，测试一个记录新订单的接口，那就要看系统中是不是真的记录了这个新订单——可以通过调用查询订单的接口来实现这一点。又如，在单元测试中，如果期待被测试函数在执行过程中调用Mock来模拟向数据库中写入数据，那么应该考查它是否真的正确调用了Mock。

当然，我们也不是必须对程序输出的各个方面都进行详尽的校验。举个例子，接口A是一个底层子系统提供的接口，它能返回某种查询所查到的复杂的数据。已经有丰富的接口测试用例覆盖各种情况，并且做了详尽的校验。接口B是一个上层子系统提供的接口，它的实现是在调用接口A后，再添加一点儿信息。那么对接口B的接口自动化测试脚本，在对接口B返回的内容做校验时，就不必再对其中接口A返回的内容做详尽的校验，此时重点是校验接口B的实现中，在调用接口A后，添加的一点儿信息是否正确。

对于预计输出值，必须严格根据代码的功能逻辑来设定，而不能通过阅读代码来推算预期输出，否则就是“掩耳盗铃”了。你不要觉得好笑，这种情况经常出现。主要原因是，开发工程师自己测试自己编写的代码时会有严重的思维惯性，以至于会根据自己的代码实现来推算预计输出。

28.3 测试数据准备

当确定了要测试哪些情况，设计好了测试用例，编写好了测试脚本，此时可以开始做测试了吧？可能还不行，你还需要准备好测试数据。下面谈谈测试数据。

当我们谈论测试数据的时候，其实是在谈论两种情况。

一种情况是，测试数据作为测试用例的一部分。测试数据写在测试脚本中，或者作为单独的文件，与测试脚本放在同一个代码库或同一个自动化测试工具中。在执行测试脚本时，它们作为执行测试时的输入数据，传递给被测试系统。准备和维护这些测试数据的工作，与编写和维护相应测试脚本的工作差不多发生在同一时间，本质上是同一件事情。

另一种情况是，测试数据作为被测系统的一部分。一些测试数据需要在一个或一批测试脚本执行之前，预先输入被测试系统的数据库。它们已经成为被测试系统的一部分。下面介绍在这种情况下准备测试数据的方法。

方法一，把生产环境的数据导入测试环境的数据库。这时要注意两点：一是如果导入的数据量太大，那么导入本身会比较费时间，导入后也会比较占地方，可以考虑只导入一个子集；二是如果有身份证、手机号等敏感数据，那么需要先做数据脱敏。

方法二，通过被测试系统本身的运行来生成测试数据。既可以通过调用接口输入测试数据，也可以通过人工或自动操作程序的用户界面来生成测试数据。后者最好能自动完成，而如果通过人工生成测试数据，那么要考虑对测试数据做适当备份，因为弄一次挺不容易的。

方法三，运行 SQL 脚本来生成测试数据。使用这个方法必须很小心。数据库的不同数据表中的数据之间是有关联的，这种关联可能很复杂。直接修改数据表中的数据，容易造成被测试系统数据不一致，导致出错。事实上，在绝大多数情况下不建议使用这个方法。但与性能和容量相关的测试是一个例外。当这类测试需要巨大的数据量，如果还通过调用接口或访问用户界面的方法来生成测试数据，那就太慢了。此时最佳的方法往往是通过 SQL 脚本直接向数据库写入数据。

28.4 测试用例间的隔离性

通常我们要执行的不是一个测试用例，而是包含众多测试用例的一个测试套件。一个测试套件中的不同测试用例，会不会相互依赖，相互干扰？在一个测试环境中，可能有不止一个人在做测试，可能在做不同种类的测试，如何避免这些测试相互干扰？为此需要做好测试用例和测试数据的设计。下面展开分析。

28.4.1 防止干扰

对于相同的被测试系统版本，一个测试用例在反复执行或在不同时间执行时，其执行结果应该是相同的。如果没有妥善管理测试用例，那么可能会发生以下情况。

- 别人干扰自己：曾经执行或正在执行的其他测试用例，干扰了当前测试用例的执行。

- 自己干扰自己：某个测试用例曾经执行过或正在执行，干扰了其本身再次执行或并行执行。

通常使用以下方法来避免以上情况的发生。

- 不同的测试人员、不同的测试任务，使用不同的账号或 ID，这样就不会修改数据库中同一条测试数据。账号或 ID 可以是在执行某一个测试脚本前自动动态分配给它的，于是只有这个测试脚本的本次执行可以使用它，其他测试脚本都不能使用它。等执行完这个测试脚本后，再释放它，以便将来其他测试脚本使用。
- 每次测试执行前或执行时，生成新的数据条目，而不是查询或改变已有的数据条目。这样就不会跟别人冲突。
- 如果一个测试用例改变了被测试系统中的数据，那么在测试用例执行结束后，就自动恢复数据，仿佛什么也没发生过。这样就不会干扰后续的测试。
- 定期或随时抛弃可能已经弄“脏”的测试数据，自动重新生成测试数据。
- 限制测试脚本的并行执行。这是个不得已的办法，作为最后一招吧。

28.4.2 管理测试用例间依赖

测试用例之间的依赖是指在执行测试用例 B 之前，必须先执行测试用例 A，否则会出错。

如果测试用例之间没有依赖，那么它们就可以以任意顺序执行，甚至还可以并行执行，以节约总的测试执行耗时。

这并不是说测试用例之间一定不能有依赖。有时候有依赖是有好处的。例如，当特定的动作（如登录或鉴权）在多个测试用例中都要先行执行时，先执行这个动作，再执行去掉这个动作之后的多个测试用例，就比较省时间，而且让这些测试用例的编写和维护变得简单。

当测试用例间有依赖时，要管理好依赖。应首先在工具中明确记录下测试用例之间的依赖，然后工具自动先执行被依赖的测试用例，避免出错。在进行人工功能测试时，也需要考虑测试用例之间的依赖，此时工具应该给测试人员足够的提示信息，确保其先执行被依赖的测试用例。

28.5 如何更快地编写和维护测试脚本与数据

前面几节介绍了如何确定要测试哪些情况，介绍了要把断言写到什么程度，又介绍了如何准备测试数据，如何协调管理众多测试用例，总之，都是关于测试设计和准备的事情：要设计成什么样，要如何准备。这节仍然介绍测试设计和准备的事情，不过要换个角度：如何提高测试设计和准备的效率。

28.5.1 测试脚本的分层与复用

当我们审视一个完整的测试场景时，可以看到它是由若干个阶段组成的，甚至每个阶段又由若干个步骤组成，每个步骤由若干个操作组成……它们是层级关系。而一个相同或相近的阶段可能出现在多个测试场景中，一个步骤、一个操作也可能出现在不同的位置。

可见，与软件架构类似，测试脚本的架构也需要分层、抽象、复用，强调扩展性。做得好的话，编排一个测试场景，就无须写具体的接口和完整的输入参数，使用接近自然语言的话来描述或通过鼠标拖曳就完成了。这样可以明显地降低测试脚本的开发和维护成本，同时可以明显地降低对测试脚本编写者的编程能力的要求。

页面对象模型（Page Object Model）、**关键字驱动测试**（Keyword-Driven Testing）是这一思路的典型代表。

28.5.2 测试脚本与数据相分离

以接口自动化测试为例，有时若干个测试脚本在测试目标上很相似：都是测试同一个接口，或者都是测试同一组接口以完成一个完整场景。只不过不同的测试脚本调用接口时输入的是不同的数据，以反映不同的等价类。此外，接口的输出、判断输出结果是否符合预期的断言也不尽相同。

由于这些测试用例很相似，相应测试脚本在脚本文本上也很相似，区别只是输入的值、断言的内容有所不同。我们把后者都归类到测试相关数据。那么按照

“分离变与不变的部分”这个软件设计的基本原则，我们应该把测试脚本与测试相关数据分离。在执行测试时，把不同的数据输入相同的测试脚本中，并且验证输出内容是否正确。

这样一来，在编写测试脚本时，就不用把相近的测试脚本写很多次了，只写一次就够了。当软件功能发生变化，需要修改测试脚本时，也不用重复修改多个相近的测试脚本，只修改一个就够了。当我们想涵盖输入数据的更多可能性时，通常不需要修改测试脚本，只要再添加一条数据就够了。

将测试脚本与测试相关数据分离，复用测试脚本，这种方法被称为**数据驱动测试**（Data-Driven Testing，DDT）。数据驱动测试不是要做个形式，把数据放入如 Excel 表格或数据库，而是要做到**使用相同的测试脚本匹配多组不同的测试数据**，以达到降低自动化测试的开发和维护成本的目的。

28.5.3 测试数据的分层与复用

争取首先**把不同测试脚本所需要的公共的测试数据提取出来，单独定义和赋值**。然后在不同的测试脚本中，以变量或常量的形式引用它。这样，当测试数据的值因为某种原因需要调整时，就不必在各个测试脚本中重复修改。

举一个极端的例子，如果每个测试用例都需要自带用户验证环节，那么它们就都需要自带用户名和密码之类的测试数据。显然，不应该为每个测试用例都单独维护这样的测试数据，而是应该统一维护，每个测试用例都使用该测试数据。

28.5.4 探索：测试脚本的自动化生成

测试脚本在一定程度上是可以自动生成的。典型地，如生成测试的框架结构供相关人员填充具体的测试脚本，或者根据被测试函数的各个输入参数生成可能的典型值和边界值的组合，继而通过 try...catch 来观察是否会引发代码的异常、崩溃和超时等问题。总之，先自动生成一些基础内容，供相关人员选择、调整或进一步丰富完善[①]。

---

① 具体情况可详细了解 EvoSuite 等测试脚本自动化生成工具，以及 GitHub Copilot 和通义灵码等工具的测试脚本自动化生成功能。

还有一种自动生成测试脚本的思路：以单元测试为例，在执行人工或自动化的 UI 测试，或者接口测试时，自动监听并记录各个函数和方法被调用的情况，包括其输入和输出，据此自动生成针对这些函数和方法的单元测试脚本。开发人员可以据此进一步选择、调整或进一步丰富完善[①]。

28.6 快速执行测试

讨论完测试的设计和准备，接下来分析测试的执行。说到测试的执行，当然要按照“图纸”执行，不要跑偏。而在此基础上，就要讨论执行的效率了。也就是说，如何快速执行测试?

在 19.3 节，我们讨论了如何加速构建。事实上，不仅构建需要快速执行，在软件交付过程中的各种操作和活动都应当快速执行，这包括版本控制操作、部署、新建环境等。本节介绍如何快速执行测试。

从资源数量的角度来看，**提供足够的资源**，避免等待，可以加快测试的执行的速度。人工测试不要缺人手，自动化测试不要等待测试环境或测试机。

从资源本身的角度来看，**提供更合适、更好的资源**，可以加快测试执行的速度。对于自动化测试，使用更好的硬件资源，提高测试环境和测试机的性能，可以加快测试的执行速度。而对于人工测试，测试人员对产品越熟悉，测试的速度就越快。所以不要把很多测试人员放进一个很大的资源池，来测试任务了就“任意”分配一名测试人员去测试，而要让测试人员比较长时间地专注在一个模块、一个产品上。

并行处理也是加快测试执行速度的一个通用方法。对于自动化测试，并行处理意味着多个进程或多台机器并行测试不同的测试脚本，或者并行扫描分析不同的源代码文件。对于人工测试，并行处理意味着多名测试人员各自领了若干个测试用例，并行开展测试工作。

还有一个通用的方法是只测试增量。与构建的时候进行增量构建类似，测试的时候也只测试本次改动可能影响到的事情。例如，实时代码扫描就是对刚刚改

① UnitSpirit 等工具体现了这样的思路。

动的代码进行分析。又如，人工功能测试的影响范围分析，就是分析本次改动可能影响到的功能，针对这些进行测试，而不是进行全量的回归测试。

28.7 探索：测试驱动开发及其变体

本节介绍一个在测试流程方面的探索。一般来讲，总是先完成业务代码的开发，再对它进行测试，不过也不总是这样。**测试驱动开发**（Test-Driven Development，TDD）是极限编程中的一个实践，它意味着先编写测试脚本，再编写业务代码，具体步骤如下。

- 新增或改写测试脚本。
- 执行测试脚本，此时测试不应通过。
- 完成业务代码的改动。
- 执行测试脚本，通过测试。
- 重构业务代码，以消除重复设计、优化设计结构。

测试驱动开发的价值主要体现在以下方面。

- 迫使开发人员预先想好一个函数或方法要实现什么功能，再想如何实现。这能带来更好的程序设计结构。
- 无须额外撰写说明文档，测试脚本本身已经描述了这个函数或方法的功能。
- 避免在编写测试脚本时思路被功能的具体实现方法影响，测试不出问题。
- 避免完成开发后不想编写测试脚本。

从先编写业务代码变成先编写测试脚本，需要一定的时间来适应，但它值得尝试。

单元测试采用测试驱动开发方式比较常见，但测试驱动开发不限于单元测试。接口自动化测试等也可以采用测试驱动开发方式。

而对于（接近）端到端的针对用户实际使用场景的自动化测试，经常会采用测试驱动开发的一个变体：**验收测试驱动开发**（Acceptance Test Driven Development，ATDD）。验收测试驱动开发方式大体是，先讨论澄清需求并以特定方式表达，再编写业务代码，最终让软件可以通过测试。验收测试驱动开发还进一步演化出**行为驱动开发**（Behavior-Driven Development，BDD）和**需求实例化**（Requirements By Example，RBE）等方法[①]。

28.8 从人员和组织管理角度保障测试投入

测试的设计需要花费时间和精力，测试的执行需要花费时间和精力，修复测试发现的问题需要花费时间和精力。如果在推行某种测试时，口号喊得震天响，却**没有在开发和交付计划中预留出相应的时间和资源，那就没法真正落地**。例如，如果只提代码评审的好处，却没有预留开发人员评审其他开发人员的代码改动的时间，那么代码评审就会流于形式。

同时应该从测试效果的角度考查，测试是认真做了还是流于形式。看看通过每个测试环节发现了多少问题、什么问题，也看看测试遗漏了多少问题、什么问题。测试的设计和执行人员要对测试的效果负责。

28.9 提升人员的测试能力

如何让测试更有效率，更有效果？如前面几节讨论的，要编写适当的测试用例，包括适当的断言。要优化测试脚本和数据的架构，降低测试开发成本。**而这一切都依赖于人的能力，人的因素很重要。**

例如，做代码评审需要专门的技能。不论代码评审工具做得有多好用，也不能保证每名开发人员一上手就可以高质量地完成代码评审。

同理，单元测试脚本的设计和编写，也需要专门的测试设计能力，并不是每名开发人员在了解了单元测试工具的使用方法后，就能立刻编写出高质量的单元测试脚本。在测试设计过程中，我们不仅要解决“测试一个函数，该怎么编写脚本”这类问题，还要考虑清楚应该测试哪些情况，有哪些异常值和边界值要覆盖，断言要写得多完备，这需要在成本和收益之间进行权衡。

接口自动化测试、UI 自动化测试也是如此，不管是由开发人员编写自动化测

---

① 测试驱动开发及相关概念可参考《全程软件测试（第 3 版）》第 2.2 节。

试脚本，还是由测试人员编写，都需要脚本编写人员具备相应测试设计能力。

不仅是自动化测试，人工测试也需要测试设计能力，才能写出好的测试用例。不仅是功能测试，非功能测试也是如此。总之，测试设计是一门学问。

不仅测试设计是一门学问，测试脚本编写、测试数据准备也是一门学问。好的测试架构要靠人来实现。

既然测试是一门学问，那么各类测试就应该有相应的学习文档、培训课程、辅导机制、考核机制。总之，**要确保测试设计人员，不论他的称谓是开发人员还是测试人员，具备良好的测试能力。**

第 29 章
测试通用策略

上一章我们介绍了测试通用要点，也就是通用的方法、技术、技巧。这一章我们来介绍测试通用策略。

29.1 工作量在不同测试中的分配

大家听到过**测试金字塔**（Test Pyramid）这个词吧？Mike Cohn 在他的著作 *Succeeding with Agile* 一书中提出了测试金字塔模型这一概念，如图 29-1 所示，它本质上体现的是测试工作量在不同种类的测试中的分配。

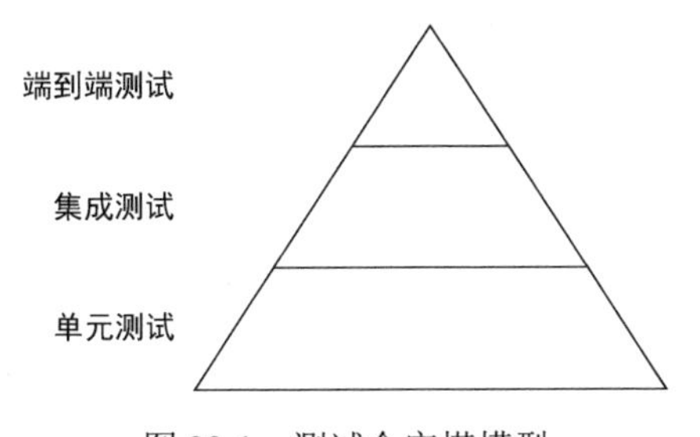

图 29-1　测试金字塔模型

测试金字塔模型按照执行一个测试用例涉及的范围大小，把测试分层。典型地，最下面是单元测试，测试一个微服务中的一个函数或方法，它不调用其他微服务。中间是集成测试，测试微服务和微服务之间的交互协作，它主要体现为接口自动化测试。最上面是端到端测试，从用户操作的视角对整个系统进行测试，它主要体现为 UI 测试。

在测试金字塔模型中，各层的面积体现了这层测试的工作量，既包括测试用例的分析设计和开发的工作量，也包括开发自动化测试脚本的工作量，还包括执行测试需要耗费的资源，特别是人工执行测试需要耗费的精力。测试金字塔模型认为，应该把最多的精力放在对软件的各个基本组成部分的测试中，而整体的测试不需要那么多精力。

当初提出测试金字塔模型，是因为在一些企业中，测试策略存在问题。夸张一点儿说，测试分层策略形成了一个倒置的金字塔，这被称为**测试倒金字塔模型**，也被称为冰淇淋模型，如图 29-2 所示。

在这个模型中，只投入了很少的精力进行代码级的测试，于是不得不用很多精力进行高层级的测试，也就是用户视角的端到端的测试。这就好像，各个零件没有测试和验收，就把火箭组装起来，点个火试试。针对这样的情况，测试金字塔模型就提醒大家，这么干不行，首先要保证每个零件的质量。从这个意义上说，测试金字塔模型很有价值。

不过在随后的多年实践中，大家也慢慢觉得，好像画成金字塔也有点夸张了，有点矫枉过正了。越来越多的人认为，真正该投入主要精力的地方是集成测试。而相对来说，顶层的端到端测试可以少些，底层的单元测试也可以少些。这样就形成了橄榄球形的测试分层策略，即**测试橄榄球模型**，如图 29-3 所示。

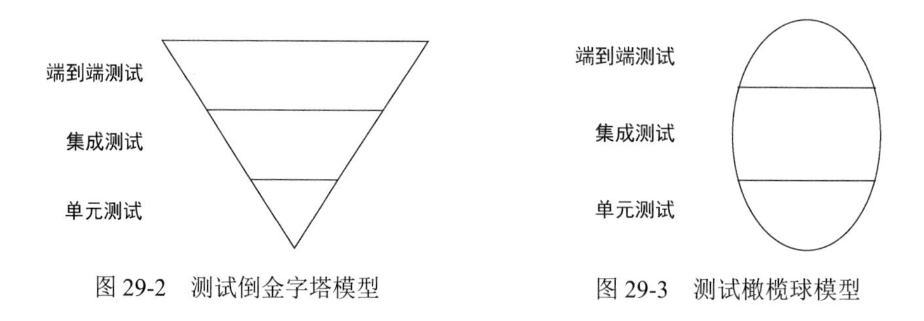

图 29-2　测试倒金字塔模型　　　图 29-3　测试橄榄球模型

一般认为，橄榄球型的测试分层策略是最务实的测试分层策略。

29.2 根据场景选择合适的测试力度

我们在前面各章中介绍每一种测试时，都特意介绍了这种测试特别擅长做的事，由此可以知道什么时候应该多做一点儿这种测试，什么时候可以少做一点儿这种测试。例如，单元测试是测这个“零部件”本身有没有问题。如果一段代码，它本身的算法比较复杂、逻辑比较密集，那就要多写点单元测试脚本，覆盖各种情况。

除了考虑每种测试的特性，还有一些通用的考虑因素，影响到测试要做得多详尽、多“较真”：是把主要功能测一测就好了，还是把边边角角也都测到？是把正常情况测一测就好了，还是把各种边界情况、异常情况都尽量覆盖？是简单看看接口返回码，还是要认真分析校验返回的数据？下面我们来介绍一下，如何根据场景选择合适的测试力度。

不同的业务，对软件有不同的质量要求。而质量要求高，测试环节就要多一些，各种测试就要做得更详尽些，以求尽可能地发现问题，提升质量。对汽车的无人驾驶功能的测试，其详尽程度必然与对一款单机版小游戏的测试有天渊之别。

产品本身的规模、复杂性、耦合性，是影响测试力度的重要因素。越是大型软件，越是复杂的逻辑，越是各个模块间强耦合，就越难保证质量，于是就需要做更多的测试。如操作系统的开发、云计算底层服务的开发等，各种测试都要多做。类似地，如果系统某一部分逻辑比较复杂，那么代码就容易出错，自然要多做测试。相反地，如果系统或系统某一部分的代码编写比较容易达到高质量，那么随后的测试就可以少做一些。

软件的发布方式也影响质量要求。SaaS 软件由于随时可以更新升级，出了问题大多可以很快修复，因此对其质量的要求就相对低些，各种测试就可以少做一些。而如果是刻成光盘卖的软件，那么由于软件的更新升级比较困难，因此需要让质量更好一些。

探索性工作的测试，特别是自动化测试可以少做。初创产品或新功能，用户数量还不多，质量要求通常也就没那么高，因此各种测试可以少做一些。而自动化测试可以格外少做。这是因为，新创建的产品、新开发的功能、新的算法，我们并不确定它们能否被市场接纳、是否受用户欢迎、技术方向是否正确，如果为编写测试脚本花费了大量精力，结果还没执行过几次，新产品或新功能就砍掉了，那就挺浪费的。

代码是谁编写的，他编写的质量怎么样，也会影响要投入多少精力去测试它。代码的质量高，那自然测试就可以少一点儿。典型地，刚入职刚进团队的新员工，还不熟悉编写代码的规矩和风格，也还不熟悉业务、不熟悉系统，因此对于他编写的代码就需要多把关、多指导，为此要多进行代码评审。通过代码评审，早日培养好、磨合好。

在特定的条件下，应该以多大的力度做某种类型的测试，这样的测试策略应该在团队内部达成一致并遵循。

此外，如果能把这样的测试策略在一定程度上内化到工具中，那就更好了。例如：

- 设定特定模块的单元测试增量代码覆盖率的报警阈值，如果覆盖率低，那就提醒开发人员或代码评审者着重考查。
- 在代码评审工具中设置代码评审规则。例如，特定人员提交的代码改动必须被评审，特定模块、目录或文件类型的修改必须被评审，等等。据此自动添加评审者，将来自动判断代码评审是否满足评审规则，满足的才能通过代码评审。

29.3 测试时机和频率

测试时机是指某项测试应该在流程的什么位置上做，也就是何时做。测试频率是指某项测试多久做一次。一般来说，测试时机越早，测试频率就会越高，反之亦然。

我们在前面各章介绍各类测试时，分别介绍了各类测试的测试时机和频率。在这里我们做个总结。

第一，决定测试时机和频率的最主要的因素是该测试执行一次的代价。如果代价很小，那就倾向于早测试、频繁地测试。这样，早点发现问题，早点解决问题，解决问题的代价小。而如果代价较大，那就倾向于晚测试、不频繁地测试。这样，晚点发现问题，发现问题的代价小。

先做便宜的测试，把能发现的问题都发现并解决，再做贵的测试。让贵的测试基于高质量的程序，以避免因为发现问题太多而在解决了这些问题后重做测试，也避免测试被一些基础性问题所阻塞，不得不在解决了基础性问题后重做测试。

我们举几个例子看一下。代码扫描是典型的执行代价小的测试。它是全自动执行的，而且也花不了多少时间。所以在开发人员本地就应该不时地测试一下，甚至开启实时扫描的开关。而在将代码改动提交到版本控制工具服务器端后，代码扫描也在各个分支、各个流程阶段被反复执行。

单元测试也类似，也是典型的执行代价小的测试。所以，开发人员在本地每编写完一个函数或方法的测试脚本，就应该单独运行一下，看看这段测试脚本是否正常工作。而在将代码改动提交到版本控制工具服务器端后，单元测试也像代码扫描一样，在各个分支、各个流程阶段被反复执行。

相比之下，全量回归性质的人工功能测试，就是典型的执行代价非常大的测试。它肯定不能在提交代码改动前做，也没法在特性提交前做或在特性提交后频繁地做，顶多在发布前做一次。事实上，我们通常倾向于把这种测试的执行频率降到 0，根本就不做，靠自动化的回归测试、灰度发布、正式发布后用户的反馈等方法来发现并解决问题。

第二，测试时机和频率也受解决问题的代价的影响。通过不同类型的测试来发现进而解决相同的问题，由不同的角色来发现进而解决相同的问题，其代价是不同的。一个问题，如果几类测试都能发现它，那就尽量由解决问题代价小的测试来发现。所以把解决问题代价小的测试安排在流程的前面，频繁地做。

例如，自己发现的问题自己就解决了，解决代价小；别人发现的问题就要来回沟通和确认，解决代价大。所以应该先自己做各种静态的代码扫描和动态的各种测试，再请别人来做静态的代码评审和动态的各种测试。

又如，通过代码扫描、单元测试等贴近代码实现细节的测试发现问题，很容易定位问题所在的源代码，问题解决代价小；而通过端到端的测试发现问题，解决代价就大。所以要更早更频繁地开展前者。

第三，某类测试擅长发现的问题的多少，也会影响测试的时机和频率。如果擅长发现的问题很常见，那就倾向于早测试、频繁地测试。这样，有更多的问题可以早点解决，解决问题的代价小。如果擅长发现的问题比较少见，那就倾向于晚测试、不频繁地测试。这样，发现问题的代价小。

例如，某产品因为其业务的特殊性，需要引入一款静态扫描工具，专门扫描安全问题。这个工具能够很有效地发现安全方面的问题，几乎没有漏网之鱼，但美中不足是扫描时间很长，要一两个小时。当前的做法是在特性分支上，每当提交代码改动时，就在提交触发的流水线中执行扫描，但这样的效率非常低。再考虑到从统计上看，每隔一两个星期才会产生一个安全方面的问题，被这个工具发现，所以方案最终改成在集成分支上，每天夜里自动触发扫描一次。

29.4 增量优先

增量优先有三重含义，下面一个一个讲。

29.4.1 优先为增量代码改动准备测试脚本和用例

增量优先的第一个含义是，优先为增量代码改动准备测试脚本和用例。

优先为本次改动设计测试用例，优先为本次改动编写测试脚本。这是因为，新增代码有问题的可能性比已有代码的大得多，因为已有代码经过千锤百炼，问题已经暴露得差不多了。这是浅显的道理，不过当各个团队互相攀比单元测试全量代码覆盖率的时候，你可能就会动作变形了。即便在此时，你也应该在保证对新改动代码可能影响到的地方（包括新代码和相关的已有代码）做了足够的覆盖的前提下，适当地逐步为其他已有代码补一补测试脚本。当然，增量优先也不绝对，像冒烟测试这样的面向存量但特别粗线条的测试也应当优先考虑。

很多开发团队都把测试覆盖率作为质量门禁中的检查内容之一。例如，如果单元测试的代码覆盖率不足 50%，那就标记为没能通过质量门禁。这很好，但要注意一个关键点：**质量门禁不要卡全量覆盖率**，也就是限定整个微服务的代码覆盖率应该达到多少；而是要卡增量覆盖率，如为当前这个特性改动的代码，其增量代码覆盖率应该达到多少。全量覆盖率不应该作为流程卡点：它卡住的时候，可能本次改动的单元测试写得很好，卡住是因为被以前积累的技术债拖累；它没卡住的时候，可能本次改动的单元测试写得不怎么样，没卡住是因为过去写得比较好，覆盖率比较高。此外，如果卡的是全量覆盖率，那么开发人员就有可能选择去其他什么地方补一些单元测试，而不对新改动的代码进行覆盖，尽管后者比前者重要得多。

29.4.2 优先执行增量代码改动相关测试

增量优先的第二个含义是，优先为新改动代码、新增功能做测试。新测试脚本先测试通过再纳入回归测试套件。

新增代码有问题的可能性比已有代码有问题的可能性大得多，类似地，新编写的测试脚本写得有问题的可能性也比已有的测试脚本有问题的可能性大得多。所以应该先做增量测试。

例如，开发人员为新函数或新方法编写了单元测试脚本后，应该先单独执行这个测试脚本，测试通过了，再去执行这个微服务的所有的单元测试脚本，而不是上来就做后者。

又如，接口自动化测试、UI 自动化测试的测试脚本编写人员在编写完一个测试脚本后，如果此时被测试功能已经开发完了，那就先单独测试这一个脚本，看看它能否成功运行。根据接口测试工具方案的不同，这可能是在测试人员本地环境中进行的，也可能通过接口测试服务的页面进行操作，在某个测试环境中执行这个测试脚本。在它成功执行后，再进行某种形式的提交，如提交到版本控制的服务器端，或者在页面进行保存操作，或者加入总的测试脚本集合。总之，此时它就是回归测试套件中的一个了。以后每当执行回归测试套件时，也就是做全量回归测试时，就会执行它。

不论是哪种测试，都是先单独执行新编写的测试脚本。这其实还不是完全切题：我们想达到的目标是，优先执行增量代码改动相关的测试，这可不光是新写的测试脚本。新改动的代码也可能影响到已有的功能，已有的测试脚本可能会报错。那究竟如何执行增量代码改动相关的测试呢？

首先，**要做到人工选取**。人工分析本次改动的影响范围，知道哪些地方可能会出问题，以进行有针对性的测试。其中，对于自动化测试，就是人工选取某些测试脚本或某些目录、某些分类下的所有测试脚本后，工具支持自动执行这些测试脚本。

然后，努力做到自动选取。工具先自动分析哪些测试脚本执行时涉及本次改动的内容，再自动运行这些测试脚本。如何实现呢？如果在执行测试脚本时，记录下这个测试脚本执行了哪些代码，那就可以反查出某块代码与哪些测试脚本相关。这就是**精准测试**的核心思路。

29.4.3　优先解决增量代码改动相关问题

下面我们来看增量优先的第三个含义，优先解决增量代码改动相关问题。

一个开发团队刚引入代码扫描工具的时候，扫描出来的问题可能很多，好像一座山一样，看着就想放弃。此时应该先重点关注，与最新发布版本相比新增加的问题，优先处理这些问题。而存量问题可以制订计划，按照严重程度逐步改进、徐徐图之。

这是因为，扫描出来的那些存量问题，是过去多种测试的漏网之鱼，甚至是过去用户长期使用也没（怎么）暴露出来的问题，或者根本就不是问题。包含存量问题的代码已经“身经百战”，基本能稳定运行了，只要不碰它，相对来说再出问题的可能性就不大。所以它不应该成为当前开发、集成和发布的重要障碍。

而新增问题对质量造成影响的可能性比存量问题对质量造成影响的可能性要高得多。现在不处理这些新增问题，等后面测试人员测试时再发现，就要来回折腾。而如果它变成线上缺陷就更不好了。所以应该立刻分析并处理它们。

很多开发团队都把代码扫描的结果作为质量门禁中的检查内容之一。例如，如果严重问题超过 5 个，那就标记为代码扫描失败，于是流水线执行失败。这很好，但要注意一个关键点：**质量门禁不要卡存量问题**，也就是限定最多一共有多少个问题；而是要卡增量问题，如当前版本与最新发布版本相比，不允许引入新的问题。如果卡全部问题的数量，那么开发人员就有可能选择去消灭几个容易消灭的老问题，而对新增问题视而不见。只有一种情况可以卡全部问题的数量，那就是全部问题数量的阈值为 0 时。由于全部问题的数量常年都（几乎）是 0，就等于要求新增问题的数量为 0 了。

29.5 技术债：在必要时欠债

为了让软件质量更高，为了长期来看让软件更易于维护和发展，我们在代码编写之后，要通过各种测试手段发现并修复问题；要通过代码评审等方法找出软件架构上的可优化之处并进行优化；一些临时取巧的解决方案，将来还是要使用更可靠的方式实现；要编写自动化测试脚本把软件“保护”起来，以便将来有问题可以迅速发现。

如果不去修复这些问题、不去进行优化、不更换更可靠的方法、不保护，那就是欠下了**技术债**，将来会“利滚利”，导致软件质量越来越低，越来越难以维护和发展。这么看来，技术债可真不是个好东西。

但是这也不是绝对的。技术债就像其他债务一样，**没必要借时就不借，但是当借则借**。什么时候当借呢？例如，某个特性要得实在太急了，没办法，市场情况就是这么紧急；某个特性是试探性的，将来产品是不是真往这个方向发展，其实还说不准；某个特性就是一个短期存在的特性，过了这个促销季，代码就没用了；当前这个版本就是维持一下，已经决定要推倒重来，等等。这些时候就可以考虑欠债，而且欠了还不一定需要还，多好。

下面我们以代码扫描发现的问题为例，看看如何应对。

首先，判断这个问题是不是一个要关注的问题。作为自动发现的问题，它可能是个假问题，无须关注。它也可能是个修复价值不大的问题，不仅现在不想修复它，将来大概也不会修复它。先把这些不需要关注的问题标注出来、屏蔽掉，避免工具将来再次把它报出来。

然后，判断这个问题是否应当本次就修复。如果根据实际情况判断某个发现的问题应当放一放再修复，那么它就成了技术债。那么，由谁来做这样的判断呢？对于对质量要求没那么高或代码作者本人相当可信的场景，可以让代码作者本人自行决定。反之，对于对质量要求高的大型系统，或者是新人需要带一带，那就应该有一个适当的决策过程，以决定是否真的要借债。

最后，跟踪并适时解决技术债。在代码扫描工具中，扫描发现的问题通常会按严重程度分类。一般来说，应该更多地关注严重等级高的问题，优先修复严重等级高的问题。

当技术债的总量比较多或持续增长的时候，要格外警惕。这是一个危险的信号，不能任由它发展。如果当前技术债较多，那就要考虑制订一个计划，在一段时间内，持续分配一定的开发资源，逐步偿还技术债。一般来说，应该把技术债维持在一个合理的范围。

以上是以代码扫描发现的问题为例进行的讲解。事实上，所有类型的技术债的处理原则都是相同的：能不欠就不欠，该欠就欠；做好记录并跟踪；优先解决严重的和新的问题；让总体债务量逐步下降到合理范围并保持。

当然，不同类型的技术债的具体管理方法也有一些区别。例如，如果不是代码扫描发现的问题，那就不能靠代码扫描平台来条目化地记录和跟踪。此时有个通用的解决方案：把技术债作为一类工作项，在工作项管理工具中记录、跟踪和修复。

29.6 质量门禁：有原则有灵活性

这里正式介绍一下质量门禁：**质量门禁**（Quality Gate）是指软件交付流程中的质量卡点，如果不满足预先制定的质量目标，那么流程就不能往下流转。这样的质量目标可以是，某个质量指标的值必须低于某个阈值，同时另一个质量指标的值必须高于某个阈值等。质量门禁经常是自动判断的。当未通过质量门禁时，自动化的流程工具，如流水线或合并请求，就不能继续流转。

下面我们看看质量门禁相关的策略。

29.6.1 质量门禁可以适当通融

质量门禁是一种不错的实践。但是同时要注意，具体的团队有其实际情况，具体的问题也有其实际情况，所以不能做得太僵化。如果没能通过自动化的质量门禁，那么应该考虑增加适当的人工判断的步骤，如果人工判断可以通融，那么这次就通融一下。这样做的原因如下。

第一个原因，代码扫描等自动化手段发现的问题，也许可以被忽略。它可能不是一个真问题，或者不是一个值得修复的问题。此时，要么把它标记为不必再关注，要么就在流程卡点上放一马，即使不满足质量门禁，也让流程继续往下走。

例如，做 SQL 变更，对于 drop、delete 等风险较高的语句，不能一禁了之，毕竟有时候就需要这么做。所以应该是在通过自动化的代码扫描发现这些较高风险的语句后，交由专业人士如数据库专家、架构师等角色讨论确定本次是否放行。

又如，如果经查是由于测试环境不稳定而导致某个测试用例执行失败，把这个测试用例又单独执行了一遍就执行成功了，那么当前流程就没必要卡在这里。当然，测试环境不稳定这件事情本身需要单独建个工作项跟踪并尽快解决。

第二个原因，测试覆盖率不一定每次都要那么高。这里的测试覆盖率是指对本次改动代码的增量测试覆盖率，典型地，单元测试的针对本次改动代码的增量代码覆盖率。我们分析过，那些逻辑密集的代码值得用单元测试覆盖，而简单透传的代码就不值得用单元测试覆盖。而本次改动，可能改的是值得写单元测试的代码，也可能改的是不值得写单元测试的代码。

对于具体的一次改动，增量代码覆盖率不应该是硬性的要求，不应该是红线，而应该是一个值得关注的指标、一个提醒，用来指导测试用例的设计，帮助测试人员找到漏测场景。工具应该有能力在本次改动的代码覆盖率太低时给出提示，并且方便使用者查看具体有哪些代码改动没有被覆盖。而究竟该编写多少单元测试脚本，编写哪些单元测试脚本，应该在工具自动统计出覆盖率后，人工根据具体情况来做最终的判断，判断测试覆盖情况是否合适。

第三个原因，在必要时可以增加技术债。发现的但一时又不想修的问题，要么把它标记为一时不想修，要么就在流程卡点上放一马，即使不满足质量门禁，也让流程继续流转。

第四个原因，没必要再完整经历一遍流程。自动化测试套件中可能有众多测试用例，完整执行一遍颇费时间。当某个测试用例测试出问题，我们修复了这个问题后，可以单独把这个测试用例再执行一遍，成功了就放行。此时在流水线等流程工具中看起来，是质量门禁没通过然后人工放行了。

29.6.2　考虑定制质量门禁规则

质量门禁规则是指什么情况算合格，什么情况算不合格。例如，规则可以是，代码扫描出的严重问题数量必须小于 5 个，单元测试的代码覆盖率必须高于 50%。

质量门禁规则应该允许定制。流程卡点是松些还是严些，质量门禁中各类问题的阈值是多少，应该考虑为不同产品甚至不同模块定制。这不仅要考虑质量要求、业务复杂度等因素，而且对于新引入代码扫描和质量门禁的团队，也要考虑先适当放低要求，再逐步提高到合理值。不要一刀切，要求一个企业中的所有团队都需要遵循相同的质量门禁规则。当然，尽管每个部门和团队都可以调整，但是在组织级还是要考虑设置底线要求，长期来看不能比它更低。

代码扫描工具、流水线工具需要支持这样的定制。而具体的企业甚至具体的团队则要建立起定制机制：如何收集相关意见；由哪些人经过什么样的流程，可以做出定制决策。

29.6.3　考虑忽略某些代码

可以考虑在代码扫描工具中进行设置，过滤外来源代码、所使用的框架的源代码等，不对它们进行扫描，也不报告它们的问题。这样，报告的问题就更有可能是应当修复的问题。相应的质量门禁也就更为合理。

可以考虑在统计单元测试的代码覆盖率的工具中进行设置，过滤大概率无须测试覆盖的目录和文件，只统计有一定可能性需要测试覆盖的目录和文件。这样的设置会让计算出的代码覆盖率更有参考价值。

可以考虑在一些无须进行接口自动化测试的微服务，或者微服务中一些无须测试的接口做标记，将来再统计接口覆盖率的时候，就不会每次都要分析为什么这些接口没有相应的测试脚本。

29.7 Mock 还是不 Mock，这是个问题

“生存还是毁灭，这是个问题。” Mock 还是不 Mock，这也是个问题。

事实上，有虚拟对象（Dummy）、伪对象（Fake）、桩对象（Stub）、间谍（Spy）、模拟对象（Mock）等多种实现测试替身（Test Double）的方法，来模拟其他微服务、文件系统、数据库、外部系统，甚至时钟。在本书中，为行文方便，我们姑且将它们统称为 **Mock**。

下面我们看看什么时候需要使用 Mock，什么时候不需要使用 Mock。

29.7.1 单元测试尽可能使用 Mock

单元测试的目的是测试这个微服务、这个“零部件”，而不是测试它与其他微服务相互通信和调用，也不关心它如何与数据库打交道。所以一般来说，应该把这个微服务与外部的所有关系都使用 Mock 代替。

然而有些时候，会觉得这样使用 Mock 的成本太高，还不如使用真的。或者使用 Mock 之后，就不剩什么要测试的代码和逻辑了。此时就会想，要不别使用 Mock 了？有些时候可以不使用 Mock，这是可以通融的，但是你要先想好两个问题。

第一，在个人开发环境及在流水线上的构建环境中，这个单元测试脚本能不能正确执行？为此，可以考虑让构建环境中的这个被测试的微服务连接某个公共测试环境，调用这个测试环境中的其他微服务，访问这个测试环境中的数据库。

第二，测试执行速度怎么样？一次单元测试即使执行众多的测试脚本，也可以快速完成，因为无须访问数据库等资源，无须与其他微服务通信。但是如果这些“规矩”被打破，那么测试执行速度就降下来了，可能就不再适合每次提交代码改动时自动触发执行所有的测试脚本。这样是不是有点得不偿失？

事实上，在单元测试的时候不使用 Mock，经常是在本质上做了接口自动化测试的事。如果是这样，那么不如这段代码不做单元测试，而是做相应的接口测试。

29.7.2　尽量在完整系统中进行其他测试

除单元测试外的各种动态测试，如接口自动化测试、UI 自动化测试、人工功能测试，它们的目的就不是测试一个“零部件”了，而是测试这个“零部件”能不能和其他“零部件”配合好，甚至是测试整个系统能否正确运转。

以接口自动化测试为例，一般来说，因为一个新功能而测试相应的各级接口时，应该从调用链路中最下游的接口开始，一级一级地测试，直到（接近）调用完整链路。一条链路整体表现没问题了，才是真的没问题了。接口自动化测试要负责这件事情，而不是基于 Mock 的测试通过了就算通过。接口自动化测试得在完整系统中进行。

再看 UI 自动化测试、人工功能测试这样的端到端的测试。它们也不是仅仅看看页面的样式是否美观，菜单项是不是全，那跟基于 PPT 的测试没什么区别。端到端的测试要看实际的功能能否正常起作用，所以得在完整系统中进行测试。这包括，开发人员在个人开发环境中做人工的自测时，也应该尽可能地在完整系统中进行。

29.7.3　仅在必要时使用 Mock

那什么时候接口测试、UI 测试需要使用 Mock 呢？如果时间很紧，各个相关微服务需要并行开发、并行测试，并且单元测试不能完全覆盖这些测试，那么可能就需要一定的 Mock 供接口测试、UI 测试使用，因为其他部分还没有准备好。而等开发完成时，就要废弃这些 Mock，测试完整链路。

还有一些情况不得不使用 Mock。典型地，如程序依赖某个外部系统，而这个外部系统不能随意测试，或者难以构造出适当的场景。这样的问题长期来看应当想办法从根本上解决，同时从现实条件考虑，在短期内可以使用 Mock。

如果因为测试执行慢、测试不太稳定等原因而使用 Mock，那么接口调用方除了随时调用 Mock 进行测试，还应该同时以相对较低的频率调用接口提供方的真实接口进行测试，如每天测试一遍，以发现接口提供方的出乎意料的改动。而接口提供方在改动了代码之后，它也可以使用上述测试脚本先测试自己提供的服务是否满足过去和接口调用方达成的“契约”。以上是**契约测试**（Contract Testing）[①]的核心思想。

总之，对于接口测试和 UI 测试来说，Mock 是聊胜于无的最后一招，仅在必要时使用。

29.8 质量反馈驱动测试改进

各种测试的目的都是发现缺陷，保证质量。然而，测试也有资源和时间上的成本，质量也不是越高越好。因此要适当地测试，聪明地测试。如何能够越来越聪明地测试呢？肯定不能是只看测试覆盖率指标。指标的数值合适，不一定是真的好，说不定测试脚本中连断言都没写。**仅依靠指标驱动就会导致敷衍，测试的目标就从有效率地提升质量变成了满足指标要求。**

如何让测试更有实效？本节讲一个重要的方法，**通过质量上的反馈来驱动测试的改进。**

在软件交付过程中会暴露出各种问题，如测试时发现的缺陷、流水线执行时遇到的问题、生产系统的故障、线上缺陷等。事后对每一个具体问题进行分析，看它是不是本应当早点通过某种测试方法，就能以相对较低的成本暴露出来并修复，不至于到后面难以测试、难以排查定位、需要进行很多的交流和沟通。如果是这样的话，那就要在发现问题之前的流程中，引入某种测试方法，或者对已有的某种测试方法加以改进，争取将来可以早点拦截类似的问题。

例如，某个微服务所在代码库的特性分支上，提交代码改动会自动触发流水线，进行构建、单元测试和代码扫描。通过对一段时间内流水线执行情况的观察和统计，发现流水线的运行有一多半都失败了，那这个失败率就太高了。每当失

① 参见 Martin Fowler 的文章 *Contract Test*，链接见资源文件条目 29.1。

败的时候，开发人员就被打断思路，就要放下手中可能已经开始的新的代码编写活动，去弄清楚流水线为什么执行失败。在服务器端靠阅读构建日志等方式定位问题、跟踪调试可能还比较困难，还要考虑在本地复现。这么高的失败率，就带来相应的高成本和不方便。应该改进为，在提交代码改动前，在个人开发环境中就执行构建、单元测试和代码扫描，通过了再提交。

又如，在某项目中，当流程流转到测试人员那里之后，测试人员经常会测试出一些低级错误，让开发人员之间反复修改，耽误很多时间。为此就要逐个分析，这样的错误应该在前面的哪个测试环节发现更好：是应该加强自测，还是应当使用单元测试脚本把关键代码保护起来，或者针对团队新成员加强代码评审？

以上两个例子都是分析发布上线之前发现的问题。还有些问题是发布上线前没能发现，在发布上线后暴露出来的。这既包括发布上线引起的故障，也包括线上缺陷。我们并不是要追求零问题，而是要让故障和线上缺陷的统计值处在一个从业务角度来看可以接受的范围内。因此，要对故障和线上缺陷逐一分析，看它们是相对来说需要很高的成本才能提前识别出来的问题，还是能找到适当的方法早点发现的问题。对于后者，意味着要想办法从机制上改进，增加某种测试，或者加强现有测试发现问题的能力。

除了要看在发布上线后暴露出来的问题，也要看在发布上线过程中暴露出来的问题，这些问题通常没有被记为故障或缺陷。在理想情况下，发布上线的过程应该是一个顺畅的过程。而如果在发布上线过程中遇到了问题，那就要记录和统计。这包括：发布上线过程卡在某个地方无法继续；某些步骤重试；漏部署、漏配置了一些内容导致新特性没有生效；在发布上线过程中通过监控发现了系统的异常；通过用户界面操作发现了功能的异常，等等。事后应该回顾每一次发布上线遇到的每一个问题，分析产生问题的原因，看看有没有办法从机制上改进，以避免类似的问题再次出现。

本节讲的内容是通过质量上的反馈来驱动测试等活动的改进。**这不仅体现在，在发现问题时看看它是否应当更早地暴露出来，还体现在，在发现问题时看看发现它的代价是不是太大了，值不值得。**如果在对发现的问题进行分析回顾时，发现通过某种测试找出的问题数量很少，与这种测试的投入相比，不值得这么大动干戈，那就要考虑使用其他测试替代它，或者调整这种测试的时机和频率等。

举个例子，某个 SaaS 产品，正在不断探索用户的需求，并且和其他企业的类似产品的竞争激烈。当前它的测试流程是，先人工测试新功能，没问题了再人工回归测试所有已有功能。后者相当费时间和测试人力资源，而发现的问题又很少。此时，应该考虑去掉全面的人工回归测试，而在流程上增加灰度发布，让少量用户试用，在获得用户对产品功能喜爱程度的反馈的同时，发现质量角度的漏网之鱼。这样做的成本可能比全面的人工回归测试要小得多，而效果也相当不错。

总之，建立起这样的反馈机制，需要通过分析具体问题来讨论测试策略和测试方法的具体改进，积跬步以至千里。当然，这样的反馈机制需要相关的每一个人都能够就问题本身进行客观的讨论，而不是互相推诿。而在组织结构上让相关人员都属于一个小团队有利于营造良好的气氛。

这样的机制有没有局限性呢？有。它本质上基于个人的经验和团队的经验习得，对于相对来说比较频繁出现的问题，出现了也不至于产生重大损失，尚能补救的问题，我们是可以通过此方法来改进的。然而**还有些问题可能很少发生，但一旦发生就是重大危机，或者给产品甚至企业的声誉造成重大损失**。例如，网络安全的保障、容灾方面的考虑，就是要防范这类问题。此时仅通过个人、团队的试错和反馈就不合适了。**它应该靠企业的经验习得，甚至靠整个业界的经验习得。**不能因为“我没遇到过这样的问题”或“我们团队没遇到过这样的问题”，就不去管它。

第 30 章
缺陷修复

在本书第 5 部分中，前面各章主要讲述如何通过测试发现问题。那发现了问题之后呢？当然要解决问题了，而且解决得越快越好。本章讨论缺陷修复相关的话题。

30.1 管理缺陷

我们在发现缺陷后，需要记录、跟踪、修复它，并且验证它已被修复。下面我们来看看如何管理缺陷的整个生命周期。

30.1.1 跟踪缺陷的方法

为什么要记录并跟踪缺陷呢？为了避免遗忘，避免已经发现了的缺陷被遗忘，应该修复的缺陷最终没有修复。

记录并跟踪缺陷最通用的方法是在工作项管理工具中新增一个类型为缺陷的工作项条目，使用这个条目记录与缺陷相关的信息。随后跟踪它，直到确认它已经被修复。这样就能保证缺陷不会被遗忘。

然而并非所有缺陷都适合使用这个方法来记录和跟踪。这个方法有时候太"重"了，也不够方便。下面我们看几个例子。

通过代码评审发现的问题，没有必要使用这个方法来记录和跟踪，而应该首先在代码评审工具中，在代码改动所在代码行上添加评审意见，然后在代码评审工具中跟踪这条评审意见，直到问题被澄清或被解决。在代码改动的上下文中记录问题，能方便代码作者了解情况。

通过代码评审的特殊形式结对编程发现的问题，也没有必要使用这个方法来记录和跟踪。问题有人盯着，不改好不能继续开发，所以问题在发现后几分钟内就改好了，不存在遗忘这种情况。

构建问题同样不需要使用工作项管理工具来记录和跟踪。构建不通过，流水线就会一直执行失败，很显眼，无法忽略，无法遗忘。单元测试失败的情况也一样，无须作为缺陷来记录和跟踪。单元测试有测试用例不通过，流水线就会一直执行失败。

通过代码扫描发现的问题通常记录在代码扫描工具中。与代码评审类似，代码扫描发现的问题也需要锚定有问题的代码行。

总之，如果其他机制能够更好地记录与问题相关的信息，那就不必把它记录到工作项管理工具中。

30.1.2 记录缺陷相关信息

记录缺陷相关的信息，主要是为了让负责处理这个缺陷的人能够明白这个缺陷是怎么回事，能够比较容易地复现这个缺陷，最终修复这个缺陷。要记录的典型信息如下。

- **标题**。每条缺陷记录有一行标题或总结，用来简述缺陷的内容。这样一来，如果曾经研究过，那就能回想起大概是怎么回事。标题的意义还在于，让人一眼看去，就能知道大概应该分配给谁去解决。
- **关键字**。关键字也能帮助判断哪方面出了问题。如果有人对相应方面比较熟悉，那就考虑把缺陷分配给他解决，或者先向他咨询一下，弄清楚用户遇到的是什么问题，同时可能获得一些关于谁适合去解决这个缺陷的线索。
- **产品、功能模块甚至微服务的名称**。如果在工作项管理工具中同时收集几个软件的缺陷，那么缺陷所在的软件产品名称字段就必不可少。类似地，如果某个软件的规模比较大，而又可以划分为几个主要功能模块，那么功能模块这个字段就会比较有用。
- **版本**。记录问题是在使用哪个版本的程序时出现的。开发人员并不一定真的使用这个版本的程序来复现缺陷，可能就是使用手头的程序版本复现。如果复现了，那就开始修复工作。但是，如果手头的程序版本不能复现，那就需要尝试在缺陷记录中记录的那个版本上去复现。

- **详细描述**。以上字段提供的都是简略信息、大致方向，有利于开发人员做出初步判断。而对真正修改源代码以修复缺陷的开发人员而言，显然是不够的。他们需要对缺陷的详细描述，这通常通过让缺陷报告者填写缺陷的详细描述区域来实现。在详细描述中，还可以贴上当时缺陷情况的截图，或者附上使程序报错的输入数据文件、软件崩溃时的工作日志等。
- **优先级**。这个缺陷的重要程度和紧急程度如何？必须在本迭代修复，还是可以以后再说？
- **状态**。当前这个缺陷的状态，如已报告（Reported）、已分配（Assigned）、已解决（Resolved）、已关闭（Closed）等。缺陷状态一步一步转换的过程，体现了缺陷的生命周期。

在二三十年前，人们倾向于把缺陷记录得越清晰越详细越好，恨不得几年之后还能复现当时的情况。但随着软件开发越来越敏捷，开发人员与测试人员的互动越来越及时和频繁，缺陷修复的时间越来越短，缺陷记录也趋于轻量。缺陷条目中记录的信息只要能够支持发现缺陷的测试人员和修复缺陷的开发人员相互沟通协作好，高效完成缺陷的修复，就可以了。完整、全面、详细的缺陷记录，并不是我们要追求的目标。

30.2 需求、测试、缺陷之间的关联关系

软件交付过程中的关键对象之间存在着各种关联关系，如代码改动关联到工作项，源代码版本关联到制品版本等。下面我们来看看测试中几个关键对象之间的关联关系。

30.2.1 自动化测试时

在自动化测试时，特性、测试脚本、测试套件、测试执行、缺陷和制品版本间存在着一系列关联关系，如图 30-1 所示。

新增的测试脚本及对已有测试脚本的改动，应该关联到工作项管理工具中的特性。这样一来，将来查找起来就容易知道为什么这么写测试脚本，它在测试什

么功能了。同时，也可以方便地选定与某个特性强相关的测试脚本并执行。

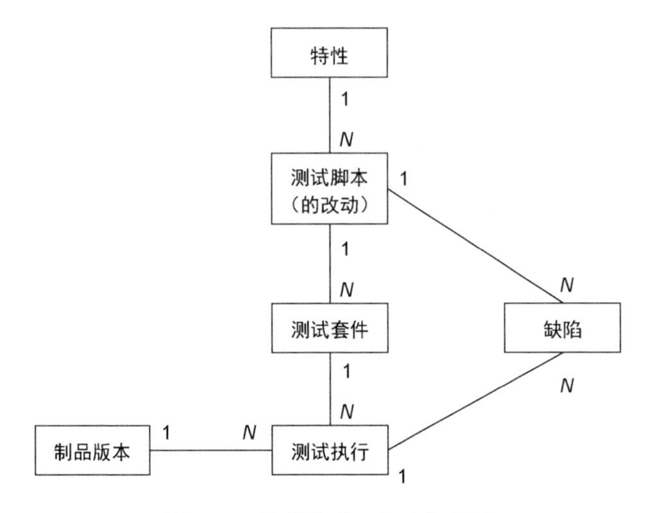

图 30-1　关联关系：自动化测试

如何实现这个关联呢？如果测试脚本是和源代码放在一起的，那么在相应的特性分支上修改测试脚本就行。而如果测试脚本是放在测试管理工具中单独管理的，那么常见的方法是在它上面加一个属性、打一个标签，记录它与特性的关联关系。这样就有点麻烦，测试脚本的编写者可能不愿意做。

下面介绍测试的执行与其他关键对象之间的关联关系。测试的执行应该是有执行记录的，在测试报告中通常包含这些内容：测试是什么时候执行的、基于什么版本、在哪个环境中、执行了哪些测试脚本、使用了哪些测试数据，以及每个测试脚本的执行日志和结果、汇总结果等。

接下来介绍缺陷与其他关键对象间的关联关系。一个缺陷应该关联到一个测试脚本的一次执行。定位到一个缺陷后，应该随时可以看到它是在哪个版本上执行哪个测试脚本测试出来的、具体的执行日志和数据，以及是哪个特性上的缺陷，等等，以方便对这个缺陷进行定位和修复。定位到一个特性后，应该可以看到它是否通过了测试可以发布、还有哪些相关的缺陷尚未修复等。

如何建立相应的关联关系呢？工具应该支持在一次测试执行的测试报告中定位到某个执行失败后，可以方便地创建工作项管理工具中的相应的缺陷条目，在创建时自动把相关信息填入这条缺陷记录的各种属性，自动建立起关联关系。

30.2.2　人工测试时

人工测试不涉及测试脚本。关联关系存在于特性、测试执行、缺陷之间[①]，如图 30-2 所示。

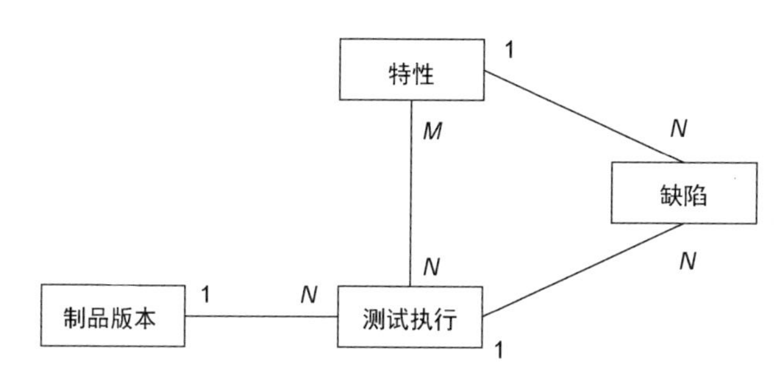

图 30-2　关联关系：人工测试

当测试人员测试出问题创建缺陷时，需要填写与这个缺陷相关的一系列信息，如对应哪个特性、测试的是哪个版本等，以建立关联关系。这些信息应尽可能自动填写好。例如，在流水线上执行人工测试时，在相关页面上点击按钮创建缺陷，就能自动填写当时测试的特性和测试的版本等信息。

于是，不仅可以在查看该缺陷时获得相关信息，而且可以自动产生本次测试的报告和统计数据：测试了哪些特性、哪些特性测试通过了、哪些特性测试有问题、都有哪些问题。进而跟进当前迭代的情况：还有多少缺陷没修复，还有多少缺陷没验证，以决定何时进行下一轮测试，或者何时可以发布。

而在定位到一个特性后，也可以查看与它关联的缺陷情况。当与它关联的缺陷情况发生变化时，特性本身的状态也应当自动地发生相应的改变。例如，如果测试完成且所有关联的缺陷都修复并关闭了，那么特性本身的状态就变为已通过测试。

30.3　调试工具

当测试发现了问题或在生产环境中出现了问题，就需要定位问题的位置，定位到具体的代码行。此时，各种调试工具经常能帮上忙。

---

① 严格地讲，还应该包括与测试用例的关联关系。但我们更鼓励探索性测试，而不是事先写好详细的测试用例，因此这里没有特别提及测试用例。

30.3.1 调试器

软件**调试器**（Debugger）为软件调试提供了巨大便利：可以逐步执行代码、设置断点、查看变量中存储的值、监视变量值何时改变、检查代码的执行路径等。这比单纯地看日志效率高多了。

主流的 IDE 工具在支持主流的编程语言和技术栈时，通常提供了调试功能，让开发人员能够方便地调试。

30.3.2 接口调试工具

接口调试通常借助像 Postman 这样的接口测试和调试工具来完成——预置接口输入数据，调用接口，获取接口输出数据，最后显示数据供人查看。

30.3.3 UI 调试工具

对于以网页形式呈现用户界面的软件，网页浏览器的开发者调试工具能为软件的调试提供很多便利。这类工具的主要功能包括：

- 查看或修改 HTML 元素的属性、CSS 属性、监听事件、断点。
- 执行一次性代码，查看 JavaScript 对象，查看调试日志信息或异常信息。
- 查看页面的 HTML 文件源代码、JavaScript 源代码、CSS 源代码。
- 查看 Header 等与网络连接相关的信息。

对移动端应用的调试，包括模拟器上的调试和真机上的调试，也有一系列方法和工具。

30.3.4 探索：复现运行上下文

调试器特别好用，但前提条件是程序在个人开发环境中运行，以避免调试造成的服务中断而影响别人。想象一下，在生产环境中，你为了调试，让某个微服务停在断点了，这会导致广大用户无法正常使用这个微服务。

在生产环境中，特别好用的调试器没法使用了，就只好使用日志等相对来说不那么好用的工具，分析解决问题的效率明显降低。

那有没有办法，在个人开发环境或某个比较清净的测试环境中，复现当时的情景呢？这是个好思路，值得探索。不过这可能是个大工程：不仅要确保整个系统中各个微服务的版本与事发现场一致，还要复现各类运行数据，包括数据库中的数据和微服务本身的状态数据（如果有）。

30.4 测试环境的环境问题

测试环境中的环境问题会使测试无法顺畅运行，并且干扰测试结果。我们需要努力减少测试环境中的环境问题。

30.4.1 减少测试环境的环境问题

通过测试发现的问题，可能是：

- 被测试程序本身的问题，有缺陷。
- 测试用例、测试脚本的问题，没写对。
- 测试环境的环境问题，如测试环境中的网络不稳定、其他微服务没有启动等。测试环境数据库中的数据被污染或缺失，也归类到这里。

对于上述第 1 种、第 2 种情况，那就得一事一议，逐个解决。

而第 3 种情况就是另外一回事了，通常是一个问题影响当时很多测试用例的执行。某个环境不稳定的问题甚至可能会不时地冒出来。这类问题另有跟进和解决的机制，与第 1 种、第 2 种情况不同。

这三类问题混在一起，如果第 3 种问题占多数，那就会让人觉得很烦闷。每次遇到这样的环境问题，都会带来排查、确认等成本。在极端情况下，大家会因为这样的环境问题带来的测试失败太多而放弃自动化测试，或者执行自动化测试但不对结果进行分析，以至于前面的付出都白费了。**我们应该努力减少这类环境问题带来的测试失败。**

为此需要有一个明确的机制，环境问题要记录在哪里，谁来负责跟进，等等。此外，可以对环境问题进行统计，看它的当前情况和历史趋势。

30.4.2 探索：失败原因自动分类

如果在测试失败的记录中，因环境问题而失败占多数，那就好像吃炒花蛤的时候，扒拉出来大都是空壳，最好是能自动把这些“空壳”筛选出来，而不是靠人拣。这就是失败原因自动分类。

具体如何实现呢？这个具体系统的架构紧密相关。大体上来说，可以从接口返回码、报错信息等处发现一些规律，然后据此判断出大概是环境问题引起的。

当然，这样的分类未必100%准确，需要人工确认或调整，得到最终分类结果。

另外，相比之下，**减少环境问题其实比失败原因自动分类更重要**。当环境问题足够少，测试足够稳定的时候，失败原因能否自动分类就不是很重要了。

第 6 部分
杂谈

第 31 章 组织结构与人员职责

组织结构设计的核心秘密是保持专注和减少依赖。保持专注才能越来越专业和高效，减少依赖就意味着减少沟通协调的麻烦。下面我们来详细看一下这两个原则在软件开发的组织结构设计中的应用。

31.1 项目制还是产品制

项目制是一伙人一起干一件事情，干完了就散伙。**产品制**是一伙人长期维护和发展一块“地盘”。在软件开发中采用产品制，意味着团队应该长期负责某个产品或产品的某部分，如某个子系统、某块大的功能或某个组件。对比来看，在项目制中，开发人员成了资源池中的资源，派去做一个项目、一个功能，等项目或功能做完了，就改派去做另外一个项目、另外一个功能，前者与后者可能是在完全不同的业务领域中完全不同的开发内容。

软件开发组织的基本划分方式应该是项目制还是产品制呢？**一般来说应当采用产品制。**一方面，团队需要专注，不能总是打一枪换一个地方；另一方面，某块内容应该总是有一个长期负责它的团队，而不是铁打的营盘流水的兵。

为什么呢？原因主要有三个。其一，随着时间的流逝，这个团队中的开发人员对其所负责的部分越来越了解，开发效率就会越来越高。其二，团队会有主人翁责任感，始终注意不让架构腐化或别那么快地腐化。其三，在有后续需求或发现缺陷时能迅速做出反应，而不是当时再去找人。

测试人员也一样，不论是执行人工测试的测试人员，还是自动化测试脚本的编写人员，也都应该长期为一块业务服务，而不应该把测试人员作为资源池中的资源，随时可能分配到不同的项目上，在完全不同的业务领域测试完全不同的内容。

为什么呢？原因也主要有三个。其一，降低学习成本。不必每次都先花费大量时间熟悉这个软件产品及其所在的业务领域。其二，减少管理协调的成本。众多项目和产品，为了争夺人力资源池中有限的资源，必然进行各种协调，各种运作，各种计划安排，而这些如果每次测试新功能都需要争夺资源，那么实在是太累了。其三，更容易调整。资源争用常常会导致制定更多更细更长期的计划，然而软件开发和测试天生具有不确定性。若想调整计划，涉及那么多人那么多产品的大型计划，可不是那么容易调整的。而不调整计划，就会时而工作量不饱和，时而又要拼命加班。

总之，一个团队对它所负责的工作越熟悉、越有自主性，效率就越高，也越让人踏实，因此应该采用产品制。

通常应当采用产品制而不是项目制，这个原则说的是团队的划分，**不要把它僵化地推导到个人工作的划分上**。不要形成这样一种情况：某个不大的模块能且只能由某个特定的开发人员开发，只有他具备这样的能力。这样一个萝卜一个坑是有风险的：万一有事请个假都不好办，更不要提有人事变动的时候了。虽然为效率起见，某个模块可能经常由某个固定的开发人员来修改，但应该让更多的开发人员有能力修改，让他们在需要时可以随时顶上。最好是每名开发人员都有其特别熟悉且平时主要工作的模块，而在其他更广阔的范围内也随时可以补位。

通常应当采用产品制而不是项目制，这句话也**没有说不能采用项目制的任何元素**。事实上，小到实现一个需求，大到推出一个新产品，它在本质上都是一件要完成的事情，都是一个“项目”，它必然需要从“项目”视角，以“项目”为维度地运作和管理。我们只是说，从组织结构、团队划分的角度，一般应该按照“产品”划分，而不是按照“项目”划分。

31.2 全功能团队还是职能团队

全功能团队是指团队能够完成从需求分析到代码编写再到测试一直到发布上线甚至运维等整个软件开发价值流上的绝大多数工作，团队相当独立，不怎么依赖于“别人”。全功能团队还有很多别的称呼，如流动式团队、价值流团队、产品团队、特性团队、全功能团队、跨职能团队、端到端团队等，含义都差不多。

职能团队是指单一“工种”的团队。例如，只包括开发人员的开发团队，只包括测试人员的测试团队，只包括运维人员的运维团队，等等。

职能团队的优点如下。

- 它有利于人力资源调度，以平抑不同时期、不同产品、不同项目对人力资源需求量的涨落。
- 它有利于同一“工种”的人员专业能力的培养，也有利于按统一的标准和规范做事。

而职能团队的缺点也很明显。

- 人力资源协调工作耗时费力。
- 每次切换到不同业务，为熟悉其上下文，需要花费不少时间学习和沟通。
- 每个职能的局部效率的优化，容易带来不同职能之间较多的排队和等待，使总体来看，价值流流动的效率反而降低了。
- 不同角色的目标不一致。开发人员追求开发效率，测试人员追求质量，运维人员追求稳定。当他们属于不同的团队时，不利于这些矛盾的解决。
- 由于不同角色隶属于不同团队，他们之间容易缺乏沟通，以至于难以收到工作的反馈，难以据此改进。例如，开发人员可能并不知道他们选择的技术栈会给运维工作带来多大的麻烦。

全功能团队的优缺点刚好与职能团队的相反。综合来看，软件开发**一般应当组建全功能团队**。让这一伙人有共同的目标，紧密配合，交付价值。

然而职能团队也并非要一刀切都取消。典型地，安全测试、性能测试这类的专项非功能测试，通常需要比较多的专业知识和能力，经常是由专职的人来做。而这样的测试又不是很频繁，总体来看所需要的工时不多。如果把一名安全测试工程师或一名性能测试工程师分配到一个不大的团队中，那么他恐怕大多数时候都闲着没事做。所以还是把他放到资源池中比较好。

提倡全功能团队，其核心思想其实和提倡产品制类似，都是期望每个人工作的“地盘”相对固定，他需要打交道的人也相对固定，这样更有效率。因此，即使在团队划分上没有实现全功能，但只要实际上每个“地盘”上总是固定的那几个人干活，也能达到与全功能团队类似的效果。例如，前面的专项非功能测试，可以考虑安排每位专职测试人员长期负责固定的若干个团队的专项测试工作。

31.3 团队的规模

一个全功能团队的规模不能太大，否则组织协调起来比较困难。开个站会，一人说两句，结果一个上午过去了，这样的团队肯定敏捷不起来。

你可能听说过亚马逊的**“两个披萨原则”**。一个团队 5～9 人最佳，团队再大最好也别超过 15 人，更大的团队就要细分，让每一部分专注于自己的业务，并且拥有相当程度的自主性，可以对结果负责。它的核心是提高运作效率。于是，“你可以在不添加新的内部结构或直接报告的情况下添加新的产品线，你不用开会、不必经历一系列项目流程，就能在物流和电子商务平台上添加它们。你不需要飞往西雅图，安排一场会议，让人支持你在意大利开展的项目，或者说服任何人将新业务加入他们的路线图。”[①]

31.4 团队内部分工：谁做测试

开发人员自己就要尽力保证代码的质量。这是个错误的认识：开发人员只负责开发，测试人员负责全部测试。

测试人员做测试，测试前要了解业务，测试时要记录发现的问题，要和开发人员进行交流，要进行验证。而如果开发人员自己做测试，那么这些都不需要。从这个角度来说，开发人员做测试更高效。

当然，这并不是说，只需要开发人员做测试，不需要测试人员做测试。之所以让测试人员来做测试，有三个原因：**一是自己写的自己测试，容易有思维惯性，**常常不自觉地会根据自己的代码实现来构造测试用例，导致测试不出问题；**二是多找个人来做测试，互相补充，**能发现更多的问题；**三是测试人员有更强的测试技能，**能发现更多的问题。所以对质量要求较高的产品，一般来说还是需要测试人员介入的。

---

① 出自 36 氪编译的文章《亚马逊成功的秘密：贝佐斯的决策方法论与“两个披萨原则”》，链接见资源文件条目 31.1。

那么，开发人员的自测和测试人员的测试，该如何分工、如何配合呢？

首先，开发人员要尽力自测。自测时不仅要测试主要流程和路径，还要考虑边界值、异常值等情况；不仅要测试新特性，还要凭自己的分析，测试本次改动可能影响到的已有功能。如果一个特性涉及不止一名开发人员，那就应该明确地有一名开发人员对这个特性的总体质量负责，在开发人员都完成自己的开发和测试后，对该特性进行整体测试。总之，开发人员不是简单地测一测，而是要尽自己所能把质量控制好。

其次，越是需要对源代码本身比较熟悉的测试活动，越适合开发人员做。典型地，开发人员进行代码评审、修复代码扫描发现的问题、编写单元测试脚本。这些工作不需要测试人员投入精力。

最后，开发人员要做测试，并不意味着测试人员就不用做测试了。测试人员做测试，是 Double Check，是查缺补漏。此外，对测试能力的要求越高，越需要完整理解业务场景，测试越专业，越需要测试人员。例如，端到端的测试往往需要对系统的整体把握能力，即使开发人员做了自测，测试人员也要再做；非功能测试往往专业性较强，正式的性能测试、安全测试通常由专门的测试人员完成。

以上是原则及其背后的道理，为方便起见，下面列出常见的几种测试类型应该由谁来做。对于人工测试，这包括了测试的设计和执行。而对于自动化测试，这是指由谁来编写测试脚本。代码扫描等自动化测试由于不需要编写脚本，在下面也就不再列出。

- 代码评审：开发人员互相评审。
- 单元测试：由开发人员编写测试脚本。
- 接口自动化测试：接口自动化测试既包括偏代码本身的测试，单次调用单个接口，又包括偏业务场景的测试，依次调用若干个接口。我们鼓励开发人员自己编写测试脚本，从测试底层接口开始，从测试单次调用开始。随着开发人员测试能力的提高及其对软件整体功能和架构越来越熟悉，可以考虑让他们进行更上层、更完整场景的测试脚本的编写和维护，甚至最终所有的接口测试脚本都由他们自己来完成。
- UI 自动化测试：目前通常由测试人员编写测试脚本。但这并不意味着开发人员完全不需要编写测试脚本。事实上，如果开发人员编写测试脚本的比例高，那么往往说明测试框架和工具好用。

- 人工功能测试：对于新改动的内容，开发人员要全面深入地自测，测试人员要全面深入地测试，产品经理要做验收测试。而回归性质的人工功能测试，则最好谁都不用做。
- 非功能测试：正式的非功能测试一般由相应的专职测试人员来做。同时也鼓励开发人员在具体场景中觉得有风险的时候，先自己简单测一测。
- 生产环境测试：一般由测试人员、运维人员或用户完成。

总之，测试工作是由开发人员、测试人员和产品经理等角色共同完成的。**测试工作不能全靠测试人员。**

另外，**测试人员的职责还包括与测试相关的建设和指导。**除了做测试，还要把精力投入到测试工具和框架等基础设施的建设、提高开发人员的测试能力、为具体项目和产品制定测试策略等工作上。这些事情往往更重要。

31.5 团队间解耦

各个全功能团队之间的职责划分是有讲究的，本质上是要尽可能自主、解耦。一个新功能的开发，或者一个已有功能的改造，最好通常是一个团队就能单独完成的，而不需要牵扯到若干个团队。反之，如果经常必须由多个团队分别改动各自负责的源代码，进而在软件交付过程中进行跨团队的集成、测试和发布等一系列协作，那就很麻烦。如果软件架构做得好，细粒度、低耦合，那就比较容易实现各个团队之间的解耦：不同团队和各个相对独立的软件模块相对应。由于一个需求通常修改一个模块就能实现，这就意味着这个需求由一个团队就能独立实现。

事实上，不同团队之间天然就有一种倾向：在工作时尽量能自主，相互解耦。这种倾向会影响软件的架构。团队之间是怎么划分的，在软件架构上，不同子系统、不同模块间，就会倾向于相应的划分。这就是**康威定律**（Conway’s Law）[①]，“设计系统的架构受制于产生这些设计的组织的沟通结构。”

我们可以反过来应用康威定律：为了最终能进化为一个良好的软件架构，我们先在组织架构上，在团队之间的职责划分上，按这样的良好结构来。于是，软

---

① 详见《人月神话》一书。

件系统就会“自然而然”演进到那个良好的软件架构。这被称为**逆康威定律**（Inverse Conway Maneuver）[①]。

31.6 按业务功能划分并考虑软件复用

31.5 节讲到，全功能团队之间要解耦。在理想情况下，每个团队负责一个软件或软件的一个业务功能板块的产品设计和软件实现，每个团队的工作成果都直接面向这个软件的最终使用者。各个团队在产品设计方面和软件实现方面都没有多少需要团队间协作的地方，没有多少相互依赖。

然而这么做有时候会带来重复建设。不同的业务功能板块，其软件实现常常有相同或相似的部分。举个浅显的例子，几乎每个微服务都会用到日志功能，如果每个微服务都自己实现一遍日志功能，那就很浪费。正确的做法是统一使用某款开源的日志框架，或者企业内部实现或封装一个。如果是后者，那么企业内部就会有一个团队负责它的开发和维护。此时这个团队面向的并不是外部用户，而是内部其他开发团队。

也就是说，因为从软件架构的角度要适当复用，于是根据逆康威定律，我们的组织架构就要有对应的团队，负责这个复用部分的软件开发，这包括了从“产品”设计到“产品”发布的全部工作。从这个角度来看，这个团队也是一个全功能团队，只不过这个团队负责开发的“产品”不是供外部用户使用的，而是供内部其他开发团队使用的。

31.7 组织的层级结构

扁平化这个词挺时髦的。扁平化管理是企业为解决层级结构的组织形式在现代环境下面临的难题而实施的一种管理模式。当企业规模扩大时，原来的有效办法是增加管理层次，而现在的有效办法是增大管理幅度。当管理层次减少而管理

① 详见《高效能团队模式：支持软件快速交付的组织架构》一书。

幅度增大时，金字塔状的组织形式就被“压缩”成扁平状的组织形式[1]。

注意：无论多“扁平”，组织仍然需要某种层级结构，形成在具体职能上的某种上下级关系。软件开发也一样。例如：

- 上级产品经理：当若干个团队一起开发一个大型系统时，假定每个团队负责系统的一个业务功能板块，此时一个团队并不能完全决定自己负责的业务功能板块应该具备什么具体功能，因为它需要服从和服务于系统整体的定位。而后者就是上级产品经理统筹和引导的。
- 上级架构师：当若干个团队一起开发一个大型系统时，假定每个团队负责一个模块，此时一个团队并不能完全决定自己负责的模块该怎么设计和实现，因为它需要遵循一些全局性的架构、一些全局性的技术选型。而这些内容的确定就是上级架构师的责任。
- 故障处理协调人：一个故障经常不是一个全功能团队就能应对的，它可能涉及不同的全功能团队、不同的基础设施团队，涉及商务、运营等部门，这就需要有人来做驱动和协调的工作。

31.8 组织级支持

组织级支持通常是指公司级的专门团队或人员，向各个全功能团队提供的支持。当然，当企业规模很大的时候，或者企业的不同业务形态之间区别很大的时候，可能也会有次级的专门团队或人员提供组织级支持。

不论是外部引入的工具还是自主研制的工具，都需要有组织级支持。应该有组织级的明确的负责人，该负责人及其带领的团队（如果有的话）负责工具的选型、购买和升级、开发或定制、部署运维、技术支持等，这样才能让工具方案收敛，避免重复造轮子。

软件开发过程及其改进，也需要组织级支持。这包括制定和改进软件开发相关的流程和策略、引入新的工作方法，为此组织会议、讲座和培训，参与相关讨论或进行相关布道。

---

① 出自百度百科“扁平化”词条。

我们**还需要组织级的专家团队，来定一些应该由专家统一定的事情**。例如，对各种语言的代码扫描规则的增加和删减，对引入新的第三方静态库的审核。

以上介绍的各项组织级支持工作，都不是针对特定团队的支持。针对特定团队的支持，如帮助某个团队引入流水线或一款自动化测试工具，帮助某个团队改进软件交付流程等，这是**敏捷教练、工程教练、DevOps 教练等教练们**所做的工作，他们通常在一段时间内“驻扎”在某个团队，为这个团队提供指导。这些也属于组织级支持。

第 32 章 平台工程：工具平台的建设和维护

在前面的章节中，我们在介绍软件交付过程各项活动、各阶段流程的时候，简单地介绍了其支持工具应该具备的功能。但只介绍这些是不够的，围绕工具还有一些共通的话题。本章讨论这些内容。

32.1 什么是平台工程

平台工程（Platform Engineering）的故事是这样的：这些年大家纷纷进行 DevOps 转型，但是开发人员并不开心，因为 DevOps 需要大家既要懂 Dev，又要懂 Ops，认知负荷也太重了。那怎么解决呢？总不能开倒车吧？那就把与 Ops 相关的要掌握的各种复杂知识的各种细节隐藏起来，向开发人员提供一个“交钥匙”方案：开发人员只需要拧一拧钥匙，生产环境就搭好啦，系统就发布上线啦！

这个叙事有一半是真的，有一半是假的。DevOps 从来不认为大家既要成为 Dev 的专家，也要成为 Ops 的专家。DevOps 也认为应该把工具平台做好。所以 DevOps 和平台工程没什么矛盾。

不论有没有平台工程这个名词、这个运动，我们都要把工具平台建设和维护好。这也是本章的主题。

32.2 使用工具代替专职人员的重复操作

以前，在一些软件研发组织中，软件配置管理人员（有时也被称为集成工程师、发布工程师等）与开发人员的比例达到 1:5，每五名开发人员就需要配备一名软件配置管理人员来提供支持。没办法，那时候还没有 Git 这样好用的版本控制工具，那时候构建可能需要复杂的操作和维护，为此需要专职人员负责。

而如今，分支合并等版本控制操作应该是开发人员自助完成的、构建应该是开发人员自助完成的……这些事情早已成为这个时代大家的共识。软件配置管理人员的占比已经非常小了，甚至不少企业取消了这一职位。

好用的版本控制工具、构建工具代替了专职的软件配置管理人员的工作。类似的过程如今正发生在运维领域。总的来说，**日常的应用运维工作越来越多地由全功能团队自助完成了**，而专职的运维人员则集中精力于系统运维，以及为各个全功能团队提供好用的应用运维工具等工作上。下面举几个例子。

第一，自助完成部署。部署应该是完全自动化的，就点个按钮的事。那么，当实现了部署的完全自动化后，还需要运维人员负责每次生产环境的部署吗？我们的目标是让开发团队作为全功能团队，自己进行日常的部署工作，其中包括生产环境的部署。当然，如果特定行业有特定国家政策或行业规定，那么还是得按政策和规定办。

开发人员应该对自己编写的程序有全面的了解和掌控。当部署过程中出现意外情况时，开发团队要能及时有效地处理，开发人员应该可以从监控系统中迅速获得反馈，查看相关情况，判断是哪里出现了什么问题，并且通过工具迅速回滚或调整配置。

第二，自助完成环境管理。不论是本地运行环境镜像的定义和生成，还是某个微服务在特定环境实例中的配置，抑或是整体运行环境实例的申请和分配，只要是具体某个微服务、某个环境实例的配置和管理操作，就应该完全由团队在相关工具的支持下自助完成，顶多进行一下审批。而不是先填写一个工单交给运维人员，再由运维人员做一些神秘操作、运行一些神秘脚本来完成。为了做到自助完成，工具本身需要提供足够的自动化能力，并且容易配置和使用。

第三，自助完成应用配置参数管理。就像部署操作和环境管理操作应当由全功能团队自助完成一样，与应用配置参数相关的操作也应当由团队自助完成，而不是填写一个工单交给运维人员来完成。

与其相关的审批流程也应当尽量简化，最好是去掉该团队之外的审批流程。

第四，自助完成 SQL 变更。就像程序部署、环境管理、应用配置参数设置应该由全功能团队借助工具自助完成一样，SQL 变更也应该由团队自助完成，而不是填写一个工单交给数据库管理员来完成。

当然，这并不意味着与数据库相关的专业人员永远无须介入。对于风险较高的变更，确实应当考虑由数据库专家来帮助评审、把关。而什么样的变更算是风险较高的，可以根据一些规则自动判断。例如，将设置规则为如果 SQL 脚本中带有 delete 或 drop 这样的命令，那就自动判断为风险较高。于是在流程流转时，工具就要求数据库专家评审，并且把评审通过作为质量卡点。

第五，自助完成工具配置。各类工具，除了有日常操作、紧急操作，还需要进行一些配置。例如，新建一条流水线，或者修改一条流水线的配置。这些配置，也应该是自助完成的。工具支持团队无须为每个团队配置其流水线，配置流水线的工作应该团队自己就能干。

32.3 平台工程的核心是便捷易用

从 32.2 节的这几个例子可以看出，要想这些事情能由全功能团队自助完成，工具要给力。一方面，工具相关的帮助文档、培训、答疑支持机制要齐备；另一方面，工具要努力做到概念少、好理解、有模板，总之学起来不难，便捷易用。平台工程主张工具平台要方便团队自助完成各项操作。

当我们把越来越多的责任从专职人员那里转移给全功能团队的时候，必然要为全功能团队提供好用的工具。部署工具足够好用、监控工具足够好用……让开发人员容易掌握，容易操作，这样他们才能放心大胆地操作，反正如果有问题，监控就会报警，想回滚就是点个按钮的事。

以此类推，软件交付相关的各个工具和服务，都应该做到便捷易用。这样，当流程流转时，当事人“顺便”就操作了，无须为一个特定的操作安排一个专门的人。

32.4 一体化的工具平台

说到便捷易用，这本质上是工具平台这个软件产品的产品设计问题，所以如何做到便捷易用，涉及产品设计的方方面面，展开讲足够再写一本书。对工具平台来说，有一点儿值得特别提及，那就是不同工具之间的集成，形成一体化的工具平台。

这里所说的一体化，可不是简单地在平台菜单项中把各个工具各个功能都列出来。**这里所说的一体化，是工具功能上的真正集成。**我们前面讲过一些具体的场景：

开发人员领到新任务，要进行一个特性（如一个用户故事）的开发。现在他需要新建特性分支。他能不能从他刚看完的用户故事这个工作项的页面下，就新建这条分支？这样的话，就无须切换工具，而且特性分支自动带上了工作项的编号，建立了特性分支与工作项的关联关系。

在特性开发完成，新建合并请求时，由于特性分支与工作项有关联关系，合并请求也就自动和工作项建立了关联关系，于是合并请求所包含的各条代码改动提交记录，就通过合并请求与工作项建立了关联关系。

新建合并请求，可以自动改变工作项的状态，如改变为“开发完成”状态。在合并请求评审通过，特性分支合入集成分支后，工作项的状态又自动发生改变，如改变为“已提交集成”。同时，平台自动统计出当前集成的版本包括哪些特性。当把这个版本提交测试时，不仅工作项的状态自动发生改变，而且测试人员可以在页面中看到当前送测版本包含特性的列表，点击其中的条目，就会显示相应工作项页面展示详情。

在以上这一系列例子中，工作项管理工具、版本控制工具、合并请求功能之间，就实现了真正的集成。

32.5 拿来主义还是自主研制

在我们规划建设工具平台时，要做一个重要决策：是拿来主义还是自主研制？一方面，市面上有不少开源工具，也有不少收费工具，可以拿来使用。另一方面，既然企业中有这么多开发人员，也可以自己写一个。

而在上述两个选项之间，还有兼而有之的方法：基于已有的工具进行或多或少的定制，这又被称为二次开发。配置一条流水线，在里面编写一点儿脚本，可以认为是最简单的定制。而在已有平台上开发插件，也是定制。在已有工具外面包上一层，这也是定制。而更深入的定制是修改工具的源代码本身。

拿来主义和自主研制，像是仪表盘上刻度范围的两端。定制是中间状态，指针可能更偏向拿来主义，也可能更偏向自主研制。那么，何时更适合拿来主义或偏向拿来主义，何时更适合自主研制或偏向自主研制呢？

一个企业内部的软件开发人员越多，越倾向于自主研制；越少，越适合拿来主义。这是因为投入产出比的不同。同样是自主研制一款工具，是给十个人用还是给十万个人用，带来的收益差着几个数量级，前者不值得而后者值得。

越是偏底层的、通用的单独工具，越倾向于拿来主义。**越是偏上层的、与组织的特有开发交付流程相关的工具平台，越倾向于自主研制**。如今几乎没有企业再去研制一款新的版本控制工具，Git 已经是事实上的标准。研制一款新的编译器，研制一款新的容器编排工具内核，也十分罕见。然而，大量的开发组织在研制自己的流水线平台或流程自动化平台，因为需要把不同的工具集成在一起，因为需要支持该组织特定的开发交付过程。

32.6 方案收敛

讲到这里，本书作者不禁想起了在一家企业做咨询的经历。当时是为这家企业的 3 个项目提供咨询服务。咨询时了解到的情况是，项目 A、B、C，不论是业务形态还是技术栈，都很相似。事实上，它们就是开发一个大系统的不同部分。在项目 A 中，基于 Jenkins 搭建了流水线，为此开发了不少脚本，流水线的配置文件也写得很长。考查项目 B 的流水线时，发现它也是基于 Jenkins 的。可细看，用法不太一样……此外，在流水线总列表中也没有项目 A 的流水线，也许使用了什么黑科技隐藏了？再细看，Jenkins 服务器的 IP 地址也不一样。原来是搭建了两套 Jenkins。等到考查项目 C 时，发现又搭建了一套 Jenkins……

每搭建一套 Jenkins，都需要有人去研究 Jenkins 怎么安装、什么时候升级、如何做备份、如何保证它的可靠性等运维工作。此外，还要成为 Jenkins 专家，研究怎么配置和使用、编写相应的脚本甚至插件等。每个项目都重复做这些事情，很浪费资源和精力。其实应该维护一套 Jenkins，并且尽量把脚本可复用的部分抽取出来放入公共库。

当然，**有的时候确实需要不同的方案**。例如，一个企业既开发嵌入式软件，又有自己的电商网站，这是非常不同的业务场景，并且使用不同的技术栈，它们的开发、集成和发布方式会很不同。此时它们很可能在使用两套不同的开发交付工具平台。

还有的时候，我们想对软件交付过程和相关工具进行改进，先试点，那么必然会带来一段时间的与众不同。此时**不应该以不统一为由阻止改进和试点**。

总之，方案不同，一定要有原因。而如果没有什么特别的原因，那就应该保持一致。软件交付过程涉及的各类工具都应遵循这样的原则。

32.7 适当宽松的权限策略

整个集成-测试-发布过程进展到哪里了，本轮测试、本次发布包含哪些特性，类似这样的信息要让所有相关人员都能方便地看到。这需要流水线、发布审批平台、工作项管理、看板墙等各个流程自动化工具和工作进度管理工具，对所有相关人员可见。这种可见性最好不需要复杂的配置，只要是团队成员，就自然而然地能够看到。甚至可以在企业内网公开，让任何人都能看到。

代码库权限也应该适当宽松。现在，越来越多的企业内部放松了对代码库的权限管理，让代码被本企业内尽量多的开发人员看到，以便排查问题、学习或复用。甚至可以让代码被尽量多的开发人员修改，鼓励共同建设和共享，辅以设计评审、合并请求、流水线、门禁等机制进行管理，以把控功能演进方向，保证质量。当然，对于核心代码，还是应当有更多的限制和控制。

此外，应考虑对使用者的异常行为进行适当的监控，如监控员工离职前的异常行为，看其是否克隆或检出了远超其实际工作需要的大量代码。

制品库权限也应适当宽松。一般来讲，应当开放制品库的读权限给企业内部所有开发人员。而制品库的写权限则应当收紧，原则上只能通过流水线等工具平台将其产生的制品上传到制品库中。外来制品，包括软件开发工具的安装包，则应该在经过批准后，经过一定的质量和安全的检测后，才能上传到制品库中。

每个人都应该使用自己的账号而不是公共账号，这样有利于操作时的权限管控，而且可以留下操作记录，供事后审计。类似地，当工具 A 调用工具 B 时，应当使用工具 B 上的工具 A 特有的账号，而不要使用工具 B 上的公共账号。同时，工具 A 自身应做好权限相关逻辑，防止工具 A 的使用者间接获得访问工具 B 的超出预期的权限。

32.8 工具可用性

我们希望在软件交付过程中使用的工具（如版本控制工具 Git）及服务（如部署 GitLab 作为版本控制服务）是可信任的、可靠的，不会经常不能用，或者经常遇到严重缺陷。

这一诉求其实具有相当的普遍性，不论是哪个阶段的流程涉及的工具和服务，也不论是具体哪个活动所使用的工具和服务，我们都会有类似的诉求。在考查实际项目时，我们需要对每个工具和服务分别进行考查。在本节中，我们将集中讲解各种工具和服务的可靠性的共性内容，大家可以自行应用到不同的工具和服务上。

第一，明确的负责人。在组织结构上，不论是外部引入的工具还是自主研制的工具，都需要有明确的负责人。该负责人及其带领的团队（如果有的话）负责工具的选型、购买或升级、开发或定制、部署运维、技术支持等。

第二，在硬件资源上，要提供充分的保障。要保障服务的性能和容量。

第三，工具和服务要经过充分的测试，其运行需要有足够的监控。这是为了少出问题，在出现问题时能快速响应。

第四，运行中的工具和服务，其数据要备份。备份的目的是在出现问题时（基本）不会丢失数据。不应该把数据备份到工具和服务所在的服务器上，而要备份到其他服务器上，最好是备份到异地。也可以考虑使用独立磁盘冗余阵列（Redundant Array of Inexpensive Disk，RAID）等方案。备份和恢复要有详细的操作方案，并且方案要经过验证。

越是涉及重要数据的工具和服务，越要重视数据的备份。典型地，存储源代码的版本控制工具的服务器端、存储安装包等制品的制品管理工具、存储工作项信息的工作项管理工具，要格外重视数据的备份。

第五，考虑将工具和服务做成高可用方案。不仅数据要热备份，可以随时切换到备库，程序也要热备份或做到随时快速启动，以便随时切换到备用节点或新的容器实例。这样做的好处是，当出现硬件故障等情况时，使用工具和服务的用户几乎感知不到，仍可以正常使用。这样的高可用方案也要经过验证。

第六，应该为工具和服务的可靠性建立目标指标。这通常体现为服务等级协定（Service Level Agreement，SLA）。可用性至少要达到 3 个 9（99.9%），关键服务最好做到 4 个 9（99.99%）。对因为故障或维护造成的不可用时间要进行记录和统计，以反映是否达到服务等级协定。

第七，要考虑出现问题时的降级措施。特别是还不太稳定的工具或工具的特定功能，更要考虑降级措施。例如，如果流水线的一种任务不稳定或不好用，那么要避免它卡住使用它各条流水线，更要避免造成整个流水线平台的瘫痪。流水线应该有允许手动跳过该任务的能力，供在具体项目的具体场景中权衡使用。

第 33 章 终章：软件交付 10 策略

本章内容是对本书所有内容的总结和提炼，把前面讲述的这些最佳实践融会贯通并总结提炼为 10 个策略。

为什么要做这件事情呢？因为本书是无法罗列所有最佳实践的。更何况，在具体企业的具体项目中是什么情况，在你的日常工作中遇到了什么问题，这些更没办法在本书中全部列出，逐一分析。所以除了介绍一些常见方法，还得让大家掌握它背后的原理，举一反三。这样，将来在具体场景中，在遇到具体问题时，才能随机应变。

本章是本书最长的一章，也是最后一章，读完就“毕业”了！

33.1 小批量持续流动

软件交付过程要追求快。事实上，从确定需求到设计开发再到发布上线的整个过程，都要尽量快。那么如何做到软件快速交付呢？一个重要的策略就是不要等待，小批量持续流动。

33.1.1 大批量带来等待等问题

假定我们的开发过程是这样的：大批需求被一起规划设计，一起开发，一起集成，一起测试，最后一起发布上线。此时，由于大批需求被一起规划设计，因此尽管每个需求可能只需要不长的设计时间，但是需要等待所有需求都被设计好后才能开始实现。大批需求带来很大的开发工作量，所以尽管在实现某一个具体小功能时，可能只需要不长的时间，但需要等待所有的功能都实现后，才能进行集成。大量的软件改动带来繁重的集成和测试工作，如果到项目后期才集成和测试，那就要拿出专门时间来发现问题和解决问题，说不定还需要多轮测试，尽管某一小段代码改动并不需要多长时间测试，测试的结果可能没什么问题。总之，对于软件的一点儿改动，花在它本身的功能设计、代码实现、质量保证上的时间可能并不长，但是由于总是需要凑齐足够的需求、足够的改动才能往下推进流程，因此等待的时间会很漫长。最后的效果就是从确定需求到发布上线的整个流程很慢。其中本书关注的软件交付过程也很慢。

当总是需要凑齐需求和改动时，还会带来一些连锁反应，让流程变得更慢。其中最明显的问题是，修复一个缺陷所花费的时间变长了。如果你改动了几行代码，当时就得到了反馈，提示写得有问题，那么你自然就只需要在那几行代码中进行排查。那几行代码又是刚写的，记忆还清晰，你很快就能找出原因并改正。但是，如果过了很久才得到反馈，那么你就不知道问题是由具体哪个地方的改动引起的，从而导致排查困难。而且那段程序的结构和逻辑，你可能也记不清了，又要重新熟悉，重新进入状态。

33.1.2 短周期、小颗粒度、减少半成品

这么看来，等待真不是一件好事，要尽量避免。如何避免呢？别积攒一大批！要在各个阶段追求小批量：小批量地设计功能、交代开发任务，小批量地集成，小批量地测试，小批量地发布上线。这样就能让整个流程持续地流动起来，而不是走走停停。

瀑布模式违背了这一策略，导致了漫长的交付周期。如果将四周甚至两周作为一个迭代周期的话，那就好得多。然而这并不是终点，它可以更好：一方面，迭代可以一直延伸到发布上线，而不是止步于内部演示版本，上线才是真正的完成；另一方面，一次迭代包含了多个需求，它们之间还是会相互等待、相互影响的。所以，更理想的情况是每个需求都可以在精益看板墙上不受干扰地、自主地往前走，开发、测试直到发布上线，而无须等待其他需求。想改动就改动、想测试就测试、想发布上线就发布上线。

这里需求的颗粒度也有讲究，不要太大。所以在精益需求分析与管理实践中，要做需求拆分：将大需求拆分成小需求，可以分别独立开发和发布上线。这也符合小批量的策略。

在精益方法中还提到了控制在制品数量，因为在制品数量多意味着排队等待时间长，也意味着一个人可能要并行处理多件事情，需要频繁切换。控制在制品数量，也体现了小批量持续流动这个策略。

33.1.3　小批量持续流动的交付过程

以上是从敏捷和精益的视角来看小批量持续流动这个策略的。下面我们来看看持续集成、持续交付是如何践行小批量持续流动这个策略的。

持续集成意味着代码改动要及早和经常提交与合并，这样有利于减少合并冲突和错误，并且在彼此工作有依赖时，能及时获取所依赖的其他人的改动，及早开工。

持续集成还意味着及早和经常构建与测试。一旦收到提交的代码，就自动进行构建、静态代码分析、单元测试等工作，以便尽早发现问题，而不是非要凑齐本次要发布的所有改动再开始。显然，这也符合小批量持续流动这个策略。

持续交付更进一步，把及早和经常做的事情扩展到了更多种类的测试，并且最终扩展到了发布上线。

把不同的代码改动混合在一起自测或测试，不必等所有改动都通过自测或测试才往下走流程，只要是通过的代码改动，就往下走流程，类似这样的灵活性在统计意义上也会加快流动。

为实现小批量持续流动，还有一些方面值得关注。例如，应当尽量去掉发布窗口，做到无须等待、随时发布。又如，应该减少发布审批步骤，缩短审批时长，甚至取消审批。

33.2　运用综合手段保证质量和安全

源代码改动发生后的软件交付过程，主要包括三类事情：一是源代码改动的累积和汇聚；二是构建、部署这类的软件形态的转换；三是各种类型的检查、测试，并且根据反馈进行调整，以保证质量和安全。而若论所需的时间和精力，第三类事情占比最高。接下来就围绕第三类事情来讲“运用综合手段保证质量和安全”这个策略。

33.2.1 各种各样的测试

在本书中，我们把代码改动发生后进行的各种类型的检查、测试和反馈，统称为测试。各种各样的测试，用来发现软件中的缺陷，以及稳定性、可靠性、安全性等方面的问题，也用来发现软件与产品设计不相符的情况，并且探测用户是不是喜欢。这个意义上的测试包括了广泛的内容。

首先，它包括我们平常说的测试，也就是程序运行起来的测试，如单元测试、集成测试、系统测试等。它也包括无须程序运行，直接对源代码或安装包进行的静态检查，如代码扫描、代码评审等。

其次，它既包括人工测试，也包括自动化测试。

再次，它既包括功能测试，也包括非功能测试，如安全测试、性能测试等。

此外，测试不仅可以在测试环境中做，也可以在生产环境中做，如生产环境的全链路压测、混沌工程、灰度发布、A/B 测试等。此时，一个重要的思路是小范围尝试。金丝雀部署是小范围尝试，先部署并切换 10%甚至 1%的流量观察观察，别弄出故障。灰度发布也是小范围尝试，在小范围内，看看有没有产品设计的问题或功能实现的问题。A/B 测试也是小范围尝试，在小范围内，看看是 A 方案效果好还是 B 方案效果好。

最后，虽然构建、部署活动不是以测试为主要目的的，但是从测试的角度来看，它们具备测试的性质：测试程序能不能构建，测试程序能不能部署。

这么多种测试手段，我们该怎么选用呢？核心思路是，根据实际情况，综合使用多种手段：一是在合适的时机做合适的测试，不能一味地强调测试左移或测试右移；二是并非所有的事情都应该分派给测试人员或开发人员；三是自动化测试并不能完全取代人工测试。下面分别介绍这三个原则。

33.2.2 左移+右移

我们先来看在合适的时机做合适的测试。

有些测试很“便宜”，可以早早地做、反复做、经常做，所发现的问题可以很快被修复。但这样仍然会有不少漏网之鱼。那些“贵”一些的测试，则可以进一步找出问题，当然，发现问题的代价和修复问题的代价都要大一些。还有一些测试，在测试环境做，不仅太“贵”了，而且效果可能也不好，所以干脆到线上去做。

一会儿说测试左移，也就是尽量写完代码就测试；一会儿又说测试右移，到生产环境中去做。其实它们并不矛盾，这体现了不同的测试手段都有相应的使用时机、场合和策略。

33.2.3　开发人员+测试人员

测试该由谁来做呢？对源代码本身的检查当然由开发人员来做，也就是代码评审甚至结对编程。

那在软件运行起来之后做的测试呢？一般来说，越需要测试专业能力的测试，越倾向于由测试人员来编写和执行，如探索性测试、安全方面的测试等。而越与编程实现相关，对系统结构中某个组件甚至某个函数和类做的测试，越倾向于由开发人员来编写和执行，如单元测试等。

33.2.4　自动化测试+人工测试

自动化测试并不能完全取代人工测试。尽管自动化的代码扫描可以发现不少问题，但不能完全取代人工的代码评审。探索性测试也没法自动化完成。一般来说，需要反复执行的、检查判断有明确标准和规则的测试适合自动化完成，然而并非所有的测试都是如此。

要根据实际情况，逐步将测试自动化的比重和测试覆盖率提高到一个合理的范围内。要按不同的测试类型，如单元测试、对单个接口的自动化测试、面向场景的接口自动化测试、UI 自动化测试等分别考查，确定自动化的比重和测试覆盖率，确定对于特定场景来说是否合理。

33.2.5　综合运用

这么多种测试手段，不是必须要全部用上。流程设计得简单一些还是复杂一些，每个活动要做得多深入、全面，也需要根据系统（或产品、模块）的具体情况来定。总体来说，越是对质量要求高的产品和服务、越是复杂的紧密耦合的系统，就越需要多做一些测试，深入全面地测试，严防死守。反之，就可以简单点做，抓重点做。

应该为不同的测试手段各分配多少精力，这个话题通常被称为测试分层策略。

测试分层策略有理想主义的金字塔模型、更务实的橄榄球模型等。而在整个软件交付流程中，何时该做哪种测试、以什么频率测试、如何设置质量卡点，也应当仔细考虑。

33.3 细粒度、低耦合、可复用的架构

前两个策略，一个是关于总的流程的，一个是关于流程中各种活动中最消耗时间精力的各种测试活动的。也就是说，都是关于何时，做什么，做到什么程度的。而另一方面也不能忽略，就是在什么样的架构上做，架构也是可以调整和改进的。这里所说的架构，包括软件架构、测试脚本和测试数据的架构、组织架构。改进它们可真不容易，然而改进它们常常意味着根本性的变化。

33.3.1 软件架构

从软件编写的视角来看，好的软件架构让软件能够比较容易地改进已有的功能、扩展新的功能，从而让软件具有较高的可维护性、可复用性。而从软件交付过程的视角来看，软件架构也很重要。

是一个大型的单体应用，还是一组在运行时相互配合的微服务，这对软件交付过程是有影响的。大型的单体应用意味着构建慢，部署也慢，编写几行代码想运行一下试试，得半小时后才能见结果。此外，由于构建时就绑定在一起，因此总有很多人在一起修改，一起集成，一起测试，有很多协调工作要做，而且还相互拖累，一旦某一部分出现问题，整体进度就会被拖慢。

而如果是微服务架构，那么构建和部署的单位是微服务，构建和部署就快得多。如果各个子系统、各个微服务之间的耦合性较弱，那么开发一个新功能经常只需要改动某一个子系统，甚至一个微服务。于是各个子系统甚至各个微服务就可以分头集成、测试和发布，而不会相互影响、相互等待，不用“等火车”“赶火车”“扒火车”，缩短了等待时间。系统解耦得越好，各个子系统、各个微服务的交付过程就越独立自主。

好的软件架构和好的软件设计——更好的封装、更清晰的表达、更清楚的职责分离、和更多的代码复用——也使测试特别是各层级的自动化测试易于实现。

也就是说，让软件具备更高的可测试性。

软件不仅是由代码组成的，还包括软件部署运行的环境，以及各种配置参数、数据库表结构等。它们之间的耦合性最好也比较弱，可以分别单独进行修改变更。例如，不必因为不同环境中某个应用配置参数的值不同而重新构建源代码，也不必因为调整某个应用配置参数的值而重新走一遍开发-集成-测试-发布流程。这也是软件架构要支持的内容。

构建慢、部署慢、测试慢、代码合并冲突多、集成频率低、发布频率低……遇到这些情况，**先看看软件架构是否合理，有没有改进的空间。**如果软件架构是分层、分模块的，模块是细粒度的，模块间是低耦合的，各模块是可以分别构建和部署、在运行时才通过 API 相互配合的，那么集成、测试和发布就好做，就快；反之就不好做，就慢。

33.3.2　测试脚本和测试数据的架构

软件架构主要影响软件交付过程之前的代码编写活动的效率，它对软件交付过程的影响是“副产品”。相比之下，测试脚本和测试数据的架构，则直接影响软件交付过程：测试脚本和测试数据的架构好，编写实现测试用例的速度就快，就好维护，就可以进行更多的自动化测试，于是软件交付过程就快。

例如，数据驱动是把测试脚本与测试数据分离，同一个测试脚本可以对应好几套数据，分别测试各种正常情况、边界情况、异常情况。这样，就不必为每种情况再编写一遍高度类似的测试脚本了。

又如，页面对象模型、关键字驱动等方法。这些方法的本质都是**通过合理的分层架构来提高复用性的。**

33.3.3　组织架构

软件系统的架构、测试脚本和测试数据的架构，要细粒度、低耦合、可复用，组织的架构亦如此。组织架构也要小团队、低耦合、可复用。开发并上线一个新特性，最好是一个小团队就能自主完成，不需要依赖他人。不然就会出现很多团队和团队之间的配合协作、排优先级、工作交接等事情，这些都很消耗时间和精力。

具体来说，好的组织架构应具有以下特点。

- **长期团队。**团队应该长期负责某个系统或系统的某部分，如某个子系统、某个功能或某个组件。也就是说，一方面，团队不能总是打一枪换一个地方；另一方面，某块内容总是有一个长期负责它的团队。为什么呢？因为随着时间的流逝，这个团队对其所负责的部分越来越了解，开发效率就会越来越高，交付效率也会越来越高。并且团队会有主人翁责任感，始终注意不让架构腐化或不那么快地腐化。此外，在有后续需求或发现缺陷时能迅速做出反应。总之，团队对这个部分越有自主性，效率就越高，也越让人踏实。
- **全功能团队。**团队具备交付价值所需的各种角色，而不是设计、开发、集成、测试、发布时必须到各个职能部门转一圈。各种测试工作，最好是团队内部的开发人员和测试人员一起就能完成，而不是每次都去找测试部门申请测试资源。部署操作也一样，不论是测试环境中的部署还是生产环境中的部署，都应该由团队自己轻松完成，无须提交变更单给运维人员。敏捷兴起时，重点强调了需求、开发、测试最好由一个团队负责，而 DevOps 将其扩展到了部署、运维和安全。
- **独立完成开发。**各个全功能团队之间的划分也有讲究，本质上也要自主、解耦。一个新功能的开发，或者一个已有功能的改造，最好是一个团队就能单独完成，而不需要牵扯若干个团队，必须由他们分别来修改各自负责的源代码。否则在软件交付过程中出现跨团队的集成、测试和发布等一系列协作时，会很麻烦。如果软件架构做得好，细粒度、低耦合，那么把不同团队和软件模块相互对应，就比较容易实现各个团队之间的解耦。由于通常修改一个模块就能实现需求，这就意味着一个需求由一个团队就能独立实现。
- **适当的团队规模。**一个团队 5～9 人最佳，团队再大最好也别超过 15 人。
- **组织级支持。**应该有组织级的工具平台团队，来评估、比选、引入、运维、集成、定制甚至开发与软件交付相关的工具平台。这比让每个全功能团队都重复地做这些事情要划算得多。在推动软件交付过程的改进方面，最好也要有组织级的领导协调，根据业务特点，制定相对统一或至少比较收敛的规范和流程，让相关人员不用费心就能走上正确的道路，而组织结构调整、转岗之类的人员流动所带来的学习成本也会明显降低。

总之，需要有**合理的组织架构，其核心就是细粒度、低耦合、可复用**，让每个团队都具备自主性，独立负责一个模块，而这个模块是细粒度、低耦合甚至是可复用的。于是，整个软件开发过程包括其中的软件交付过程就会顺畅、高效得多。

架构细粒度、低耦合、可复用，自己完成一件事情，不要总是动辄牵扯到其他人和其他事，这是软件交付的第三个策略。合理的软件架构、测试脚本与测试数据架构、组织架构，让软件交付过程更顺畅、高效。

33.4 自动化与自助化

自动化可以节约时间，因为机器比人做得快；自动化可以节省成本，因为不需要为机器支付工资。自动化可以带来可重复性，因为机器严格按照人预先编排好的方法来执行；自动化不会出现马虎失误。自动化可以完备记录当时的执行情况，便于将来追溯、排查和审计。凡是有明确规则的、只要按照规则来执行和判断就可以的重复性活动，都应该考虑实现自动化。

33.4.1 单项活动的自动化

单项活动要实现自动化，如自动化构建、自动化安全扫描、自动化部署、自动化测试、自动化监控。要尽量提高自动化的程度。以部署为例，登录各台服务器并执行脚本部署，这实现了一定程度的自动化，而再进一步，则是要实现在工具平台上一键完成部署。

对于自动化测试，除了要关注测试执行的自动化，还要考虑测试脚本编写本身一定程度的自动化，如自动化生成一些框架性内容。

33.4.2 流程的自动化

流程的自动化是指流程中各个活动间流转的自动化，尽管其中有些活动本身可能还没有做到自动化，如人工审批。

流水线的目的就是流程自动化。持续集成使用的流水线中，各个活动都是自动化的，它们之间的流转也不需要人为干预。而部署流水线则可能包括人工测试等人工活动，并且活动间的流转也可能需要人工适时触发。

当开发人员在特性分支上完成代码改动后，通过合并请求过程把改动合入集成分支。如果此时的合并请求也实现了一定的流程自动化，那么它可以自动实现这样的流程控制：只有当特定评审人进行人工评审并通过，并且自动触发的包括构建、代码扫描、单元测试等活动的流水线也执行通过时，才能算作合并请求通过，可以完成分支合并。

OA 语境下的工作流也是流程自动化的表现形式，如一个申请线上变更的工单的流转。当然，如果在审批通过后触发自动执行一些活动，那么它就进而触发了单项活动的自动化。

33.4.3 自助化

自动化工具要好用，其中比较重要的一点是，使用者可以方便地自助配置和使用，也就是自助化。为此，工具要隐藏底层实现细节，暴露给使用者简单易用的操作界面。不同的工具之间要集成和联动。

事实上，不仅以自动化为目的的工具要好用，实现自助化，凡是与软件交付过程相关的软件工具和服务，如工作项管理工具、版本控制工具，也都应该操作便捷，实现自助化。

33.4.4 相关支持

为了能够自助使用工具，对工具的使用权限应该适当放开。不要总是想着限定哪些人可以使用工具，以便让操作更安全。这种限制会增加不同角色之间沟通、协作的成本，是不得已才使用的方法。应该尽量通过让工具更容易掌握和使用，以及通过增加工具的防护措施来避免人为出错，让操作更安全。

另外，所有的软件工具、软件服务都要有明确的负责人来负责其运维工作，做好数据备份，并且保证其稳定性甚至高可用性。

33.5 加速各项活动

我们希望缩短从修改一行源代码到这个改动发布上线所需要的时间。为此，要尽量减少这个过程中的各种等待，也就是要小批量持续流动，这是软件交付第一个策略的内容。此外，加快整个过程中每一项具体工作的处理速度，如加快构建的速度、单元测试的速度、部署的速度等，也会缩短从修改完一行源代码到这个改动发布上线所需要的时间。

这些加速其实是有一些通用的思路的。这些思路可以用在加速构建上，也可以用在加速单元测试上，等等。这些通用思路有：

第一，提高硬件的能力。使用更快的 CPU、更快的存储设备、更高的带宽等。此外，在执行某项任务时独占一台机器，或者至少不要在一台机器上并行执行太多的任务，也能加速。

第二，考虑并行处理。先把整个任务拆分成若干个小任务，再让这些小任务在不同的进程中甚至不同的机器上并行执行。例如，在自动化测试时把 1000 个测试脚本分成 10 组，在 10 台机器上并行执行；在人工测试时把 1000 个测试用例分成 10 组，让 10 个人并行执行。再如，在部署时可以考虑使用 P2P 的方法加速制品的分发。当然，并行处理需要一系列的支持和保障，如测试数据不能相互干扰、P2P 需要特定算法实现等。

第三，避免重复。做过的事情不用再做一遍。例如，某个源代码版本在部署到集成测试环境中之前已经做过一次构建，当把它部署到预生产环境中时就不用再做一次构建了，使用上一次构建产生的安装包就行。类似地，可以消除一些重复的代码静态分析、自动化测试、自动化部署等活动。

第四，只关注增量。这其实是避免重复的升级版，但是更细致。在构建时，如果其中的一部分源文件已经被自己（或别人）编译过，那么在链接时把这些源文件对应的目标文件拿来用就行，不用再编译一遍了。静态代码分析也可以只分析本次改动的部分。在人工测试中集中力量重点测试本次修改可能影响到的功能，这也体现了只关注增量的思路。

第五，使用缓存。预先备好要使用的东西。例如，Maven 构建时在本地缓存的.m2 库。又如，把外来制品同步到企业内部的制品库，而不是每次需要时都从外网下载，这也是缓存的思路。再如，把构建环境做成资源池，想用的时候，立刻就能分配用上现成的资源，用完还回去而不是立刻销毁，这也是缓存的思路。

33.6 及时修复

从编写完一行代码到把这行代码发布上线，其间经历了一项又一项活动，以及各种等待。然而这并不是全部，只是理想情况。每一项活动都有可能失败，都有可能暴露出问题，于是需要修复问题，随后再次执行，甚至多次执行。

那么，我们是否应该尽量避免遇到问题？当然不是。这些活动的目的（之一）就是发现问题并修复，以便让软件质量提升到可以发布的程度。关键是，发现了问题就要及时修复。

33.6.1 为什么要及时修复

在集成和测试中发现的问题要及时修复。如前面讲过的，趁着开发人员的思维还在编程上下文里，定位和修复问题都比较快。此外，有些严重问题，如构建没有通过或系统无法启动，会阻碍集成-测试-发布流程的流转，甚至影响开发。在集成分支上进行的持续集成，就好像交通运输大动脉一样，既是进一步测试所依赖的输入，也是开发人员相互之间交换代码的场所，如果这里堵住了，那就全堵住了。所以，如果这里出现了问题，那么一定要及时修复。

如果代码改动已经上线，那么这时暴露出的问题更要及时修复——出现故障要及时处理，对于严重的缺陷要考虑紧急修复，对于不那么严重的问题也要抓紧排期。所以说，及时修复是一个贯穿始终的策略。

33.6.2 如何做到及时修复

要想做到及时修复：

第一，通知要及时和精准。要及时把发现的问题通知负责处理问题的人，最好是通知直接工作的人。例如，提交代码改动触发的测试，发现问题就自动直接通知代码改动人，而不是通知特定的协调人，因为最后是由代码改动人来处理和解决问题的。另外，也不建议进行广播，恨不得所有人都停下手头的工作，一起来围观，这没有什么实际的价值。另外，通知手段以使用即时通信工具等实时通知为佳。

第二，优先处置。在集成过程中出现了问题，要有机制保证开发人员会高优先级快速响应。我们可以做相关统计，定期看看是谁经常拖后腿。还可以考虑，如果在一定的时间内没有解决问题就自动升级，通知团队负责人。对于发布后发生在生产环境中的故障，则需要有一套规范的故障处理流程，保证故障被及时处理。

第三，修不如退。修是指修复，这意味着先找到具体原因，修改代码，再发布修复后的新版本。退是指回滚到上一个好用的版本，或者把有问题的代码改动摘除。在处理线上故障时常使用回滚的方法；而在处理集成过程中的问题时，有时候会使用摘除的方法，先把有问题的代码改动摘除，再重新构建。情况越紧急，影响面越大，越要采用退的方法而不是修。如果修复起来难或不确定难不难，那么也要考虑采用退的方法。

第四，便捷排查。如果打算真正修复而不是简单地一退了之，那就需要能够方便地排查问题，快速地定位问题。对问题的准确定位是一门学问，我们使用它来对抗告警风暴。而在定位到具体问题后，还要找到问题根源。这时候就需要好用的日志。此外，在测试环境中，要想办法快速准确地复现线上问题，进而进行调试。

33.7 完备记录，便捷查阅

与软件交付相关的各种工具大体上有两类功能：**一类是能够自动化地执行、自动化地往前推进流程；另一类是记录各种有用的信息，以供随时查阅。**本策略说的是后者。就好像我们日常生活离不开眼睛，生产协作也离不开各种记录和呈现：我们想知道当前进展，我们想知道下一步要做什么，我们想知道问题是在哪里发生的、是如何发生的。

不仅是“我们”想知道，“他们”也想知道。有些组织对预算执行情况有非常严格的审计制度，并且对产出物的数量和完整度也有很高的要求。如果“我们”工作的过程、状态、结果可以被自动化地记录下来，并且被自动化地统计、整合、归档以供审计，那就会节省很多额外的人工投入，而且自动记录比人工记录更客观、更可信。

33.7.1 跟踪事项，记录执行

缺陷、需求（如用户故事）、开发任务等，都是工作项。要记录工作项的目标和内容、相关详细情况，然后跟踪它们，看它们的状态流转过程，直到完成。这是工作项管理工具提供的基本能力。

当我们在 Scrum 中建立 Sprint Backlog，或者以精益看板墙的形式展现它们时，计划和进度就变得透明、直观。

在工作项管理工具中常会设置一些状态流转的规则，如对开发人员标记为“已完成”状态的缺陷，只能执行“通过验证”操作转换“关闭”状态，或者执行“重新打开”操作转换“待解决”状态。这其实已经有一些流程自动化的成分了。而工作流和流水线，流程自动化的成分就更多了。然而，不论有多少流程自动化的成分，它们都还同时具有最基本的能力——记录和展现流程的状态：执行成功了还是失败了，执行到哪一步了，是否需要人工干预，等等。

还要记录执行细节。不论是在开发人员的本地环境中还是在流水线上，当执行构建出错时，都要分析和定位问题出在哪里，此时构建的日志就很重要。类似地，部署的日志及自动化测试的日志和报告也很重要，它们都是用来帮助排查问题的。

软件运行的日志，特别是生产环境中软件运行的日志，在很大程度上也是为了在出现问题时方便定位和排查。在生产环境中还要配备各种监控，这不仅仅是为了告警，也是为了对问题进行定位和排查。对微服务间调用链路的记录，也有助于定位和排查问题。

总之，我们需要工具辅助记录各类事项及活动的目标和内容、进展情况、执行细节。

33.7.2 版本控制

上面介绍的主要是记录软件的价值流动方面的信息，下面介绍对软件内容本身及其版本信息的记录。

“源代码”需要被纳入版本控制。这里的“源代码”加了引号，表示所有长得像源代码的内容，也就是由人编写的、可以使用文本文件记录且可能会有版本变化的内容，都应该被纳入版本控制。如与构建、部署、环境相关的各类脚本和配

置文件，SQL 变更脚本，测试用例和脚本等。可以把它们放到 Git 或 SVN 这样的版本控制工具中管理。当我们使用版本控制工具中的提交、分支、版本标签等功能时，要遵循相应的规范，以便日后查找。

纳入版本控制不一定是放到 Git 或 SVN 这样的版本控制工具中。简单记录下来是谁、什么时候、做了什么改动、改成了什么样子，也就具备了最基础的版本控制能力。典型地，一个测试用例的修改变化历史、一条流水线的配置的修改变化历史、一个工作项的修改变化历史，可以分别由测试用例管理工具、流水线、工作项管理工具本身提供的版本控制能力实现。

相比之下，版本控制工具提供的高级能力是，可以把相关的众多文件内容纳入一个代码库，放在一起管理，可以使用版本标签之类的方式标识代码整体的版本，可以使用分支来跟踪代码整体在不同方向上的演进。

如果要管理的资产不是由人编写的，而是由源代码构建生成的，那么其对应的就是制品管理，制品管理也属于版本控制的范畴。如安装包、编译时使用的库、Docker 镜像等，它们也有版本，也要遵循相应的规范。

制品管理工具就是专门用来管理制品的，它为制品提供了一个安全的存储地，并且由于其具备良好的存储结构，使我们易于找到一个制品或它的特定版本，以便下载或查看相关信息。

纳入制品管理不一定要将制品放到制品管理工具中。代码自动扫描的报告、自动化测试的报告，通常直接存储在相应工具中，只要能安全地存储、容易找到，那就算是对制品有了基本的管理。

注意：以上版本控制（含制品管理）的对象，不仅包括管理企业内部的资产，也包括外来的资产。常见的做法是把外来的资产纳入企业内部的代码库、制品库，并且在纳入时要做一些质量与安全方面的控制。

最后，我们还要记录这些构建生成的制品是如何组成运行中的软件系统的。例如，某个测试环境实例包括哪些微服务、每个微服务使用的是哪个版本、部署在哪些服务器上、历史上是什么样子的，等等，这些都需要记录和管理。

33.7.3　关联关系

上面讨论的所有要记录的内容，它们之间有各种各样的关联关系，**这些关联关系也应该被记录下来，最好是被自动记录下来。**

例如，对源代码的修改应该和需求、缺陷等工作项相关联。进而，当在流水线上向测试环境中做部署时，应该能自动查询到所要部署的特定版本中包含了自上次发布以来哪些特性分支的合入，以及分别对应哪些工作项。于是，测试人员就能知道要测试的内容。类似地，在向生产环境中做部署前，也应该能看到相应的信息，以便检查所要部署的内容是否正确。

又如，测试用例或自动化测试脚本应该与用户故事之类的工作项相关联。于是，测试人员可以根据要测试的用户故事，自动选择执行哪些测试用例。而在测试过程中发现的缺陷，应该与发现它的人工测试用例或自动化测试脚本，以及当时的执行上下文相关联。这些关联关系都应该是自动建立的，而不是人工一项一项填写的。有了这些关联信息，就可以方便地查看缺陷的所有相关信息，如测试用例、相关需求描述、测试版本、测试日志等，这些信息能够帮助我们找出问题所在。

33.8 标准化和一致性

标准化和一致性，意味着少犯错，意味着高效率。下面我们从三个方面介绍。

33.8.1 规范可重复

以构建为例，我们希望只要是同一份源代码，不论什么时候构建，构建出的安装包都是相同的。也就是说，程序运行起来都有相同的功能和性能。类似地，同一份源代码，不论是在开发人员的笔记本电脑上构建，还是在构建服务器上构建，构建的结果也应该相同。为此需要保证，构建使用的工具版本总是相同的；构建使用的方法和命令参数总是相同的；构建时下载的各个依赖包总是来自同一个制品库，内容也不会发生变化。

事实上，不仅当源代码版本不变时，我们期望构建过程总是标准的、可重复的，而且当这份源代码不断演进时，我们也期望构建过程总是标准的、规范的，除非要明确地改变该规范。

类似地，我们希望分支的命名、版本的命名、文件目录结构等都遵守一定的规范，让人易于理解和查找，也方便机器自动处理。“约定优于配置”是构建工具 Maven 的核心理念之一，其正反映了我们对规范性的期待。

那么，如何做到可重复？常见的思路是先代码化、纳入版本控制，再自动化执行。如何做到规范？可以通过宣讲、考试等方法来提高人员的能力，而如果能够把规范内化到工具中，那就更好了。

33.8.2 方案收敛

前面讲到，对于同一个代码库、同一个微服务，我们应该总是使用相同的工具、方法和流程。其实，对于不同的代码库、不同的微服务、不同的团队甚至整个企业，也应该尽量使用统一的工具、方法和流程。

这样做一方面可以降低学习成本。人员在不同的代码库、不同的团队之间流动时，不必重新学习相关知识。此外，不同的团队相互协作时，也好配合。

另一方面也降低了工具、方法和流程的制定、开发、维护的成本与风险。例如，如果每个团队都搭建一套版本控制服务，那么每个团队都要进行方案比选、购买（如果是付费产品）、开发或定制（如果有自主研制的部分）、运维、版本升级等，这实在没必要。

当然，不同的团队、不同的系统，其形态、规模、对质量的要求、产品所处的阶段都可能是不同的。因此，其所适合采用的工具、方法和流程也可能有区别。可以提供几种不同的模式和选项供团队选择，也允许先试点，做一些尝试。总之，**要避免的是没有必要的“百花齐放”。**

33.8.3 环境一致性

当在测试环境中进行测试后，我们希望软件在生产环境中能毫无问题地运行。而当生产环境中出现问题时，我们也希望在测试环境中能容易地复现问题。因此，我们希望各个运行环境之间尽可能相像。

为此，要有机制保证各套环境中，一个微服务的本地运行环境，也就是操作系统版本、本地预先安装的各个软件、相应的配置等，应该是相同的。根据相同的容器镜像生成各个环境中运行的容器，就容易做到这一点。

除了本地运行环境，各套环境中所使用的数据库服务、消息队列服务、远程调用服务等中间件服务及其配置，也应该尽可能相同。

而测试环境中的各个微服务的版本，也应该尽可能与生产环境相同。当然，本次改动的微服务应该部署改动后的版本。

在测试环境中常使用 Mock 来应对整体系统中的一部分无法提供或不稳定的情况，如当这部分是由其他部门提供的甚至是外部系统时。至少应该在发布上线前，在真正的整体系统中做一次端到端测试。如果想做得更好，那么应该尽可能早地在真正的整体系统中做测试，为此需要在各个测试环境中尽可能实现整体系统并保持其稳定。

从部署的角度来看，部署不同的环境应该使用相同的部署工具，遵循相同的过程。当然，在滚动部署时分几批进行之类的设置是可以不同的。

33.9 协调完成完整功能

在这个云原生、微服务的时代，为完成一个功能，我们经常需要修改不止一个微服务，因此需要协调。

33.9.1 背景

在介绍软件交付的第一个策略时，讲到每个用户故事的颗粒度要小，并且每次发布的用户故事数量要少。这样一来，一个用户故事经常只需要修改一个微服务的代码即可，每个微服务都可以单独发布，而无须连带进行其他微服务的发布。然而，不论用户故事的颗粒度多么小，不论每次发布的用户故事数量多么少，总会遇到需要为一个用户故事修改多个微服务的代码的情况，总会遇到一次发布包含对多个微服务的改动的情况。

在介绍软件交付的第三个策略时，讲到软件架构要细粒度、低耦合、可复用。有了好的架构，在实现某个用户故事时，经常只需要修改一个微服务的代码。然而，不论架构多么好，总会遇到需要为一个用户故事修改多个微服务的代码的情况，总会遇到一次发布包含对多个微服务的改动的情况。

从单体应用到微服务化的这个趋势，使我们需要越来越关注如何编写和交付跨代码库的改动。当出现这种情况时，就需要进行一定的协调管理。这可能是跨多个代码库的协调，也可能是跨多个团队的协调，甚至是与外部系统、第三方之间的协调。下面我们来进一步分析。

33.9.2 开发全过程的协调

在瀑布模型时代人们就在进行探索，当涉及多个代码库、多个团队时，软件开发全过程的协调管理应该怎么做。瀑布模型本身就用于整体系统从需求到发布的过程，但它不够好。

在敏捷管理实践中，目前业界有几个重要的规模化敏捷框架，如 SAFe（Scaled Agile Framework）、LeSS（Large Scale Scrum）、S@S（Scrum@Scale）、SoS（Scrum of Scrum）、DAD（Disciplined Agile Development）等。

而在精益方面，精益看板墙的一些复杂形式也可用来协调多个团队之间的协作。

33.9.3 软件交付过程的协调

当聚焦于软件交付过程时，也有一些具体问题需要处理。

当一个特性包含对多个微服务的改动时，争取在特性对应的改动还只在特性分支上、没有被提交到各代码库的集成分支时，就对该特性整体进行一些测试。

当一个特性包含对多个微服务的改动时，将该特性改动提交到集成分支时，要有机制保证各代码库中的相应特性分支都合入了集成分支。当要把集成分支上的代码部署到测试环境中进行测试时，最好自动计算出它包含了各个微服务上的哪些特性，并且要保证其中那些涉及多个微服务的特性，已经被完整包含了，而不是只包含该特性在一部分微服务上的改动。

规划特性的集成、测试和发布时，要考虑到这个特性包含多个微服务甚至跨团队时的情况。需要协调相关的各个微服务甚至各个团队的集成、测试和发布的节奏。不同微服务、不同团队采用相同的节奏是一种方法，也要看看有没有更好的方法。

当一次部署特别是一次向生产环境中的部署包含多个微服务时，要先编排它们之间的顺序，进行适当的串行和并行，再自动按照这样的编排部署。此外，无论怎样编排，总是会存在这种情况：在短暂的时间内，一个微服务的新版本的实例需要和另一个微服务的旧版本的实例一起运行，同一个微服务也会有新旧版本的实例同时运行。要避免此时出现兼容性问题，保证服务的连续性。

当生产环境中出现故障，需要紧急回退最近的部署时，要确定是只需要回退某个微服务，还是需要回退一组微服务。同时还要考虑回退顺序的编排，以及在回退过程中不要因为新旧版本并存而出问题。

以上讨论的都是跨微服务的源代码修改的问题。除了源代码，数据库表结构、数据库中的数据也可能需要随着源代码一起修改，共同实现某个特性，共同实现软件系统的演进。类似地，对环境及其配置也有可能需要做相应的修改。所以除了考虑改动涉及多个微服务的情况，也要考虑改动涉及数据库、环境、配置修改的情况。

33.10 基于事实和数据的持续改进

《DevOps 实践指南》中提到的 DevOps 三要义的第三要义是“持续学习与实验”。敏捷开发 12 条原则的最后一条是“团队定期地反思如何能提高成效，并依此调整自身的举止表现”。《精益思想》中提到的 5 条原则的最后一条是“尽善尽美”。《持续交付：发布可靠软件的系统方法》中提到的软件交付的 8 条原则的最后一条是“持续改进”。这里我们也把“持续改进”作为软件交付的 10 个策略中的最后一个。

在运作实践中，我们可能会做一个大的改进项目，如“新一代某工具平台”“某某转型”“某某战役”，以此来争取资源、推动改进，最终展示一大块很像样的成果。这挺好，但也要注意，并不是所有的改进工作都可以纳入这样的大的改进项目中。就像新产品第一次上线后，还需要不断迭代、不断推出新版本，当完成一个大的改进项目后，也应当持续关注，不断发现新的改进点，并且推动改进。

“In God we trust, all others bring data。”应该拿事实和数据说话，对软件交付过程进行改进时也一样。分析每次事故以找到可改进项，分析某个缺陷以看它是否应当更早发现，如何更早发现，这些基于事例的分析也对软件交付过程的不断改进很有帮助。一次构建耗时多久，流水线执行失败后多久能恢复，一个特性从代码开发完成到上线需要多长时间，这些度量统计数据对软件交付过程的不断改进是很有帮助的。

所以我们加上定语，基于事实和数据的持续改进。

33.11 总结

这 10 个策略，首先是交付流程、系统架构和组织结构的总体策略，包括：

- 小批量持续流动。
- 运用综合手段保证质量和安全。
- 细粒度、低耦合、可复用的架构。

然后是针对具体事情如何做到方便、快捷，包括：

- 自动化与自助化。
- 加速各项活动。
- 及时修复。

接下来是一些支持保障补充性的内容，包括：

- 完备记录，便捷查阅。
- 标准化和一致性。
- 协调完成完整功能。

最后是如何改进：

- 基于事实和数据的持续改进。

要想做好软件交付，这 10 个策略是最根本的指导原则，软件交付过程的众多优秀实践，就是在反复地、变着花样地应用这些策略。当我们将来探索新的实践、新的方法时，很有可能也是举一反三地应用这些策略。所谓“万变不离其宗”，本章讲的这 10 个策略就是“宗”。所谓“无招胜有招”，本章讲的这 10 个策略就是“无招之招”。

本书的主题是如何提升软件交付的能力，预祝大家都能为所在团队、所在企业的软件交付能力的提升作出贡献！

附录A
数十年来的探索

从有软件开发这件事情开始，人们就在不断地想办法优化它的流程、方法和工具，以确定合适的需求、提高开发效率、保证软件质量。其中也包括对软件交付过程的优化。软件开发“从古至今”的思潮、运动、方法、实践，从软件工程到 DevOps，它们之间有演进、有纠偏、有补充，也有大量的交叉覆盖。下面一一简要介绍。

A.1 软件工程

A.1.1 软件危机

软件工程（Software Engineering）这个词是不是听着既有点熟悉又有点陌生？这几年确实提得少了，但它在诞生时，是具有划时代意义的。它诞生在 1970 年左右的“软件危机”之时，软件工程对解决软件危机很有帮助。

为什么会有“软件危机”呢？当时的情况是，落后的软件开发方式无法满足迅速增长的软件需求，从而导致在软件开发过程中出现了一系列严重的问题。

最初的程序设计往往只是一两个程序开发人员，编写一个由几百行、几千行代码构成的“小玩意”，运行在单台机器上，供少数从事“高精尖”工作的人使用。这种事情，让那些天才自己去探索就好了。

然而，随着时代的发展，软件的规模越来越大，软件越来越复杂，需要有更好的系统架构；软件开发人员变多了，他们之间需要更好地协调；软件要支撑的用户数量越来越多，需要有更好的性能和可靠性；软件要持续使用和维护的时间越来越长，需要有更好的可维护性，等等。以前的小作坊式的工作方法，当遇到这些情况时就不灵了：开发进度变得难以预测，开发成本难以控制，质量难以保证……这就是“软件危机”。

A.1.2 工程化

那么怎么解决这些问题呢？**软件工程**的核心思想是，借鉴其他行业和领域中的工程化经验，以系统性的、规范化的、可定量的工程化方法来开发和维护软件。这包括相应的流程、工具、方法论等。

下面看一个对软件工程的典型的定义。在 IEEE（Institute of Electrical and Electronics Engineers，电气电子工程师学会）的软件工程术语汇编中是这么定义软件工程的：定义一，将系统化的、严格约束的、可量化的方法应用于软件的开发、运行和维护，即将工程化应用于软件；定义二，对定义一中所述方法的研究。

接下来我们来看看软件工程的七条基本原理。

第一，使用分阶段的生命周期计划严格管理。凡事预则立，不预则废。建大桥、盖高楼需要有详细的设计规划和详细的时间计划，软件的开发和维护也一样。应该首先把软件生命周期分成若干个阶段，并且相应地制订切实可行的计划：何时完成哪种类型的工作。然后严格按照计划对软件的开发和维护进行管理。这样的计划包括项目概要计划、里程碑计划、项目控制计划、产品控制计划、验证计划、运行维护计划等。

第二，坚持进行阶段评审。对软件的质量保证工作不能等到编写完代码后再进行。因为根据统计，大部分错误是在编写代码之前造成的，包括需求分析方面的错误、系统设计方面的错误等。这些错误，发现并改正得越晚，需要付出的代价越大。所以应该在每个阶段都进行严格的评审，以便尽早发现问题，尽量不让问题遗留到下一个阶段。

第三，对产品需求变更实行严格的控制。在软件开发过程中不应随意改变需求，因为改变需求往往意味着改变计划、重新做系统分析和设计、重新编写代码等，代价往往比较大。当然也不能一刀切地禁止改变需求：在软件开发过程中改变需求是难免的，由于外部环境等因素的变化，相应地改变产品需求是一种客观需要。因此，对需求变更需要进行严格的评审，从多个角度综合考虑，确实需要变更时再变更。当需求变更时，要保证其他各个阶段的文档和代码都随之相应地改变。

第四，采用现代程序设计技术。从结构化软件开发技术到后来的面向对象技术等，从第一代语言到第四代语言，人们在不断探索。采用先进的技术，既可以提高软件开发效率，又可以降低软件维护成本。

第五，对中间成果应能清楚地审查。必须找到一种方法，在软件开发项目的最终成果，也就是软件，最终运行起来之前，就能探测到项目的进度和质量，以便更好地管理和降低风险。为此，软件开发全过程中的各项活动，要产生可见的中间产物，如需求文档、设计文档等。

第六，开发人员应该少而精。开发人员的素质和数量是影响软件质量和开发效率的重要因素，开发人员应该少而精。高素质开发人员的效率比低素质开发人员的效率要高几倍到几十倍，在开发工作中犯的错误也要少得多。此外，随着人数的增加，沟通和协作的成本会显著增加。通过这个简单的模型就能看出来：当开发小组为 N 人时，可能的通信信道为 $N(N-1)/2$ 个。

第七，承认不断改进软件实践的必要性。我们不仅要积极采纳新的软件开发技术，还要注意不断总结经验，收集进度、问题等数据，进行统计和报告。这些数据既可以用来评估新的软件技术的效果，也可以用来指明必须着重注意的问题，以及应该优先进行研究的工具和技术。

以上七条基本原理，主要就是在说，我们要采用工程化的方法来开发软件。

今天我们听到的很多耳熟能详的词汇，都是从那个时代流传下来的，如结构化编程、面向对象、需求分析、软件规格说明书、软件质量保证、软件配置管理、可维护性、可追踪性等。软件工程的思想和方法是前人的非常有价值的积累与沉淀，在很大程度上仍在指导着我们的工作。

A.2 敏捷

A.2.1 敏捷的理念

软件工程有很大的进步意义，但是慢慢地，人们觉得好像哪里不太对劲。软件开发与其他技术领域还是有一些区别的：它是富有创造性的活动，它不是那么可预测和可计划的，并且它的成果往往是在用户使用后才能切身体会到。所以工程化的方法不是 100%适用。似乎开发过程、角色分工太复杂、太僵化了，好像各种中间产物特别是文档太多了，特别是对于小产品、小团队来说。在这样的背景下，**敏捷**兴起了。

《敏捷软件开发宣言》[①]中说：

“我们一直在实践中探寻更好的软件开发方法，身体力行的同时也帮助他人。由此我们建立了以下价值观。

- 个体和互动高于流程和工具。
- 工作的软件高于详尽的文档。
- 客户合作高于合同谈判。
- 响应变化高于遵循计划。

也就是说，尽管右项有其价值，我们更重视左项的价值。”

它的核心意思就是，引入工程化的思想做软件开发，挺好，上面每句话中的后半句都是有道理的。但是不要太过了，还是要灵活一点儿、务实一点儿，这就是上面每句话中的前半句高于后半句的含义。

《敏捷软件开发宣言》遵循的原则[②]有 12 条，这也是它的核心思路，具体如下。

- 我们最重要的目标，是通过持续不断地及早交付有价值的软件使客户满意。
- 欣然面对需求的变化，即使在开发后期也一样。敏捷拥抱变化，因而给客户带来竞争优势。
- 经常地交付可工作的软件，相隔几个星期或一两个月，倾向于采取较短的周期。
- 业务人员和开发人员必须相互合作，项目的每一天都不例外。
- 激发个体的斗志，以他们为核心搭建项目。提供所需的环境和支援，辅以信任，从而达成目标。
- 不论团队内外，传递信息效果最好、效率也最高的方式是面对面地交谈。
- 可工作的软件是进度的首要度量标准。
- 敏捷过程倡导可持续开发。责任人、开发人员和用户要能够共同维持其步调的稳定延续。
- 坚持不懈地追求卓越的技术和良好的设计，敏捷能力由此增强。

---

① 访问 agilemanifesto.org 网站可查看具体内容，链接见资源文件条目 A.2.1。

② 访问 agilemanifesto.org 网站可查看具体内容，链接见资源文件条目 A.2.2。

- 以简洁为本，它是极力减少不必要工作的艺术。
- 最好的架构、需求和设计出自自组织团队。
- 团队定期地反思如何能提高成效，并且依此调整自身的举止表现。

总体来说，敏捷是在纠正软件工程过于强调工程化的倾向。当然，如果把敏捷片面地理解成不要流程、不写文档、不做计划，那就矫枉过正了。说到底，是要找一个对特定业务、特定团队来说最合适的"姿势"。

A.2.2 敏捷的实践

敏捷的落地包括管理实践和工程实践两个方面。在管理实践中，接受度最高的是 Scrum，相信读者大多耳熟能详。大体上，Scrum 团队以两到四周的时间作为一个冲刺（Sprint）周期，也就是做一次迭代。在一个冲刺之初，确定好要实现哪些用户故事，在迭代中一般不会再改变。当迭代结束时，这些用户故事应该已经被集成且可以演示。可以看出，与瀑布模型、V 模型、RUP（Rational Unified Process，Rational 统一过程）相比，Scrum 是一个相当轻量的开发计划和管理的框架。对小团队来说，它好上手，招人喜欢。

敏捷的工程实践包括不少内容，如单元测试、结对编程、测试驱动开发、持续集成等。持续集成进而延伸为持续交付、持续部署。这些内容本书正文有详细介绍。

A.3 精益

A.3.1 起源于制造业的精益思想

精益思想起源于制造业。在制造业，传统的思维方式是必须要大规模生产、大批量生产，因为规模越大，规模经济效应越明显；批量越大，准备工作（如换模具等）分摊到每个工件上的成本就越低。但这样就会有一个问题：需要凑齐一批再开工。每一道工序都是这样的，工序本身不太耗时间，但是要花很长时间等着凑齐一批。以生产一个可乐罐为例：要先积攒足够多的氧化铝粉，再使用大船运输到世界的另一个地方冶炼，因为那里丰富的水电资源使生产成本更低。"足够多”的意思是 50 万吨，这需要积攒两周。而大船要在大海上航行四周。冶炼也是批量的：一次生产的铝的量要达到能浇铸成几十个十几立方米的铝锭，因为这样成本更低。但是凑够需要的数量，说不定要等两个月。之后的每一道工序：在热滚轧厂使用重型滚轧机进行滚轧，在冷轧厂使用冷轧机进行冷轧，接下来的制管、喷漆，全都是这样的。每个步骤可能只需要一点点时间，如 10 秒，然而从执行这个步骤到执行下一个步骤，可能要等待几个星期：材料在仓库里等着，或者坐着船漂泊[①]。

对于消费量大、需求稳定、可预期的商品，这样安排还可以。然而又有多少商品真的是需求稳定、可预期的呢？很多商品都不是千篇一律的，而是个性化的，或者用户需求难以捉摸，以至于产品销量难以预测。毕竟，我们生活在 VUCA 时代。在此情境下，提高生产效率、节约制造成本固然重要，但更重要的是小批量地、灵活地、快速地生产。要让每个产品，从设计师构思到摆到商店橱窗里或挂到网站上展示的时间尽量短；要让每个产品，从发现用户有大量的需求到把它生产出来并运输到各个用户家里的时间尽量短。这样才能快速试错，把握机会。

也就是说，传统的思维方式是追求资源利用的效率：审视每个步骤和环节的产出效率，追求单位成本的最大产出。而在 VUCA 时代往往更重要的是流程流转的效率：从用户的角度，审视创造用户价值的过程是否快速顺畅[②]。

为此，精益思想使用下面的 5 个步骤来梳理生产全过程，并进行改进。

（1）明确最终客户想要的是什么，也就是定义价值。

（2）明确产品和服务是怎么一步一步生产出来的，也就是价值流。

（3）想各种各样的改进办法，加快价值流的流动。其中最重要的是减少批量，增加批次。

（4）当价值流动足够快后，就可以按照用户实际需要的量来拉动整个生产过程，而不是根据不靠谱的预测。

（5）按这样的方法不断改进，追求尽善尽美。

通过这样的过程，就能够不断地发现和消除生产全过程中的各种浪费

---

① 这个故事来自《精益思想》一书的第 2 章“价值流”。

② 详见《精益产品开发：原则、方法与实施》一书的第 2 章“精益产品开发的核心原则（上）：聚焦价值流动效率”。

（Muda）——消耗了资源而不创造价值的一切活动结果，包括需要纠正的错误、生产了却没有人要的或不能满足需求的产品、库存和积压、不必要的工序、员工不必要的走动和货物不必要的搬运，以及各种等待。于是，整个过程就越来越“精益”了。

A.3.2 把精益思想应用于软件开发

从20世纪末开始，精益思想跨出了它的诞生地——制造业，作为一种普遍的管理哲学在各个行业传播和应用。精益思想对软件开发也很有借鉴意义。

精益软件开发的一个重要内容是精益创业。它要解决的问题是，如何在高度不确定的情况下开创新的产品或服务。这对应到前面讲的精益思想的5个步骤中的第1步，“明确最终用户想要的是什么，也就是定义价值”。这并不容易。精益创业提出了“开发–测量–认知”循环：循环从一个待检验的概念开始。接下来，循环的第1步是开发用以验证这一概念的最小可行产品；第2步是基于最小可行产品收集市场和用户的反馈，并且获得相关数据；第3步是使用数据验证假设，证实或证伪后加以调整，产生经过实证的认知。然后，进入下一个循环，持续探索商业模式和产品功能的设计。这样的“开发–测量–认知”循环，可以短时间、低成本地探索和发现有用的产品或服务。

而精益看板墙则是精益软件开发中的一个重要的实践方法，它把还没有发布上线的各个特性都展现在看板墙上，让其可视化。团队能够清楚地看到每个特性的进展状态，这样团队就能方便地知道哪个顺利、哪个不顺利、问题在哪里。此外，如果将太多的特性都放到某个阶段，那么这里大概就会有阻塞、有等待，或者需要在不同的特性之间频繁切换。所以要限制处于特定阶段的特性（在制品）的数量，以防止这样的事情发生。通过这些方法，可以减少浪费，缩短从需求提出到发布上线的时间，提高价值流的流转效率。

也就是说，精益软件开发的核心逻辑是，要想尽办法尽快把产品方向选对，功能要真正能满足用户的需求，防止跑偏造成浪费。为此，要把大的需求拆分成小的特性来试探，并且把小的特性在设计–开发–集成–发布过程中产生的各种浪费尽力消除，让这个过程尽可能快，让用户尽快看到这个特性，尽快使用这个特性，加快用户反馈。

A.4 DevOps

A.4.1 DevOps 的诞生

我们从背景说起。

近年来，软件发布的形式发生了巨大的变化：过去常常是刻一张光盘，用户自己来安装软件。而现在越来越多的是提供在线服务，用户通过网页浏览器、移动端应用等来连接和使用这样的在线服务。这样的在线服务，背后常常是一个运行在多台甚至海量服务器上的复杂的分布式系统。这就意味着如果想要发布软件，那么需要做与运维相关的一堆事情。

于是就会成立相应的 Ops（运维/技术运营）团队，与 Dev（开发）团队相互配合。要上线了，Dev 团队把一包东西从“墙”的这边扔到“墙”的那边，Ops 团队接着把它部署上线。由于 Dev 团队的根本目标是开发出新特性并把它们发布上线，而 Ops 团队则特别关注线上运行的稳定性，不希望有任何风吹草动，所以这两个目标不同的团队配合起来就特别别扭。

那怎么办呢？打破隔阂，加强协作，协作好了就是 **DevOps**。回望从瀑布模式到敏捷模式的转变，其实质是在很大程度上打破了 Dev 和 QA（Quality Assurance，质量保证，这里指测试）之间的“墙”，让协作更顺畅。而 DevOps 进一步打破了开发、测试和运维之间的“墙”，让 Dev、QA、Ops 甚至 Sec（Security，安全）等更多角色、更多工作协作得更顺畅。这需要从组织结构方面想办法，从文化方面想办法，从工具和流程方面想办法，等等。这么一整套解决办法，就是 DevOps。

A.4.2 DevOps 三要义

DevOps 三要义又被称为 DevOps 三步工作法[①]，是 DevOps 的重要方法论。

第一要义，实现工作快速地从左向右流动，即从开发部门到运维部门再到客户。为了最大限度地优化流动，我们需要采取多项措施：对工作进行可视化，缩

① 相关内容可参阅《DevOps 实践指南》一书。

减工作批量大小，缩短工作间隔时间，通过质量内建防止缺陷向下游传递，持续地针对全局目标进行优化。

第二要义，在从右到左的各个阶段中，都持续地对工作进行快速反馈。它要求我们通过强化反馈回路来杜绝问题复发，或者能在问题复发时更快地进行定位和修复。这种方式让我们能够从源头上把控质量，并且把相关知识内嵌到流程之中，从而构建更加安全的工作体系，将灾难性的故障扼杀在摇篮里。

第三要义，打造高信任度的生机型企业文化，支持活跃、严谨、科学的探索和冒险，促使组织从成功和失败中汲取经验与知识。此外，持续缩短和强化反馈回路也让工作体系的安全性与日俱增，使团队能更好地承担风险进行探索，获得比竞争对手更强的学习能力，进而在市场竞争中胜出。

A.4.3 DevOps 的落地实践

2009 年的一个名为“10+ Deploys Per Day: Dev and Ops Cooperation at Flickr”的演讲[①]被认为是 DevOps 萌发的标志。这场演讲在 DevOps 的落地实践方面，主要涉及自动化基础设施、共享的版本控制、一键完成构建和部署、特性开关、共享度量统计、即时通信机器人这六种技术手段，以及尊重、信任、对失败的正确态度、避免指责这四个文化方面的要素。再后来，不断有新的方法和实践被添加到这个工具箱中。这个工具箱的名字就叫 DevOps。

敏捷兴起时，敏捷的概念和范围不断扩大。2010 年，Ivar Jacobson 在一篇博文中说：“过去你问我支不支持敏捷，我会说哪些支持，哪些不支持，并且给出我的理由。但现在你再问，我就只能回答支持。因为，如今敏捷的意思已经演变成‘软件开发中一切好的东西’。”

DevOps 也一样，它在吸纳越来越多的东西。例如，涵盖安全，甚至为此有了一个新名词——DevSecOps。如今，在 DevOps 协作框架下，安全防护是整个 IT 团队的共同责任，需要贯穿整个软件生命周期的每一个环节。

现在 DevOps 越来越变成软件设计、开发、集成、测试、发布、运维、安全中一切好的东西的集合。那好的东西从哪里来呢？好的东西很多都是从软件工程来的，从敏捷和精益来的，从持续集成、持续交付来的，从容器化、微服务、云

---

① 浏览相关网页可以了解更多有关信息，链接见资源文件条目 A.4。

原生来的。DevOps 逐渐变成了一个标签和代称，实质上是在讲，如今软件设计、开发、交付、运维该怎么组织，该怎么做。

A.5 技术方面的演进

以上介绍的内容主要是软件开发过程方面的探索。下面简要回顾一下技术方面的演进。

A.5.1 软件架构

早在软件工程时代，就诞生了结构化编程：不能跳来跳去，应该有良好的程序结构；还应该是模块化的，模块有清晰的分工和边界。

后来面向对象成为潮流。面向对象分析、面向对象设计、面向对象语言支持面向对象编程实现。看那时的宣传材料，仿佛面向对象就能解决所有问题。

同时，人们对模块化也有了新的认识和实践，衍生出组件、插件等方式，以及静态链接库、动态链接库等实现方法。在这方面，近些年最重要的趋势是，大型单体应用被越来越多地拆分为微服务甚至函数服务。本质上，系统的不同部分，不再是构建时被组装到一起，而是运行时被组装到一起。这意味着解耦得更好、灵活性更强。

软件复用也越来越被重视，因为复用已有的工作成果，可以使新产品、新功能的开发速度更快、成本更低。事实上，这几年中台概念的火爆，说到底就是得益于软件复用的巨大潜在价值。那么如何复用呢？可以共享某些组件，也可以共享平台/框架供不同的插件接入。而不论怎么复用，首先都要把系统架构设计好，特别是要做好系统分层。

A.5.2 部署运行

在部署运行方面，先是出现了虚拟机技术，把一台实体物理机分割成若干台虚拟机，降低了成本。不论是实体物理机还是虚拟机，Puppet、Ansible、Chef 等服务器配置管理工具都让运维人员轻松了不少。

随后是以 Docker 为代表的容器技术逐步成熟和实用。在容器编排管理方面，Kubernetes 已成为事实上的工业标准。而基于容器及其编排的云原生这个概念也越来越受到关注。

A.6 它们之间是什么关系

事物 A 和事物 B 之间是什么关系？这是一个经常被问到的问题。对于附录 A 介绍的内容，这个问题没有明确的、无争议的答案。因为这些潮流和运动本身，就经常没有公认的标准的定义、明确的内涵和外延，它们之间的关系也相应地变得复杂和模糊。某一项具体的实践，常常出现在不同的“学派”中。而大多数“学派”又有天然的倾向，把自己打造成无所不包：敏捷无所不包；DevOps 无所不包；持续交付出了 2.0 版本，无所不包；最近越来越火的软件研发效能这个提法，从一开始就无所不包……

这里给出一些相对客观、相对主流的观点。大体上来说：

- 近二十年来的各种思潮，都是基于软件工程，对软件工程的补充、纠偏和发展。
- 敏捷和精益如今经常被一起提及。
- 持续交付是持续集成的自然延伸，而持续部署是持续交付的终极“梦想”。
- 持续交付的范围和实践，与 DevOps 的范围和实践比较接近，它们都把 Ops 拉进来，解决部署和环境相关问题，彻底打通从开发到发布上线的全链路。
- 从流程范围来看，与 DevOps 相比，敏捷主要关注开发和测试之间的协作与融合，对部署到类生产环境进而到生产环境中的相关问题则关注较少。而精益的流程范围则比 DevOps 更宽，它包括软件开发全过程——既关注软件定义侧的精益创业，也关注软件从定义到开发再到发布的完整价值流的流动效率。
- 从关注内容来看，尽管敏捷和精益都既包括管理实践，也包括工程实践，但在实际工作中提及敏捷和精益时，经常指的是它们的管理实践，如 Scrum、看板墙等。而持续集成、持续交付、DevOps 更关注工程实践，如流水线、自动化测试、自动化部署等。

- 对工具的重视程度也是不同的。在敏捷看来，“个体和互动高于流程和工具”，而持续集成、持续交付、DevOps 都很重视开发工具平台的建设，以自动化、自助化为导向。近两年更有平台工程这个提法，详见本书正文介绍。

那么，对上述这些软件开发过程及其支持工具等方面的探索，与容器、微服务等软件架构和技术方面的演进，又有什么关系呢？它们是相互成就的关系。例如，如果没有以流水线为代表的流程自动化，那么当将应用拆分成多个微服务时，不论是测试还是发布都很麻烦。而在反方向上，容器化使新建一个测试环境变得便宜和容易，于是可以有更多的测试环境，让开发人员尽早进行测试，尽早发现和修复问题，而不用等到集成后再部署到测试环境中，由测试人员进行测试。

附录B
各类内容的版本控制方式

软件交付过程会产生和使用很多东西。所有东西都应当存储在合适的地方，甚至以合适的方式纳入版本控制。这需要分门别类介绍。当然，这读起来会有点枯燥和琐碎。所以本书把这部分内容放在了附录，供大家在需要的时候查看。

B.1 外来源代码

“自己人”编写的源代码，显然应当全部存入本企业内部的版本控制工具。而本节要讨论的是那些外来的源代码应该怎么管理。开发一个软件系统可能会用到来自企业外部的源代码，如使用 Go、Rust 等语言编写的程序在构建时经常会依赖开源的源代码，又如有些程序就是基于开源的版本改一改。

为做出是否引入一份外来源代码的决定，我们需要从它的功能特性、活跃度、安全性等角度仔细思考和权衡，并且经过适当的评审流程，同时要注意开源许可证是否合适。这些都很重要，但不是本节的重点。本节要讨论的重点是，需要将外来源代码纳入企业内部的版本控制服务中的代码库进行管理吗？

如果需要对来自外部的源代码进行修改以满足本企业的特定需求，那就应该将它纳入企业内部的代码库，以便基于它继续修改。如果来自外部的源代码还在演进中，那么在企业内部修改它时，需要拉出相应的分支——这本质上是为开发外来源代码的变体而拉出的变体分支。我们既要考虑当外来源代码升级时，何时将它同步到变体分支，也要考虑在变体分支上的修改，哪些可以贡献回去，回馈给开源社区。这样的贡献不仅是知恩图报，而且对企业自己也有好处——这将缩小变体和标准版本之间的差异。而这个差异越小，变体随标准版本升级就越容易。

即使不需要对来自外部的源代码进行修改，如果这些源代码存储在企业外部不太方便或不太可靠，那么也应该将其纳入企业内部的代码库。例如，如果源代码存储在国外站点上，而网络连接速度慢、不稳定，那就要考虑在企业内部存储一份。又如，如果是某个供应商提供的源代码，那么也需要在企业内部存储一份，否则万一哪天人家不提供了就麻烦了。

B.2 外来制品

企业内部的流水线构建产生的制品应当存入企业内部的制品库，这无须多言。而本节要讨论的是那些外来的制品应该怎么管理。开发一个软件系统可能会用到来自企业外部的制品，特别是构建时依赖的静态库。类似于引入外来源代码，为做出是否引入一个外来制品的决定，我们需要从它的功能特性、活跃度、安全性等角度仔细思考和权衡，并且经过适当的评审流程，同时还要注意开源许可证是否合适。

一般来说，外来制品应当存入企业内部的制品库，供大家从这里取用。原因如下：第一，只存储在外部不太可靠，说不定哪天就没有了；第二，保证安全，外来制品在进行安全扫描后，才能被正式使用；第三，企业内部制品库的访问速度更快；第四，外来制品需要下载到众多个人开发环境中和构建服务器上，如果总是从外部下载，那么比较费流量。

B.3 开发工具和基础软件

支持开发、集成、测试、发布、运维的各种工具和基础软件，不论是安装到服务器端作为企业内部服务，还是安装到运行环境、构建环境或开发人员的个人开发环境中，其安装包和配置文件都应当被统一管理起来。

这些制品可以纳入制品库，也可以简单地存储在 FTP 服务上，甚至作为 Wiki 附件，只要能妥善地存储、方便地下载就可以。当新员工入职后搭建自己的个人开发环境时，他根据搭建说明文档，从企业内部统一的地方获取这些制品，于是就不会弄错版本，下载速度又快，还节省外网流量，而且肯定是安全的。

B.4 程序形态转化相关

说到构建，Make 的 Makefile 和 Maven 的 POM.xml 等指导构建工具进行构建的文件应该和源代码存储在一起。于是构建时在获取到源代码的时候自然就能获取这些构建配置文件。

说到部署，不论是使用部署脚本进行部署，还是使用部署工具进行部署，抑或是使用容器编排工具（如 Kubernetes）进行部署，它们本质上都是工具，都应该标准化，并且纳入版本控制。

部署工具应该标准化，而部署的相关配置则随着不同的微服务、不同的运行环境而变化。这既包括部署到哪里，如部署到哪几台机器，也包括部署的步骤过程，如是否需要滚动部署、如何分批。这些部署相关的配置也应该纳入版本控制：要么部署工具本身提供了记录修改历史的能力，要么我们把配置存储到代码库中，供工具在部署时读取。

说到运行环境，不论是测试环境还是生产环境，都要确保其标准化、一致性和可重复性。为此，最好把环境的构成和配置代码化，并且纳入版本控制。例如，如果本机运行环境是使用 Dockerfile 生成的，那么应该把 Dockerfile 和源代码存储在一起。又如，如果使用 Kubernetes 作为容器编排工具，那么容器、Pod 等各个级别的 YAML 描述文件也应该存入代码库。

说到应用配置参数，如果使用像 Spring Cloud Config、Apollo 这样的配置中心管理应用配置参数，那就使用工具自带的版本控制功能。而如果是把应用配置参数打包到制品中，那就把应用配置参数和源代码存储到同一个代码库中。

说到 SQL 变更，相应的 SQL 脚本也应当纳入版本控制。它通常存放在代码库中，遵循一定的目录结构和文件命名规范。

B.5 软件质量提升相关

单元测试脚本一般随源代码一起，按规范存储到同一个代码库中的不同目录下。单元测试脚本和源代码一起拉出特性分支，修改后一起提交、一起合入集成分支，这使它们之间很容易实现同步。

接口自动化测试脚本最好也这样处理。针对特定接口的测试脚本，可以与该接口的定义和实现代码存放在同一个代码库中管理。而如果测试脚本先后调用了多个代码库中多个接口以测试完整场景，那就要考虑把它存放在一个单独的代码库中。当编写代码以实现一个特性时，从相关各个代码库中拉出相同名称的特性分支，这也包括在存储接口测试脚本的代码库中拉出同名特性分支，为该特性增加或修改测试脚本。

有些接口自动化测试管理工具自行存储各个接口的信息、各个测试用例的脚本和配置，这时就需要该工具有相应的记录修改历史的能力，最好是还能把脚本的改动关联到相应特性。此外，与把未开发完成的特性的代码改动与已开发完成的各个特性的代码改动隔离开类似，也要考虑如何把未开发完成的特性的测试脚本改动与已开发完成的各个特性的测试脚本改动隔离开。要完全做到这一点不太容易，常使用一种不太完美的方法：在该特性的源代码改动从特性分支合入集成分支后，再把这个特性对应的测试脚本在测试无误后加入全量回归测试套件。

UI 自动化测试脚本通常不和源代码存放在一起。UI 自动化测试是对产品整体的测试，其脚本难以分配到源代码所在的各个代码库中。我们可以把 UI 自动化测试脚本单独存储到一个代码库中。而如果是 UI 自动化测试管理工具自行存储测试脚本，那就需要该工具记录修改历史。

以上是关于自动化测试脚本的版本控制。下面分析人工测试用例。人工测试用例一般由专用工具管理，这样的专用工具应该自带版本控制功能，记录每一条测试用例的修改历史。

不仅测试用例、测试脚本应该纳入版本控制，每个测试用例执行时输入的测试数据也应该纳入版本控制。还有些测试数据需要在测试前先在被测试系统的数据库中准备好。当这些数据需要比较多的精力才能准备好时，如需要在用户界面上人工操作才能准备好时，就要考虑这些数据的备份和恢复。而如果这些数据比较容易准备好，通过执行一些脚本就能完成，那么做好这些脚本的版本控制工作就行了。

不论是自动化测试还是人工测试，都会产生测试报告。测试报告可以存储到制品库中，也可以由测试工具、流程自动化工具来管理其存储。

B.6 流水线相关

应当把流水线配置的修改历史保存下来，当流水线执行出现了异常情况时，可以查看是不是它本身配置的变化所导致的。

流水线配置有两种方式。其中一种是代码化表达，使用特定格式（如 XML 或 YAML）的文本文件来表达流水线的配置；另一种是图形化表达，使用者通过图形用户界面查看和编辑流水线，这种方式更容易学习和操作。最好是这两种方式结合起来——工具以代码化的配置文件的形式记录和存储，同时提供图形用户界面供使用者查看和编辑这个配置文件的内容。

把流水线配置文件存储在代码库中，就可以借助版本控制工具来记录流水线配置的修改历史。具体的实现方法有两种，一是把流水线配置和与其相关的源代码存储在一起，存放在一个代码库中；二是把各个微服务的各条流水线的配置集中存储在一个代码库中。这两种方法都常见，各有千秋。前者在流水线的配置与源代码的版本之间自动维护对应关系，不用额外考虑不同的版本序列（如 1.x 版本序列和 2.x 版本序列）有不同的流水线配置等问题；后者把流水线本身的优化独立出来。例如，构建和静态扫描这两个流程的步骤是串行还是并行，就与源代码本身没关系了，独立出来更灵活。